创新思维与实践

罗清君 编著

中国统计出版社
China Statistics Press

图书在版编目(CIP)数据

创新思维与实践 / 罗清君编著. —— 北京 : 中国统计出版社，2023.9

ISBN 978—7—5230—0224—7

Ⅰ. ①创… Ⅱ. ①罗… Ⅲ. ①创造性思维—中等专业学校—教材 Ⅳ. ①B804.4

中国国家版本馆 CIP 数据核字(2023)第 174954 号

创新思维与实践

作　　者/罗清君
责任编辑/荣文雅
封面设计/李雪燕
出版发行/中国统计出版社有限公司
通信地址/北京市丰台区西三环南路甲 6 号　邮政编码/100073
发行电话/邮购(010)63376909　书店(010)68783171
网　　址/http://www.zgtjcbs.com
印　　刷/河北鑫兆源印刷有限公司
经　　销/新华书店
开　　本/787×1092mm　1/16
字　　数/394 千字
印　　张/16.75
版　　别/2023 年 9 月第 1 版
版　　次/2023 年 9 月第 1 次印刷
定　　价/53.00 元

前 言

人类发展史、人类文明史、人类科技史，从某种意义上，是一部创新创业史。如果说生产力是人类社会发展的决定性力量，那么创新为人类进步提供了不竭动力源泉。从刀耕火种到精耕细作，从工业文明走向生态文明，这些每时每刻都彰显着人类的聪明才智，激发出巨大创新潜能。

创新是一个民族进步的灵魂，是一个国家兴旺发达的不竭动力，也是中华民族最深沉的民族禀赋。实施创新驱动发展战略是我们党在关键时期、攻坚阶段作出的重大抉择，是我们党放眼世界、立足全局、面向未来作出的重大决策。党的十八大以来，习近平总书记对创新发展提出了一系列重要思想和论断，把创新发展提高到事关国家和民族前途命运的高度，摆到了国家发展全局的核心位置。党的十八届五中全会提出“五大发展理念”，排在首位的就是“创新”。创新是引领发展的第一动力，加快科技创新是推动高质量发展的需要，是实现人民高品质生活的需要，是构建新发展格局的需要，是顺利开启全面建设社会主义现代化国家新征程的需要。我国实施创新发展战略，建设创新型国家，坚持走自主创新发展之路，取得了巨大的成就。神舟载人飞船与天宫空间实验室实现平稳交会对接；新一代静止轨道气象卫星、合成孔径雷达卫星、北斗导航卫星等成功发射运转；蛟龙号载人潜水器、海斗号无人潜水器创造新的最大深潜纪录；自主研发超算系统“神威·太湖之光”居世界之冠；赶超国际水平的第四代隐形战斗机和大型水面舰艇相继服役。国产大飞机、高速铁路、三代核电、新能源汽车等部分战略必争领域抢占了制高点，实现从“跟跑”到“并跑”“领跑”的跃升。

人才是创新的根基，是创新的核心要素。肩负民族复兴大任的时代新人，要具有自发的创新意识、自主的创新能力和自觉的创新精神。高校作为培养民族复兴大仕的时代新人的“主阵地”，肩负着为党育人、为国育才的光荣使命，必须始终坚持立德树人根本任务，将创新能力培养融入学生学习实践全过程，激发学生的创新设想，培养学生的好奇心、探索精神和批判性思维。

基于此，本教材按照理论与实践结合、创新教育与专业教育融合、创新教育与思政育人协同的原则系统介绍基本的创新理论和创新思维训练方法，通过生动的案例让学生感知创新的无穷魅力，鼓励学生大胆突破定势，勇于探索创新。在具体的实践中，培养创新意识，创新能力和创新精神。

厚植理论基础。坚持面向全体、注重引导的原则，本教材以感知创新、认识创新思维、突破思维定势、创新思维方法、创新思维训练和创新思维实践共六章，系统介绍创新的基本理论、基本知识和基本方法。

强化实践环节。遵循教育教学规律，坚持理论讲授与案例分析相结合、经验传授与创新实践相结合，把知识传授和实践体验有机统一起来。通过参与中国国际“互联网+”大学生创新创业大赛、“挑战杯”全国大学生课外学术科技作品竞赛、全国大学生数学建模竞赛、全国大学生市场调查与分析大赛、全国大学生统计建模竞赛等学科竞赛和创新创业社团活动，提高学生的创新能力。

融合思政元素。融入马克思哲学观点、统计学家求真务实精神、我国科学家淡泊名利的奉献精神、至诚报国心有大我的爱国精神等思政元素，润物无声。在统计调查社会实践中，让学生了解国情、民情，弘扬爱国精神，厚植爱国主义情怀，培养时代新人，努力做到知识传授、能力培养和价值塑造相统一。本教材希望达到以下目标：

一是了解国家实施创新驱动发展战略的重要意义，新时代对创新型人才的需要和开设创新创业课程的必要性；了解创新的基本概念、类型、原理和原则。明确创新理论的产生与演变过程。正确掌握创新思维的定义、特征，突破思维定势的方法。系统掌握创新思维的训练方法，逐步形成科学的创新思维，熟练运用创新思维方法指导创新实践。

二是通过系统学习创新的基本理论、基本方法，逐步增强创新意识，提高创新能力。转变思维方法和模式，突破思维定势，形成创新思维。能够运用创新思维正确解决实际问题，具备较强的创新实践能力，并在学习生活中主动创新。

三是树立科学的创新创业观。增强社会责任感，厚植胸怀祖国、服务人民的爱国精神，勇攀高峰、敢为人先的创新精神，追求真理、严谨治学的求实精神，淡泊名利、潜心研究的奉献精神，集智攻关、团结协作的协同精神。

张莹、严慧云、杨海忠老师以及我的研究生韩莉嫚、李菲菲、雷咪咪、钟庆伟、王羽丰在资料搜集与整理过程中做了大量工作，中国统计出版社罗浩主任对本教材的编写进行了细心指导，荣文雅等编辑们对书稿进行了仔细校对和精心排版，在此，对他们的辛勤付出和无私帮助表示衷心感谢！

另外，本教材在编写过程中，参考了许多专家学者的教材、专著、论文等研究成果和文献资料，同时还参考、选取了报刊、网络资料，吸收了许多专家同仁的观点和精彩案例。为了行文方便，书后列出了参考文献。在此，特向在本教材中引用和参考的已注明和未注明的教材、专著、报刊、文章的编者和作者一并表示诚挚的谢意！

由于编者水平有限，教材中难免有疏漏之处，恳请各位专家、老师、同学和读者批评指正！

编者
2023 年 5 月

目 录

第一章 感知创新

第一节 创新的重要性

一、创新是人类进步的灵魂

回顾人类文明史，创新驱动着历史的车轮不断前进，加速人类的发展进程，为人类文明进步提供了不竭的动力源泉，推动人类从蒙昧走向文明，从游牧文明走向农业文明，从工业文明走向信息化时代。

（一）火的使用、工具的创造使人类告别了茹毛饮血的时代

火的使用可以说是一个划时代的技术创新。尽管不了解火的化学原理，但是这丝毫也不妨碍人类将这种技术付诸实施。得益于火的使用，原始人开始吃熟食，熟食易于消化，更富有营养，因而大大促进了人类体质的发展；火给人类带来了温暖，使人类不仅生活在温暖地带，并且可以前进到寒冷地区；火给人类带来了光明，即使在黑夜，人类也能看见四周的环境、从而自由地行动了；火还增强了人类的攻守能力，使人类再也不惧怕猛兽的威胁了。总之，火的使用使原始人获得了新的知识、新的力量。正如恩格斯指出："摩擦生火第一次使人支配了一种自然力，从而最后与动物界分开。"如果要列出人类历史上最具有划时代意义的变革性创新的话，火的使用毫无疑问可以位列前三甲。

石器和火这两种技术被人类掌握，意味着人类逐渐具备了比自身体力更为强大的力量。石器使人能够砍树、切菜、杀死大型猛兽、制作各种生活用品，火使人能够制作熟食、烧制器皿、在寒冬取暖，甚至用放火的方法围捕猎物、开垦田地。这两种技术上的创新，使人类掌握了前所未有的力量，极大地拓展了自己的活动范围，也在很大程度上加强了人脑的活动——智力活动，为人类进一步从动物界脱离出来、成为凌驾于其他动物之上的智慧生物创造了条件。

（二）制陶技术的发明标志着人类进入了农业社会

人工取火技术的广泛应用，人们发明了制陶技术。古陶器是人类最早文明的标志。随着制陶业的发展，人们掌握了高温加工技术，开始生产青铜器，结束了人类1万多年迁徙不定的畜牧生活，进入自给自足的农业社会。

《发明的故事》一书中详尽介绍了380种人类创新成果的历史由来。弓箭被誉为"人类第一发明"。这个人类第一发明提高了生产效率，猎物有了剩余，圈养起来成了家禽，从此人类由采集时代进入了畜牧时代。

中国四大发明催生了人类科学方法论的启蒙时代。指南针促进了航海事业的发展。火药成为消除欧洲各地封建割据的有力武器。造纸术、印刷术对欧洲的科学文化普及、提高起到巨大的推动作用。

奴隶社会是从公元前 21 世纪的夏代开始，这一时期由于农业和畜牧业的分工，农牧业与手工业的分工，使农业、畜牧业特别是手工业的生产技术有了较大的发展。这时期产生了青铜冶炼，纺织、陶瓷等手工业技术发明。更重要的是，形成了脑力劳动和体力劳动的分工。脑力劳动者由于摆脱了繁重的体力劳动，更能有效地进行科学、文化等活动。不仅创造了我国最早的文字——甲骨文和金文，而且还建立了经验科学，即描述科学。它的特点是把人类同自然界长期斗争的丰富经验记录下来，经过积累、整理、逐渐使之系统化，如早期的农学、医药学、天文学和数学等。

（三）蒸汽机的使用催生了工业革命，加速人类的发展

从世界层面探讨技术创新，主要关注的是发生在一个或多个国家的重大技术革命。这种创新的技术应用到社会生产上，能够积极提升整个社会的劳动生产率，甚至引领整个社会的商业发生变化。在世界商业史上，这也被称为工业革命。一般认为，到目前为止，世界性的工业革命已经发生了三次，每一次工业革命都是由技术的重大突破所引起的。

1. 第一次工业革命：手工劳动向机械化跨越

18 世纪 60 年代，在英国的资本主义生产中，大机器生产开始取代工厂手工业，生产力得到突飞猛进的发展，历史上把这一过程称为“工业革命”。第一次工业革命首先体现在纺织领域，从机械师凯伊的飞梭到哈格里夫斯的“珍妮纺纱机”，从克隆普顿的“骡机”到卡特莱特的水力织布机，织布工效提高了四十倍。到 1800 年，英国棉纺业基本实现了机械化。纺织领域的创新直接推动了采煤、冶金等许多工业部门的发展，也都陆续有了机器生产。随着机器生产越来越多，原有的动力如畜力、水力和风力等已经无法满足需要。

1785 年，瓦特制成的改良型蒸汽机的投入使用，提供了更加便利的动力，得到迅速推广，大大推动了机器的普及和发展。人类社会由此进入了“蒸汽时代”。

蒸汽机的出现使船舶动力发生了革命性变化，从而完成了船舶动力的革命。船舶的推动力从人力、自然力转变为机械力，船舶用蒸汽机提供的巨大动力，使人类有可能建造越来越大的船，运载更多的货物。

1840 年前后，英国的大机器生产基本上取代了传统的工厂手工业，工业革命基本完成。英国成为世界上第一个工业国家。18 世纪末，工业革命逐渐从英国向西欧大陆和北美传播。后来，又扩展到世界各地。

第一次工业革命开创了以机器代替手工劳动的时代。这不仅是一次技术改革，更是一场深刻的社会变革，推动了经济领域、政治领域、思想领域、世界市场等诸多方面的变革。

2. 第二次工业革命：蒸汽时代向电气化时代的转变

19 世纪 70 年代至 20 世纪初，以电力的广泛应用和内燃机的发明为主要标志的第二次工业革命，使人类社会由蒸汽时代进入电气时代。

第二次工业革命的出现随着第一次工业革命和资本主义的迅速发展，自然科学的研究工作呈现空前活跃的局面，并取得许多重大突破。自然科学同技术发展有着密切的联系，因此，19 世纪自然科学的重大突破，为资本主义的进一步发展所要求的新技术革命创造了条件。这些科学技术的新成果被迅速、广泛地应用于工业生产，大大促进了资本主

义经济的发展。这是近代以来科学技术上的第二次大突破，工业革命进入了一个新的发展时期，即第二次工业革命时期。

电力的广泛应用第二次工业革命以电力的广泛应用为显著特点。早在1831年，英国科学家法拉第发现了电磁感应现象，提出了发电机的理论基础。科学家们根据这一发现，从19世纪60－70年代起对电作了深入的探索和研究，出现了一系列电气发明。1866年德国人西门子制成发电机。19世纪70年代，实际可用的发电机问世。这一时期，能把电能转化为机械能的电动机也被发明出来，电力开始用于带动机器，成为补充和取代蒸汽动力的新能源。随后，电灯、电车、电钻、电焊等电气产品如雨后春笋般地涌现出来。但是，要把电力应用于生产，还必须解决远距离输送问题。1882年，法国人德普勒发现了远距离送电的方法，美国科学家爱迪生建立了美国第一个火力发电站，把输电线连接成网络。电力是一种优良而价廉的新能源，它的广泛应用，推动了电力工业和电器制造业等一系列新兴工业的迅速发展。

在这一时期，电讯事业得到了迅速发展。1876年，定居美国波士顿的苏格兰人贝尔试通电话成功。之后，爱迪生等人在贝尔发明的电话的基础上作了重要改进，使电话通信很快风行全球的许多国家。1877年，美国建成第一座电话交换台。随后，在巴黎、柏林、彼得堡、莫斯科和华沙等地相继成立了电话局。无线电的发明是19世纪末最为重要的技术成就之一。1888年，德国科学家赫兹发现了电磁波。利用这种电磁波，意大利人马可尼制出了无线电通信设备。1899年，马可尼在英法之间发报成功。1901年，横越大西洋发报成功。近代电讯事业的发展，为快速传递信息提供了方便。从此世界各地的经济、政治和文化联系进一步加强。

第二次工业革命的又一重大成就是内燃机的创制和使用。19世纪80年代中期，德国人戴姆勒和卡尔·本茨提出了轻内燃发动机的设计，这种发动机以汽油为燃料。19世纪90年代，德国工程师狄塞尔设计了一种效率较高的内燃发动机，因它可以使用柴油作燃料，又名柴油机。内燃机的发明，解决了交通工具的发动机问题，引起了交通运输领域的革命性变革。19世纪晚期，新型的交通工具——汽车出现了。1885年，德国人卡尔·本茨成功地制成了第一辆用汽油内燃机驱动的汽车。1896年，美国人亨利·福特制造出他的第一辆四轮汽车。与此同时，许多国家都开始建立汽车工业。随后，以内燃机为动力的内燃机车、远洋轮船、飞机等也不断涌现出来。1903年，美国人莱特兄弟制造的飞机试飞成功，实现了人类翱翔大空的梦想，预告了交通运输新纪元的到来随着内燃机的广泛使用，石油的开采量和提炼技术也大大提高。1870年，全世界只生产了大约80万吨石油，到1900年已猛增到2000万吨。

整体来看，第二次工业革命极大地促进了生产力的发展，对人类社会的经济政治、文化、军事、科技和生产力都产生了深远的影响。不过，就整个世界范围来看，几个主要的资本主义国家的经济发展是不平衡的。美国和德国取代老牌的资本主义强国英国和法国，成为世界经济中的领先国家。新兴大国与旧帝国主义在殖民地、财富、资源和劳动力方面的激烈竞争带来了全世界范围的战争，世界格局发生了巨大的变化。

3. 第三次工业革命：电气化向信息化的迈进

第三次工业革命是人类文明史上继蒸汽技术革命和电力技术革命之后科技领域里的又一次重大飞跃。20世纪中叶，以原子能、电子计算机、空间技术等为主要标志的第三次工业革命开始登场，它是涉及信息技术、新能源技术、新材料技术、生物技术、空间技术和海洋技术等诸多领域的一场信息控制技术革命。在原子能方面，继 1945 年美国成功地试制原子弹后，苏联、英国、法国和中国相继试制核武器成功。1954 年苏联建成第一个原子能电站，1985 年中国第一座核电站秦山核电站开工建设。在电子计算机领域，从 20 世纪 40 年代后期的为第一代计算机——电子管计算机的产生到 1959 年出现的晶体管计算机，到 80 年代的智能计算机再到 90 年代的光子计算机、生物计算机等，大体上每隔 5—8 年，运算速度提高 10 倍，体积缩小 10 倍，成本降低 10 倍。在空间技术领域，1957 年，苏联成功发射第一颗人造卫星，开创了空间技术发展的新纪元，也极大地刺激了美国。1958 年，美国也发射了人造地球卫星。1959 年，苏联发射了“月球”2 号卫星，成为最先把物体送上月球的卫星。1961 年，苏联宇航员加加林乘坐飞船率先进入太空。美国不甘落后，开始了 60 年代规模庞大的登月计划，终于在 1969 年实现了人类登月的壮举。70 年代以来，空间活动由近地空间为主转向飞出太阳系。1981 年，美国的哥伦比亚航天飞机试飞成功，它身兼火箭、飞船、飞机 3 种特长，是宇航事业的重大突破。1970 年中国第一颗人造卫星“东方红 1 号”成功升空。

电子计算机的广泛应用，促进了生产自动化、管理现代化、科技手段现代化和国防技术现代化。以全球互联网络为标志的信息高速公路正在缩短人类交往的距离。同时，合成材料的发展、遗传工程的诞生和信息论、系统论和控制论的发展，也是这次技术革命的结晶。

第三次工业革命不仅极大地推动了人类社会经济、政治、文化领域的变革，也影响了人类的生活方式和思维方式。随着科技的不断进步，人类的衣、食、住、行、用等日常生活的各个方面也在发生重大的变革。

4. 工业 4.0 时代的超越发展

第四次工业革命，以人工智能、新材料技术、分子工程、石墨烯、虚拟现实、量子信息技术、可控核聚变、清洁能源以及生物技术等为技术突破口的工业革命。

这是一场全新的绿色工业革命，它的实质和特征，就是大幅度地提高资源生产率，经济增长与不可再生资源要素全面脱钩，与二氧化碳等温室气体排放脱钩。以历史视角观察，用工业化的角度观察，使我们清晰地认识到，世界第四次工业革命，即绿色革命已经来临。工业 4.0 是由德国提出，引入到中国后转变为“中国制造 2025”，但其不能画为等号，他们都是在新一轮科技革命和产业变革背景下针对制造业发展提出的一个重要战略举措。

四次工业革命引发未来世界经济政治格局深刻调整；重塑国家竞争力在全球的位置；颠覆现有很多产业的形态、分工和组织方式；重构人们的生活学习和思维方式；改变人与世界的关系。

二、创新是国家发展的动力

创新是一个民族进步的灵魂，是一个国家兴旺发达的不竭源泉，也是中华民族最深沉的民族禀赋。在激烈的国际竞争中，惟创新者进，惟创新者强，惟创新者胜。当今之世，一个国家走在世界发展前列，根本靠创新；一个民族屹立于世界民族之林，根本靠创新。现代国家竞争，主要是综合国力竞争，根本是创新能力的竞争。创新兴则国家兴，创新强则国家强，创新久则国家持续强盛。

党的十八大提出“实施创新驱动发展战略”，习近平总书记在党的十八届五中全会上提出的“把创新摆在国家发展全局的核心位置”“把创新作为引领发展的第一动力”等重大论断，是马克思主义关于创新的理论的最新成果，是“科技是第一生产力”重要思想的创造性发展，丰富发展了中国特色社会主义理论宝库。面对全球竞争日益体现为国家创新能力竞争的现实，以习近平同志为核心的党中央从中国发展进入新时代的战略高度出发，提出了加快建设创新型国家、世界科技强国的战略任务，为新时代加快创新型国家建设指明了前进方向。“实现建成社会主义现代化强国的伟大目标，实现中华民族伟大复兴的中国梦，我们必须具有强大的科技实力和创新能力。”

进入21世纪，世界新一轮科技革命和产业变革蓬勃兴起，科技创新进入空前活跃期。新一代信息技术加速突破，生命科学领域孕育新变革，先进制造技术加速推进制造业向智能化、服务化、绿色化转型，以清洁高效可持续为目标的能源技术将引发全球能源变革，空间和海洋技术正在拓展人类生存发展的新疆域。总之，信息、生命、制造、能源、空间、海洋等的原创突破，为前沿技术、颠覆性技术提供了更多创新源泉，学科之间、科学和技术之间、技术之间、自然科学和人文社会科学之间日益呈现交叉融合趋势，科学技术从没像今天这样深刻影响国家前途命运，从没像今天这样深刻影响着人民生活福祉。数字化、网络化、智能化新业态，正引发产业体系、经济发展方式和社会生活的深刻变革，正重塑世界竞争格局、改变国家力量对比。

依靠科技创新提升综合国力和核心竞争力，建立国家创新体系，走创新型国家之路，成为许多国家谋求竞争优势的核心战略。在世界新一轮科技革命和产业变革同我国转变发展方式的历史性交汇期，我们既面临着千载难逢的历史机遇，又面临着差距拉大的严峻挑战。抓住新科技革命的历史机遇以推动产业变革、迎接新时代的国际竞争挑战，最为重要的路径仍然是推动创新型国家发展。所以，建设创新型国家和世界科技强国，是中国发展的迫切要求和必由之路。

三、创新是个人前进的阶梯

当今世界，综合国力竞争日趋激烈，新一轮科技革命和产业变革正在孕育兴起，变革突破的能量正在不断积累。综合国力竞争说到底是人才竞争，人才资源作为经济社会发展第一资源的特征和作用更加明显，人才竞争已经成为综合国力竞争的核心。谁能培养和吸引更多优秀人才，谁就能在竞争中占据优势。人才是创新的根基，是创新的核心要素，创新驱动实质上是人才驱动。

当今世界正经历百年未有之大变局，我国正处于实现中华民族伟大复兴的关键时期。青年人是社会上最富活力、最具创造性的群体，理所当然应该走在创新创造的前列，做锐意进取、开拓创新的时代先锋。

决胜未来，创新将更加重要，创新无处不在、无时不有。在创新的时代，创新是个人前进路标，是学科发展方向，将跨越科技与人文的鸿沟，进一步打破学科的界限，穿梭于人文科学、社会科学、自然科学与工程技术等学科领域，走向知识大融通之下的学科交叉会聚。在创新的中国，创新是新发展理念之首，是引领国家发展的第一动力，乡村振兴、军民融合、创新驱动发展、海洋强国、法治中国、健康中国等战略都在期待着创新人才。

【思考与训练 1-1】

1. 为什么说创新是一个民族进步的灵魂，是一个国家兴旺发达的不竭源泉，也是中华民族最深沉的民族禀赋？

2. 青春，意味着无限可能，内含着创新创造伟力。在《新时代的中国青年》白皮书中有这样一组数据：北斗卫星团队核心人员平均年龄 36 岁，量子科学团队平均年龄 35 岁，中国天眼 FAST 研发团队平均年龄仅 30 岁……一大批有志青年挑大梁、担重任，生动展现了新时代中国青年奋发进取的精神风貌。

青年是社会上最富活力、最具创造性的群体，理应走在创新创造前列。号召“让理想信念在创业奋斗中升华，让青春在创新创造中闪光”，要求“敢于做先锋，而不做过客、当看客”，强调“要用欣赏和赞许的眼光看待青年的创新创造，积极支持他们在人生中出彩”……党的十八大以来，习近平总书记在许多场合都勉励和支持青年“勇于创新创造”，为广大青年把握机遇、勇担使命指明了方向。当代青年是同新时代共同前进的一代，以聪明才智贡献国家，以开拓进取服务社会，这是成长成才的时代要求，也是强国有我的青春责任。

当下，我们比历史上任何时期都更接近实现中华民族伟大复兴的宏伟目标，我们也比历史上任何时期都更加渴求人才。无论是实现科技强国目标还是构建新发展格局，都需要努力建设一支矢志爱国奉献、勇于创新创造的优秀人才队伍。习近平总书记指出：“国家的前途，民族的命运，人民的幸福，是当代中国青年必须和必将承担的重任。”对青年而言，勇于创新、敢为人先，关键在于聚焦国家发展战略和人民美好生活需要，紧盯科学、技术、产业、管理的前沿，努力在基础研究、重大项目、重点工程中刻苦攻关、施展才华。

请问，你怎样强化创新意识、提高创新能力、培养创新精神，做一名堪当民族复兴大任的时代新人？

3. 从 2000 多年前中国诗人屈原在《天问》中遐想星空，到文艺复兴时期欧洲科学家发明天文望远镜打开宇宙观测大门，从苏联发射第一颗人造卫星开启人类太空时代，到今天全球范围内掀起新一轮空间探索热潮，人类对未知世界的求索从未停止。科技探索的每一次进步，不只拓展人类认知疆界，也为经济社会发展带来强大动力。16 世纪以来，人类社会进入前所未有的创新活跃期，几百年里，人类在科学技术方面取得的创新成果超过过去几千年的总和。特别是 18 世纪以来，几次重大科技革命带来机械化、电气化、自动化、信息化等多次产业革命，世界发展面貌和格局随之深刻改变。今天，新一轮科技革命和产业变革正处在实现重大突破的历史关口。习近平总书记指出，科学技术从来没有像今天这样深刻影响着国家前途命运，从来没有像今天这样深刻影响着人民生活福祉。

环顾全球，科技创新广度显著加大，深度显著加深，速度显著加快，精度显著加强。以人工智能、量子信息、移动通信、物联网、区块链为代表的新一代信息技术加速突破应用，以合成生物学、基因编辑、脑科学、再生医学等为代表的生命科学领域孕育新的变革，融合机器人、数字化、新材料的先进制造技术正在加速推进制造业向智能化、服务化、绿色化转型，以清洁高效可持续为目标的能源技术加速发展将引发全球能源变革，空间和海洋技术正在拓展人类生存发展的新疆域。

国家的希望在青年，民族的未来在青年。请分享怎样将创新创业付诸实际行动？

第二节　创新的概念

一、创新的定义

创新是一个民族进步的灵魂，是一个国家兴旺发达的不竭动力，也是中华民族最深沉的民族禀赋。党的十九届六中全会从十个方面总结党百年奋斗的历史经验，其中一个重要方面就是“坚持开拓创新”。一百年来，我们党领导人民披荆斩棘、上下求索、奋力开拓、锐意进取，不断推进理论创新、实践创新、制度创新、文化创新以及其他各方面创新，敢为天下先，走出了前人没有走出的路，任何艰难险阻都没能阻挡住党和人民前进的步伐。“惟创新者进，惟创新者强，惟创新者胜”。敢于开拓创新，能够打破条条框框的限制，根据实际情况不断创造独特的中国方案、中国智慧，这是百年奋斗的重要经验启示，更是中国特色社会主义制度优越性的重要体现。无论是为国寻油、防沙治沙，还是遨游太空、深潜海底，或者是改革扬帆、自贸启航……没有现成经验，缺少标准的答案，我们党凭借“坚持变中求新、变中求进、变中突破”的方法论，攻克了一个又一个难关，取得了一个又一个成就。

（一）词说创新

中文“创新”一词出现较早。不过，词意与现代不尽相同，主要是指制度方面的改革、变革、革新和改造，并不包含科学技术的创新。北齐史学家魏收的《魏书》第六十二卷有“革弊创新者，先皇之志也。”唐初史学家令狐德棻等撰写的《周书》中两次出现“创新”一词，第二十六卷中“自魏孝武西迁，雅乐废缺，征（斛斯征）博采遗逸，稽诸典故，创新改旧，方始备焉。”第三十卷记载“大象初，征（斛斯征）拜大司徒。诏（于）翼巡长城，立亭鄣。西自雁门，东至碣石，创新改旧，咸得其要害云。”唐朝李延寿所撰《南史》第十一卷记载“今贵妃盖天秩之崇班，理应创新。”这些古籍中的“创新”一词主要是指改变原有的制度、成文或规则。在马克思主义哲学看来，作为人类主观能动性的集中体现，创新并不是主观臆断，而是通过人类有意识、有目的、有计划的创造性思维活动和实践活动，遵循规律、超越现实，并在此基础上产出合规律性与合目的性相统一的真理性认识成果和创造性实践成果。

《辞海》中“创”是始造之也，“新”是初次出现，从而“创新”的含义是做出前所未有的新鲜事情，改旧更新之意。《现代汉语词典》中的“创新”一词被解释为抛开旧的，创造新的。

英语中“innovation”（创新）起源于拉丁语。它的原意有三层含义：第一是更新，就是对原有的东西进行替换；第二是创造新的事物，就是创造出原来没有的东西；第三是改变，就是对原有的东西进行发展和改造。

（二）创新的内涵

对创新的内涵，学者从不同的角度形成了不同的看法，下面介绍从哲学、社会学和经济学三个角度对创新内涵的界定。

1. 创新的哲学内涵

从哲学层面上看，创新是人的实践行为，是人类对发现的再创造，是对物质世界矛盾的再创造。人类通过物质世界的再创造，制造新的矛盾关系，形成新的物质形态。从而，创新是指创造者在一定创新意识的支配下对现有的事物进行变革，以实现其由旧质态、旧的发展阶段向新质态、新的发展阶段过渡、转变的实践过程。

我们可以从以下五个方面进一步理解创新的哲学内涵：

(1)物质的发展。物质形态对于我们来说是具体矛盾。人类认识的宇宙与哲学的宇宙在哲学上代表了实践的范畴与实践的矛盾世界两个不同的含义。创新就是创造对实践范畴的新事物。任何有限的存在都是可以无限再创造的。

(2)矛盾是创新的核心。矛盾是物质的本质与形式的统一。物质的具体存在与存在本身都是矛盾的。任何以人的自我内在矛盾创造的新事物都是创新。

(3)人是自我创新的结果。人的创新创造出人对于自然的否定性发展，这是人超越自然达成自觉自我的基本路径。人的内在自觉与外在自发构成规律，在物质的总体上形成对立的内在必然与外在必然的差异。创新就是人的自觉自发。

(4)创新是人自我发展的基本路径。创新与积累行为构成一个矛盾发展过程。创新是对于重复、简单的劳动方式的否定，是对于人类实践范畴的超越。新的创造方式创造新的自我。

(5)从认识论上看，创新是自我意识的发展。自我意识的发展是自我存在的矛盾面，其发展必然推动自我行为的发展，推动自我生命的发展。

2. 创新的社会学内涵

从社会学层面看，创新是指人们为了发展的需要，运用已知的信息，不断突破常规，发现或产生某种新颖、独特的有社会价值或个人价值的新事物、新思想的活动。创新的本质是突破，即突破旧的思维定势、旧的常规戒律。创新活动的核心是“新”，它可以是产品的结构、性能和外部特征的变革，或者是造型设计、内容的表现形式和手段的创造，也可以是内容的丰富和完善。于是创新是创新主体为解决创新实践中提出的问题，通过实践活动改变现存事物，形成新的价值观念、新的战略部署、新的概念设计、新的制度体制、新的活动方式、新的关系模式等，从而创造或增加其经济价值或社会价值，推动人类社会进步和发展的精神性或物质性活动过程。

3. 创新的经济学内涵

从经济学层面看，对创新内涵的理解一般包括狭义和广义两个层次。狭义的创新就是技术创新，即从新思想产生，经过研究开发或技术组合，到产品设计、试制、生产、营销各环节，并产生经济和社会效益的商业化全过程。其中，“新思想”是指新技术、新产品、新工艺、新服务的构想。这些构想可以来源于科学发现、技术发明、新技术的新应用，也可以来源于用户需求。“研究开发或技术组合”是实现技术新构想的基本途径。其中，研究开发是指各种研究机构、企业创造性地运用科学技术新知识或实质性地改进技术、产品和服务而持续进行的具有明确目标的系统活动；技术组合是指将现有技术进行新的组合，只需要少量的研究开发甚至不需要研究开发即可实现。“产品设计、试制、生产、营销”是新技术的实际应用过程，是生产新产品，提供新服务，采用新技术对产品、服务、工艺改进的过程。“商业化”是指创新的全部活动是出于商业目的。“经济和社会效益”是指近期或者未来的利润、市场占有率或社会福利等，是创新实现商业目的的重要体现。“全过程”则是指从新构想的产生到获得实际应用的全部过程，如果其中在新设想、研究开发或者实际应用等某一环节终止了，就不能称之为创新。

熊彼特在《经济发展理论》中首先提出了“经济学”意义下的创新概念：创新是建立一种新的生产函数，即把一种从来没有过的生产要素的“新组合”引入现存的生产过程，使生产技术体系发生新的变革。

一般认为，熊彼特的创新概念大致是，一项创新可看成是一项发明的应用，也可以看成发明是最初的事件，而创新是最终的事件。在他看来，企业家的职能就是要实行创新，引进“新组合”，从而使经济获得不断发展。他还认为，创新是一个经济范畴，不是技术范畴；它不是科学技术上的发明创造，而是把已发明的科学技术引入企业之中，形成一种新的生产能力。具体而言，经济学上的创新包括以下五种情况。

(1)引入一种新产品，就是消费者还不熟悉的产品，或提供一种新的产品质量。

(2)采用一种新的生产方法，就是在有关的制造部门中未曾采用过的方法。这种新的方法并不需要建立在新的科学发现的基础上，可以是以新的商业方式来处理某种产品。

(3)开辟一个新的市场，就是使产品进入以前不曾进入的市场，不管这个市场以前是否存在过。

(4)获得一种原料或半成品之新的供给来源，不管这种来源是已经存在的，还是第一次创造出来的。

(5)实行一种新的企业组织形式，例如建立一种垄断地位，或打破一种垄断。

广义的创新将科学、技术、教育以及政治与经济融合起来，即创新表现为不同参与者和机构之间的交互作用的网络。在这个网络中，任何一个节点都有可能成为创新行为实现的特定空间。创新行为因而可以表现在技术、制度或管理等不同的侧面，如技术创新、工艺创新、制度创新、市场创新、管理创新等。

一般而言，创新是指以现有的思维模式提出有别于常规或常人思路的见解为导向，利用现有的知识和物质，在特定的环境中，本着理想化需要或为满足社会需求，而改进或创造新的事物、方法、元素、路径、环境，并能获得一定有益效果的行为。

二、创新的基本特征

(一)首创性

首创性是创新的最主要特征。创新的结果在局部或全部应是先前从未存在过的，是先于他人，见人之所未见，思人之所未思，行人之所未行，获得的人类文明的新发展、新突破。例如，我国古代的四大发明在世界范围内是首创的。首创的意义就在于第一个揭开某一领域或某一方面的奥秘，第一次揭示某种内在规律，或发现、发明某种新理论、新技术、新方法，引起经济、社会的重大变革。

(二)普遍性

创新存在于人类活动的一切领域并且贯穿于人类活动的各个阶段，即创新无处不在、无时不有，这就是创新的普遍性。同时，创新能力是人人都具有的一种能力。如果创新能力只有少数人才具有，那么许多创新理论，包括创造学、发明学、成功学等就失去了存在的意义。

(三)社会性

创新的社会性是指创新活动所表现出的有利于群体创新和社会发展的特性。当然,这并不意味着创新的社会性只包括群体性创新活动,而不包括个体性创新活动。实际上,群体创新与个体创新之间是辩证统一的关系。一方面,人的个体创新意识、创新能力等主要来源于社会,是社会创新力量在个体创新方面的具体表现。生活于一定社会形态中的创新个体,其创新体现和反映着这一社会形态的整体性质。另一方面,每个人的创新活动都在社会分工中占有一定的地位,是社会整体创新活动中必不可少的一个细胞。这充分表明,个体创新是社会创新的一部分,具有社会的性质。

(四)双重性

创新的双重性表现在很多方面。首先,创新是能动性和受动性的统一。创新的受动性表现在它受制于客观事物运动的规律,受制于创新手段和创新目的,受制于创新主体的水平和能力等;创新的能动性表现在创新活动中不能听任客观事物固有规律的摆布,而应该发挥创新者的主观能动性,不断实现超越。其次,创新是绝对性和相对性的统一。总体而言,创新是绝对的、无限的;但就每个具体的创新而言,创新又是有限的、相对的。最后,大多数创新活动对社会发展具有重大的促进作用,但也有一些创新活动对社会发展具有一定的破坏性、阻碍性作用。大多数创新在创新之初促进社会发展,但发展到一定时期或一定阶段,反而阻碍社会的进一步发展;不少创新对社会发展既有促进作用,又有破坏作用,关键是如何利用和由谁来利用创新成果。

(五)高风险性

创新的高风险性是由创新自身的不确定性所决定的。这种不确定性主要包括技术的不确定性、市场的不确定性以及一般的政治和经济因素的不确定性。创新风险不同于现实中其他可以投保的风险,其不确定性不能用概率统计理论来进行处理。未来的不确定性会产生两种结果:有利于创新主体和不利于创新主体。不利于创新主体的结果就是风险。通常而言,不确定性越大,风险越高。创新需要投入相应的人力、物力、财力,投入的多少取决于创新程度。创新程度越大,投入越多。创新能否成功,投入能否顺利得到回报,受到很多不确定因素的影响,最后造成的创新结果可能回报颇丰,也可能血本无归,甚至可能付出生命的代价。

三、发现、发明与创造

1. 发现

发现是对客观世界中前所未知的事物、现象及其规律的一种认知活动,就是经过研究和探索,看到或找到前人没有看到的事物、现象及其规律。发现的结果本身是客观存在的,不以人的意志为转移。无论人类是否对其有所认识,它都按照自身的规律存在于客观世界中。例如,物质的本身、现象和规律,不管人类是否发现,它们本身就是客观存在的,后来被人类认识到了,就是发现。

如,弗莱明发现青霉素、伦琴发现 X 射线、居里夫人发现镭元素、屠呦呦发现青蒿素等属于发现物质本身;牛顿发现万有引力定律、门捷列夫发现元素周期律、杨振宁和李政道发现在弱相互作用下宇称不守恒、克里克和沃森发现 DNA 双螺旋结构等属于发现某种规律;法拉第发现电磁感应现象、卡尔顿发现摩擦起电现象、吉尔伯特发现磁石相互吸引和排斥现象等属于发现某种现象。这些都是人类史上的重大发现，对人类社会产生了深远的影响。

案例 1.1 牛顿发现万有引力定律

1666 年，23 岁的牛顿还是剑桥大学圣三一学院三年级的学生。他身体瘦小，沉默寡言，性格内向，这使人们更加相信他还是个孩子。他那双锐利的眼睛和整天写满怒气的表情更是拒人于千里之外。当时，黑死病席卷了伦敦，夺走了很多人的生命，大学被迫关闭，像牛顿这样热衷于学术的人只好返回安全的乡村，期待着席卷城市的病魔早日离去。

在乡村的日子里，牛顿一直被这样的问题困惑：是什么力量驱使月球围绕地球转，地球围绕太阳转？为什么月球不会掉落到地球上？为什么地球不会掉落到太阳上？在随后的几年里，牛顿声称这种事情已经发生过。一天，坐在姐姐的果园里，牛顿听到熟悉的声音，“咚”的一声，一只苹果落到草地上。他急忙转头观察第二只苹果落地。第二只苹果从外伸的树枝上落下，在地上反弹了一下，静静地躺在草地上。这只苹果肯定不是牛顿见到的第一只落地的苹果，当然第二只和第一只没有什么本质差别。苹果落地虽没有给牛顿提供答案，但却激发这位年轻的科学家思考一个新问题：苹果会落地，而月球却不会掉落到地球上，苹果和月亮之间存在什么不同呢？

第二天早晨，天气晴朗，牛顿看见小外甥正在玩小球。他手上拴着一条皮筋，皮筋的另一端系着小球。他先慢慢地摇摆小球，然后越来越快，最后小球就径直抛出。牛顿猛地意识到月球和小球的运动极为相像。两种力量作用于小球，这两种力量是向外的推动力和皮筋的拉力。同样，也有两种力量作用于月球，即月球运行的推动力和重力的拉力。正是在重力作用下，苹果才会落地。

牛顿首次认为，重力不仅仅是行星和恒星之间的作用力，有可能是普遍存在的吸引力。他深信炼金术，认为物质之间相互吸引，这使他断言，相互吸引力不但适用于硕大的天体之间，而且适用于各种体积的物体之间。苹果落地、雨滴降落和行星沿着轨道围绕太阳运行都是重力作用的结果。后来，经过严格的推导和论证，牛顿发现了万有引力定律。

人们普遍认为，适用于地球的自然定律与太空中的定律大相径庭。牛顿的万有引力定律沉重打击了这一观点，它告诉人们，支配自然和宇宙的法则是很简单的。牛顿推动了引力定律的发展，指出万有引力不仅仅是星体的特征，也是所有物体的特征。后来，作为所有最重要的科学定律之一，万有引力定律及其数学公式已成为整个物理学的基石。

2. 发明

发明是指运用自然规律有效地解决某一实际问题而得出的前所未有的成果。这种成果包括有形的物品和无形的方法，这些物品或方法在未被发明之前，客观上是不存在的。通过技术研究而得到的前所未有的成果多属于发明。

发明是技术和生产活动的起点，有了打制石器、人工取火的发明和应用，才开始了人类的物质生产和社会生活的历史。技术变革和技术进步，生产力和人们生活水平的提高，社会历史的发展，都离不开发明创造。古代社会的进步依赖于石器的磨制、冶铜炼铁、制陶晒砖和养蚕织丝等发明。18 世纪的产业革命，发端于新的纺织机、蒸汽机的发明。电子计算机和一系列现代发明，从根本上改变了人们的劳动方式、生活状况和社会面貌。

中国四大发明中的火药和指南针，属于有形物品。火药的发明改变了作战方式，帮助欧洲资产阶级摧毁了封建堡垒，加速了欧洲的历史进程。指南针的发明为欧洲航海家进行环球航行和发现美洲新大陆提供了重要条件，促进了世界贸易的发展。

中国四大发明中的造纸术和活字印刷术，属于无形的方法。造纸术的发明为人类提供了经济、便利的书写材料，掀起一场人类文字载体革命。印刷术的出现加快了文化的传播，改变了欧洲只有上等人才能读书的状况。

发现与发明之间既有区别，又有联系。相同点表现在发现和发明都属于创造范畴。区别在于发现是认识世界，旨在揭示或查明客观世界本来就存在的事物、现象和规律。发明是改造世界，利用自然规律或技术手段创造出前所未有的事物和方法。发现是发明的重要源泉和理论依据，一个重大的新发现往往会导致一系列的新发明。

如 18 世纪由于纺纱机和动力织布机的发明，对动力的要求非常迫切，于是人们根据已发现的热力学规律产生了一系列蒸汽机的发明。别人发明的蒸汽机煤耗大、热效率太低，没有实现大工业生产的价值。而瓦特经过艰苦的努力，发明出带有单独冷凝器的蒸汽机，并相继取得了四项旨在改良结构、提高效率的专利，使蒸汽机迅速在各个工业部门得到应用。这是人类继发明学会用火以后，在驯服自然方面的又一个里程碑，它彻底改变了当时动力工业落后的面貌，引起了第一次工业革命。由于蒸汽机的广泛应用，促使能源、冶金、交通运输都发生了翻天覆地的变化。

又如 19 世纪的欧洲，英国装订工出身的法拉第发现了电磁感应的客观规律，引发了一系列的诸如发电机、电话、电动机、无线电报等电气设备的重大发明，从而引起了第二次工业革命，因为电力不仅比蒸气力更伟大，而且更加神奇。电灯给黑暗中的人们带来光明，而电报、电话大大延长和扩展了人类的感官功能，开创了信息革命，其意义大为深远。

3. 创造

创造一词在《辞海》中被解释为“首创前所未有的事物”，在《现代汉语词典》中被定义为“想出新方法、建立新理论、做出新的成绩或东西”。这些都是关于创造的最一般的解释。

人们在思维和实践过程中，只要能产出某种新颖、独特、有社会或个人价值的成果，就是创造。这里的成果既可以是一种新概念、新设想、新理论，也可以是一项新技术、新工艺、新产品。

人们把创造活动进行了不同的分类，按照创造的内容将创造分为物质财富的创造、精神财富的创造和社会组织的创造等。

(1)物质财富的创造主要是指创造的成果是物质领域的事物。如，研究设计生产一种有形的物质产品，比如桥梁、卫星等。

(2)精神财富的创造主要是指创造的成果是精神领域的东西。如，小说家创作一本小说、剧团导演一部新的话剧，画家创作的一幅新画等。

(3)社会组织的创造主要是指人类社会宏观和微观的为了一定目的的组织机构的创造。比如不同的社会制度、不同的公司制度等。

还可以将创造按照创造的过程的表现形式分为科学研究、技术发明和艺术创造等。

(1)科学研究主要是指人类科学领域的探索,需要科研人员善于发现科学事实、设计新的探索方法,大胆猜想、提出假说和预见,这一切都需要高度的创造性。

(2)技术发明主要是指人类技术领域的实践,需要从事技术和生产的各类人员,经济有效地解决技术问题、设计技术方案和技术装置,这也需要高度的创造性。技术上的创造有不同层次,由低到高分为技术革新、方案设计、发明、技术创新。

(3)艺术创作主要是指在艺术领域中,作家和艺术家依据丰富的生活经验,需要用创造性思维构思作品,揭示人生的哲理和美的规律,从而丰富人的精神生活,艺术领域的创造也称为创作或塑造艺术形象。

创造与创新的主要区别在于创造强调过程,创新强调结果。例如,他创造了一种新方法,这种方法具有创新价值。其次,创新程度上有所不同,创造强调"首创""第一""从无到有"和"破旧立新",侧重自身的新颖性,不一定有比较对象。而创新着眼于"由旧到新",强调与原有事物进行比较。因此在一定程度上,可以将创新看作是创造的目的和结果。

例如,黑白电视机的问世体现为一种创造成果的诞生,因为此前根本没有电视机。而彩色电视机的出现是对黑白电视机的一种创新。

再如,1875 年,贝尔发明的世界上第一部电话属于创造范畴,而现在的智能手机就属于创新范畴。1946 年,在美国宾夕法尼亚大学诞生的世界上第一台电子计算机属于创造范畴,而现在便携式笔记本电脑就属于创新范畴。

【思考与训练 1—2】

1. 什么是创新?创新具有哪些特征?
2. 举例说明什么是发现、发明。
3. 发现与发明之间具有什么关系?
4. 什么是创造,创造可以分成哪几类?
5. 创新与创造之间具有什么关系?

第三节　创新的基本类型

一、原始创新与改进创新

根据创新成果是否具有首创性,可以将创新分为原始创新和改进创新。

(一)原始创新

1. 原始创新的定义

原始创新是指前所未有的重大科学发现、技术发明、原理性主导技术等创新成果。原始创新属于重大技术领域从无到有的开拓性创新,它意味着在研究开发方面,特别是在基础研究和高新技术研究领域取得前所未有的发现或发明。也可以说,原始创新是最根本的创新,是最能体现智慧的创新,也是一个民族对人类文明进步作出贡献的重要体现。

案例 1.2 屠呦呦发现青蒿素

疟疾是由恶性疟原虫引起的疾病，几千年来一直威胁着人类的生命安全。在 20 世纪 50 年代国际消灭疟疾的尝试以失败告终之后，疟疾再度肆虐。这很大程度上归因于寄生虫对当时的抗疟药物，如氯喹，产生了抗药性。1967 年，在“523 办公室”领导下，中国启动了抗疟项目，成立以屠呦呦为组长的研究小组，致力于在中药中筛选抗疟新药。屠呦呦和她的同事从中医药这一伟大宝库中寻找创新源泉，从浩瀚的古代医籍中汲取创新灵感，在大量的中医知识宝库（包括古代文学、民间传说和中医从业者的口头采访）中初步选择了 2000 多种草药，其中 640 种被认为是可能有效的中草药，并从其中的 200 多种草药（包括青蒿和青蒿提取物）中提取了 380 多种提取物进行测试，大多数结果都不令人满意。

为了寻找效果不稳定的原因，课题组再次重温古代医书，从《神农本草经》到《圣济总录》再到《温病条辨》……终于，葛洪的《肘后备急方》中关于青蒿抗疟的记载，给了课题组灵感——“青蒿一握，以水二升渍，绞取汁，尽服之。”

从现代科学技术中汲取创新手段，屠呦呦带领研究团队攻坚克难，通过改用低沸点溶剂的提取方法，终于在 1971 年 10 月，获得了中性无毒的提取物。这份提取物对伯氏疟原虫感染小鼠和食蟹猴疟原虫感染的猴子有着 100%的疗效。这个结果标志着青蒿素发现上的突破。此后，中国科学界的共同努力推动了青蒿的进一步研究和发展。1972 年 11 月，屠呦呦所在的中药研究所团队从青蒿中分离出活性成分青蒿素。随后，该团队又开发了二氢青蒿素，其仍然是当今最具药理学活性的青蒿素衍生物之一。在随后的 10 年里，屠呦呦研究团队与全国其他研究所合作，进一步开展了一系列药物开发的基础工作，包括确定青蒿素的立体结构并开发更多的青蒿素衍生物。这一成就挽救了全球特别是发展中国家数百万人的生命，为人类治疗和控制这一重大寄生虫类传染病作出了革命性的贡献，也成为用科学方法促进中医药传承创新并走向世界最辉煌的范例。

2015 年 10 月，屠呦呦获得诺贝尔生理学或医学奖，理由是她发现了青蒿素，这种药品可以有效降低疟疾患者的死亡率。她成为第一位获诺贝尔科学奖项的中国本土科学家，是中国医学界迄今为止获得的最高奖项，也是中医药成果获得的最高奖项。

屠呦呦发现青蒿素获得了广泛认可和高度评价。如，习近平总书记称赞道：“以屠呦呦研究员为代表的一代代中医人才，辛勤耕耘，屡建功勋，为发展中医药事业、造福人类健康作出了重要贡献。”

诺贝尔生理学或医学奖评委让·安德森认为，屠呦呦的研发对人类的生命健康贡献突出。她的研究跟所有其他科研成果都不同，为科研人员打开了一扇崭新的窗户。中国工程院院士张伯礼说：“我们应该学习屠呦呦研究员这种埋头苦干、潜心钻研、坚韧不拔、持之以恒的工作作风，去掉浮躁、淡泊名利，始终围绕科学目标脚踏实地勤奋工作。”

中国科学院院士白礼春说：“屠呦呦的获奖，是中国科学界的骄傲，我相信，这必将激励更多的中国科学家不断攀登世界科学高峰，为人类文明和人民福祉作出更多更大的贡献。”

2. 原始创新的特点

第一，首创性：前所未有、与众不同。

第二，突破性：原理、技术、方法等某个或多个方面实现重大变革。

第三，带动性：对科技自身发展产生重大牵引作用。

3. 原始创新的来源

(1)兴趣和好奇心

爱因斯坦曾说："我没什么特殊的才能，我只是保持了我持续不断的好奇心。"他认为好奇心的最大价值在于它创造了可以进行质疑的心灵。也正是好奇心，爱因斯坦创立了相对论。

(2)问题导向

为了解决问题，在已有途径和方法都提供不了有效的解决方案，或者当时、当地的条件无法使用已知解决方案的情况下，需要解放思想，或因地制宜创造不同于任何原有思路的新方法、新思想。如攻克疟疾的青蒿素的发现和人类为了应对气候变化而对新能源进行的各种探索都是源于问题导向。

4. 诺贝尔奖是原始创新的标志

诺贝尔奖代表着基础科学研究的最高水平，是原始创新研究的重要标志，是一个国家知识创新能力和科技发展水平的象征。在它激励下所产生的重大科学发现和发明，又进一步引发了全世界范围的新技术革命，有力地推动了社会生产和人类文明的进步。

(二)改进创新

改进创新就是对原有的科学技术进行改进所作出的创新。改进创新可以分为材质改进创新、原理结构改进创新和生产技术改进创新。

1. 材质的改进

材质改进的创新就是通过改进某种产品的材质而实现的创新。如，一只作为餐具的碗，有史以来，在使用材质上，已经经历过几次大革命：远古的材质是陶器，商周的材质是青铜器，战国的材质是漆器，唐宋的材质是瓷器，现代的材质是塑料、不锈钢等。碗的材质所经历的每一次革新都克服了原有材质的一些缺点，都有新的发展。

再如，在发动机行业，人们为了提高发动机的效率，进行了数十年的艰苦探索，尽管找到了不少有效的方法，但在大幅度提高热效率和降低燃料消耗方面没有取得突破性的进展。后来，人们转换思路，从材质方面进行创新设计，直到发明出陶瓷发动机时，才使事情有了明显的转机。在这种新型发动机设计中，人们以高温结构陶瓷部件取代以往复式柴油发动机中的汽缸内衬、活塞帽、预燃室、增压器等。由于陶瓷具有耐高温性能，发动机可省去传统的水冷系统，减轻了发动机的自重。由于燃烧温度的大幅度提高，热效率也随之得到明显的改进。此外，优良的耐腐蚀性也使陶瓷发动机可采用各种低位多杂性的燃油，从而使应用成本大为降低。

陶瓷发动机的发明，无疑是动力机械领域的重大突破，是从材料方面进行创新开拓的光辉典型。

2. 原理结构的改进

原理结构改进的创新就是通过改进某种产品的原理结构而实现的创新。自 1903 年莱特兄弟首次发明飞机成功之后，飞机便立刻受到世界广泛的重视，到 1941 年的 38 年里，其发展速度令人吃惊。莱特兄弟的飞机仅仅是作为表演在几十米的半空像风筝般飘一下，充其量不过是个惊险运动的科学玩具，机身是木头的，很不牢靠，功率太小，远不能做交通工具。人们全力以赴，对它进行改进，并取得了辉煌成就。

2021年，比亚迪研发的刀片电池顺利通过了行业公认最严苛的电池安全针刺测试。并且通过结构创新，刀片电池在成组时可以跳过模组，大幅提高了体积利用率，最终达成在同样的空间内装入更多电芯的设计目标。相较于传统的有模组电池包，刀片电池的体积利用率提升了50%以上。

在大幅提升系统质量能量密度以及体积能量密度的同时，由于去掉了模组这一层中间结构，电池系统的复杂度大幅下降，由此也带来了更高的产品稳定性和更低的故障率，给消费者带来了兼具高安全以及高品质的新能源汽车。

3. 生产技术的改进

生产方法的创新也是创新的形态之一，它是指创新者通过创造性的构思而得到的新的技术方案，采取这种技术方案能使物质状态发生变化。诸如各种机械加工工艺方法、化学方法、物理方法、生物方法等。新的优秀生产方法的发明无疑是一种创新，它不仅可以带来巨大的经济效益，也可以带来巨大的社会效益。

案例1.3　用一氧化碳合成蛋白质

在人工条件下，利用天然存在的一氧化碳和氮源（氨）大规模生物合成蛋白质，长期以来被国际学术界认为是影响人类文明发展和对生命现象认知的革命性前沿科学技术。蛋白质在自然界的天然合成一般要在植物或者植物体内具有固氮功能的特定微生物体内，在自然光合作用下形成碳水化合物的糖类，再经过多个环节复杂的生物转换。对此，北京首钢朗泽新能源科技有限公司通过6年多的研究攻关，突破了乙醇梭菌蛋白关键核心技术，大幅度提高反应速度、原料物质和能量的转化效率，实现了工业化一步生物合成蛋白质收率最高85%的纪录，并与中国农业科学院饲料研究所合作开展乙醇梭菌蛋白效价评定，共同在国家重点研发计划——蓝色粮仓项目框架内推广该产品在饲料行业中的应用。

该项研究以含一氧化碳、二氧化碳的工业排放物和氨水为主要原料，“无中生有”制造新型饲料蛋白资源乙醇梭菌蛋白，将无机的氮和碳转化为有机的氮和碳，实现了从0到1的自主创新，具有完全自主知识产权。

二、绝对创新与相对创新

根据创新成果是否属于全世界范围内实现的首创，创新可以分为绝对创新和相对创新。

绝对创新是全世界范围内实现首创的创新。比如，我国的四大发明、爱因斯坦的相对论都是在全世界范围内实现的首创，都是非常成功的创造，属于绝对创新。

有一些创新，因为人类社会时间之久远和空间之广大的原因，一时很难考察清楚，有时也没有必要考察清楚是否属于在全世界范围内实现的首创，我们称之为相对创新。如，一个学生用一种新方法解答了一道数学题；一个厨师灵机一动设计了一道美味的菜品等。相对创新还因条件封闭而客观存在，如，牛顿和莱布尼茨独立创立了微积分。

认可相对创新是非常必要的，只有这样才能充分肯定一般水平创新活动的地位和作用，为群众性的创新活动开辟广阔的发展道路，使大多数人不仅意识到自己有机会，而且有能力从事这种过去认为只有天才方能参与的活动，有利于形成“大众创新，万众创业”的良好局面。在现实生活中，大量的创新活动不是绝对创新，而是相对创新。

三、自主创新与模仿创新

根据创新成果是否拥有自主知识产权，创新可以分为自主创新和模仿创新。

（一）自主创新

1. 自主创新的定义

自主创新是指通过拥有自主知识产权、独特的核心技术，以及在此基础上实现新产品价值的过程。自主创新包括原始创新、集成创新和引进、消化吸收再创新三类。自主创新的成果，一般体现为新的科学发现或者拥有自主知识产权的技术、产品、工艺和品牌等。

2. 自主创新的特点

(1)在核心技术上的自主突破

自主创新并不是要求企业在研究开发上面面俱到，独立攻克每一个技术环节，而是其中的核心技术或主导技术应该是由企业依靠自身力量，独立研究开发而获得的。

案例 1.4　从零“起跑”，自主建造中国高铁大脑

列控系统是高速铁路的大脑和神经中枢，是实现高铁高速度、高密度、高安全运行的核心系统，是世界铁路科技竞争的核心焦点。只有完全掌控全部核心技术，才能实现自主可控。中国铁路通信信号股份有限公司（简称中国通号）在全系统内集聚起超过 3000 人的高端研发团队准备攻克这一难关。他们一遍又一遍研讨方案、一版又一版进行软硬件开发、一轮又一轮测试，用 3 年时间实现了西方国家几十年的技术跨越，完成了全套完全自主知识产权的 CTCS—3 级列控系统研发并实现成熟应用，解决了引进产品在工程建设支撑、运营维护、信息安全、知识产权等方面受制于人的问题，提升了中国列控装备的智能高效水平、国际竞争力和信息安全等级，真正将高铁列车运行控制核心技术牢牢掌握在自己手中。

2017 年，CTCS—3 级列控系统首次在大西线试验取得圆满成功，满足最高运营时速 350 公里、最小追踪间隔时间 3 分钟的运营要求，性能处于世界领先水平。

2020 年 12 月，中国通号全套自主化 CTCS—3 级列车运行控制系统装备合安高铁，并于 2021 年 12 月完成为期一年的整体匹配性试验。

2021 年，CTCS—3 级列控系统自主研发的 4 款国产芯片和安达操作系统实现应用，一批基于 100%国产芯片的核心装备进入产业化、工程化阶段，中国高铁拥有了 100%国产化“大脑”。

2023 年，中国通号全套自主化标准和产品将装备雅万高铁，打造中国高铁首次全系统、全要素、全产业链走出国门的“样板工程”。

作为中国高铁关键核心技术之一，CTCS—3 级列控系统的自主研发标志着中国高铁技术装备领域的突破，也验证了只有自主创新才是成就中国高铁的核心密码。

(2)关键技术的领先开发

领先是自主创新努力追求的目标。新技术成果具有独占性，在技术的专利保护方面，法律只保护第一个申请者，其他晚于率先者的同类成果不能受到专利保护。自主创新企业必须以技术率先性作为努力追求的目标。

案例 1.5 “特高压”输电技术

“特高压”是目前全球最先进的输电技术，我国是全球唯一掌握“特高压”技术的国家。在这个领域，我国是标准制定者，我国的标准就是世界唯一标准。目前我国已经立项的 ISO/IEC 标准接近 600 项，主导编制 39 项国际标准。到 2020 年底时，我国已投运特高压工程“14 交 16 直”共 30 个，累计输送电量 2.5 万亿千瓦时。并且也基本完成全球布局，先后向葡萄牙、澳大利亚、希腊等国家延伸特高压工程。2019 年完工的巴西“美丽山水”特高压输电工程项目，跨域 2000 多公里，满足巴西 2200 万人用电需求，是巴西最长、输电量最大的电力干线，被称为巴西经济发展主动脉。

(3)新市场的率先开拓

技术率先开发要想取得经济回报，必然要求市场率先开拓。技术开发的成果只有尽快商品化，尽早投向市场，才能防止跟随者抢占，才能为企业带来实际的效益。

3. 自主创新的类型

原始创新在上一节已经介绍过，下面介绍集成创新和引进、消化吸收再创新。

(1)集成创新

集成创新是指使用各种科学原理和相关技术成果融合汇聚，形成具有市场竞争力的产品。在市场经济发达的国家，集成创新的主体一般是企业，企业投入研发经费，利用各种信息技术、管理技术与工具，对各个创新要素和创新内容进行选择、优化和系统集成，发明出新工艺，创造出新的产品，产生新的应用，以此更多地占有市场份额，创造更大的经济效益。它与原始创新的区别是，集成创新所应用到的科学原理和所有单项技术都不是原创的，都是已经存在的和已知的，其创新之处就在于对这些已经存在原理和技术按照自己的需要进行了系统集成并创造出全新的产品或工艺。

(2)引进、消化吸收再创新

引进、消化吸收再创新是世界各国最常见、最基本的创新形式。在广泛吸收全球科技成果、积极引进国外先进技术的基础上，充分进行消化吸收的再创新，形成新的学科理论或新的产业群。其核心思想是利用各种引进的技术资源，在消化吸收基础上完成重大创新。它与集成创新的相同点，都是利用已经存在的单项技术为基础，不同点在于，集成创新的结果是一个全新产品，而引进、消化吸收再创新的结果，是产品价值链某个或者某些重要环节的重大创新。引进、消化吸收再创新是各国尤其是发展中国家普遍采取的创新方式。

4. 我国自主创新取得的成就

(1)基础研究整体实力显著加强

牢牢把握建设世界科技强国的战略目标，以只争朝夕的使命感、责任感、紧迫感，抢抓全球科技发展先机，在基础前沿领域奋勇争先。基础研究整体实力显著加强，化学、材料、物理、工程等学科整体水平明显提升。在量子信息、干细胞、脑科学等前沿方向上取得一批重大原创成果。成功组织了一批重大基础研究任务，“嫦娥五号”实现地外天体采样返回，“天问一号”开启火星探测，“羲和号”实现太阳探测零的突破，“怀柔一号”引力波暴高能电磁对应体全天监测器卫星成功发射，“慧眼号”直接测量到迄今宇宙最强磁场，500米口径球面射电望远镜首次发现毫秒脉冲星，新一代“人造太阳”运行时间突破千秒，“雪龙2号”首航南极，“祖冲之二号”和“九章二号”实现量子优越性。散裂中子源等一批具有国际一流水平的重大科技基础设施通过验收。

(2)关键核心技术自主可控

充分发挥科技创新的引领带动作用，努力在原始创新上取得新突破，在重要科技领域实现跨越发展，推动关键核心技术自主可控，加强创新链产业链融合。在深海、深空、深地、深蓝等领域积极抢占科技制高点。“海斗一号”成功实现万米下潜并完成科考应用，“奋斗者”号成功坐底，北斗卫星导航系统全面开通，“神舟十三号”顺利完成任务返回地球，“长征五号”遥三运载火箭成功发射，世界最强流深地核天体物理加速器成功出束，“神威·太湖之光”超级计算机首次实现千万核心并行第一性原理计算模拟，“墨子号”实现无中继千公里级量子密钥分发。“天鲲号”首次试航成功。“国和一号”和“华龙一号”第三代核电技术取得新突破。“深海一号”生产储油平台正式投产，支撑我国海洋油气资源开发能力进入世界先进水平。通过加强创新投入和布局，创新链对产业链的支撑作用明显增强。

5. 坚定不移走中国特色自主创新道路

坚持走中国特色自主创新道路是我国不断提升科技实力和综合国力的重要经验。随着从“科教兴国战略”到“提高自主创新能力”、从“建设创新型国家”到“创新驱动发展战略”的不断深化，我国涌现出了大批自主创新、世界领先的成套技术装备和系统性平台性产品。历史和实践充分证明，坚持走中国特色自主创新道路是我国不断提高科技发展水平、提升综合国力的正确选择。

坚持走中国特色自主创新道路是把我国建设成为世界科技强国和社会主义现代化强国的必由之路。我们比历史上任何时候都更加迫切需要提升自主创新能力，比历史上任何时期都更加迫切需要跨越式创新成果。我们只有坚持走以我为主、自主创新的发展之路，把关键核心技术掌握在自己手中，才能真正掌握竞争和发展的主动权，才能从根本上保障国家安全，才能把我国建设成为世界科技强国和社会主义现代化强国。

贯彻“自主创新、重点跨越、支撑发展、引领未来”方针。始终坚持面向世界科技前沿、面向经济主战场、面向国家重大需求、面向人民生命健康的科技攻关方向。增强“四个自信”，要有骨气和勇气，不断提高自主创新能力。只有自信的国家和民族，才能在通往未来的道路上行稳致远。坚持以开放促创新，积极开展对外技术交流，努力用好国际国内两种创新资源。自主创新是开放环境下的创新，必须聚四海之气、借八方之力。

(二)模仿创新

1. 模仿创新的定义

模仿创新是一种“模仿—学习—吸收—再创新”的过程，以观察、引进购买、反求破译、产业协作等方式学习率先创新者的先进思想、技术及制度体系，并根据市场特点和创新主体自身的需要，对技术和制度进行改进完善，从而提高创新主体技术水平和竞争能力的一种渐进的创新活动。

2. 模仿创新的特点

(1)跟随性

模仿创新的重要特点在于最大限度地吸取率先者成功的经验与失败的教训,吸收与继承率先创新者的成果。在技术方面,模仿创新不做新技术的开拓探索者和率先使用者,而是做有价值的新技术的积极追随学习者;在市场方面,模仿创新者也不独自开辟新市场,而是充分利用并进一步发展率先者所开辟的市场。模仿创新战略是不以率先来取胜的战略,而是巧妙地利用跟随和延迟所带来的优势,化被动为主动,变不利为有利的一种战略。如佳能公司对复印机新产品的开发,IBM公司对个人计算机的开发等。在某些情况下这种跟随和延迟是模仿创新企业为回避风险而故意发生或者造成的。当然,模仿跟随也难免有被动性,这是模仿创新战略的弱点。

(2)针对性

模仿创新并不是照搬照抄率先者的技术,它同样需要投入足够的研究开发力量,从事其特有的研究开发活动。模仿创新的研究开发不仅包括对率先者技术的追求,还包括对率先者技术的完善或进一步开发。从数量上看,模仿创新企业的研究开发投入并不一定低,与自主创新不同的是:模仿创新的研究开发投入具有高度的针对性,能够免费获得的公开技术或能够以发活动主要偏重于破译无法获得的关键技术、技术秘密以及对产品的成功进购买到的技术能与生产工艺的发展与改进。

(3)开拓性

模仿创新在市场方面同样具有开拓性。开辟新市场,激发新需求是技术创新的一个重要特点和内容,模仿创新亦不例外。模仿创新不仅是抢占率先创新者已开辟的市场空间,而且包含着对新市场空间的进一步拓展和扩充。

3. 知识产权与模仿创新之间的关系

模仿创新与知识产权侵权之间并无对应关系,从全社会利益的角度看,没有模仿创新,就没有新技术的普及扩散,就不会有整个社会的经济发展。一项成功的率先创新总要引来许多模仿跟进者,而且模仿跟进者的成果又会被其他跟进者进一步模仿,在这种不断模仿扩散的过程中新产品、新工艺得以不断改进,模仿创新大量发生,产业也得到迅速的成长。某些情况下模仿创新与知识产权保护之间可能会发生一定的矛盾,但这种矛盾是完全可以解决的。模仿创新中通常会涉及专利技术,技术秘诀商标、合作权(含软件)等类的知识产权,在知识产权所覆盖的地区和市场中,模仿创新企业只要依照相应的产权法律,按适当的形式给知识提供者以符合法律、双方认可的物质与精神补偿就不会构成侵权行为。而这种补偿一般并不会显著地增加模仿创新的成本,与自行研究开发相比,其代价要小得多,与非法模仿相比,对于较为复杂的技术仍然是比较经济的,因为非法模仿中,必然有许多信息的丢失,这些技术细节的代价和效果不一定优于合法模仿。事实上,知识产权保护的普及有利于开展模仿创新,知识产权不仅保护了率先创新者的合法权同时也保护着模仿创新者的成果不被其他模仿者非法模仿。通过知产权的合法交易,节约了模仿创新者在技术返求方面的资金和时间费使模仿创新者能更快地接近和掌握率先创新者的核心技术,为将创新奠定良好的基础。

三、科技创新

(一)科技创新的内涵

所谓科学,即自然科学,是一种反映自然界各种物质运动客观规律、经过实践检验和逻辑推理的理论知识体系。

技术是指人们为解决生产和生活中实际问题、达到预期目的而根据客观规律所采用的各种物质手段和经验、技能、知识、方法、规则等要素所构成的有机系统。

科学和技术形成了紧密联系、有机统一的整体。科技是第一生产力,是人类社会前进的重要力量,是衡量一个国家、一个民族的社会文明水平的主要标志,而科技创新就是科学创新和技术创新的总称。

科技创新是指创造和应用新知识和新技术、新工艺,采用新的生产方式和经营管理模式,开发新产品,提高产品质量,提供新服务的过程。科技创新可以分成知识创新、技术创新和现代科技引领的管理创新。

(二)科技创新的意义

科技是国家强盛之基,创新是民族进步之魂。党的十八大以来,习近平总书记高度重视科技创新,围绕实施创新驱动发展战略、加快推进以科技创新为核心的全面创新,提出了一系列新思想、新论断、新要求,立意高远,内涵深刻,形成了习近平总书记关于新时代科技创新的重要论述。对于适应和引领我国经济发展新常态,发挥科技创新在全面创新中的引领作用,加快形成以创新为主要引领和支撑的经济体系和发展模式,实现"第二个百年奋斗目标",实现中华民族伟大复兴的中国梦,具有十分重要的指导意义。

第1,加快科技创新是推动高质量发展的需要。建设现代化经济体系,推动质量变革、效率变革、动力变革,都需要强大科技支撑。

第2,加快科技创新是实现人民高品质生活的需要。为满足人民对美好生活的向往,必须推出更多涉及民生的科技创新成果。

第3,加快科技创新是构建新发展格局的需要。提高供给体系质量和水平,以新供给创造新需求,科技创新是关键。畅通国内国际双循环,也需要科技实力,保障产业链、供应链安全稳定。

第4,加快科技创新是顺利开启全面建设社会主义现代化国家新征程的需要。从最初提出"四个现代化"到现在提出全面建成社会主义现代化强国,科学技术现代化从来都是我国实现现代化的重要内容。

(三)科技创新的类型

科技创新的类型主要有以下三种。

1. 建立新的科学理论

科学理论是指科学工作者运用科学方法,通过创造性思维,对科学材料的理论概括、总结和说明,是科学知识的组成部分。科学理论是正确反映客观事物的本质及其运动规律的知识体系,具有客观真理性;科学理论说明事物复杂现象间的内在联系或事物发展的完整过程,具有全面性;科学理论是一种具有严密逻辑联系的概念和范畴的体系,具有逻辑性;科学理论所包含的不同内容的科学知识,以各自不同的地位和作用构成不可分割的有机联系的整体,具有系统性。科学理论对人类生活具有重大的推动作用,它是人类认识客观事物的指导思想，是人类解放思想的精神武器，是知识形态的生产力，是推动人类生活和社会发展的强大动力。

科学理论的产生一般要以一定的科学知识和经验事实为基础，并提出带猜测的假说，然后通过科学观察或科学实验证明或修正假说后上升为理论。科学理论的确立及获得认可一般要具有以下几个条件：能说明原有理论不能说明的现象；能说明原有理论已说明的现象；具有更多的预见性；使该领域里的科学工作者形成共同的基本概念体系、思维和操作方法、范例。

科学理论是随着科学实践的发展而不断发展变化的。原有的科学理论过时了，新的科学理论会取而代之，同时更新的科学理论又等待着人们去建构。新的科学理论的创立便是一种创新。

2. 发明新的产品

新产品一词的意义很广泛，对企业来说，从未生产销售过的产品就是新产品；对消费者来说，产品的各项因素（功能、式样、特色、商标、包装服务等）中的任何一项发生了变化都可以将该产品视为新产品；从技术角度来看，只有采用了新技术、新工艺、新材料使产品的功能、结构、性能等发生了显著变化的产品，才能算是新产品。如，2020 年 1 月，联想集团发布了全球首款折叠屏幕笔记本电脑，首次将最重要的个人计算设备 PC 带进了可折叠时代，就是发明新产品。

3. 创新生产方法

生产方法创新，即对于同一产品采用不同的生产方法。如，量子通信，是指利用量子纠缠效应进行信息传递的一种新型通信方式。与传统的通信方式相比，量子通信具有容量大、速度快和保密性好的特点。量子通信具有高效率和绝对安全等特点，是国际量子物理和信息科学的研究热点。2017 年 8 月中国凭借在《自然》周刊上发表的两项成果确保了在量子通信这一未来通信技术领域的至上地位。作为国际上量子信息实验研究领域的开拓者之一，潘建伟院士团队系统性的创新工作赢得国际学术界高度评价。牵头研制成功国际上首颗量子科学实验卫星“墨子号”，建成国际上首条量子保密通信骨干网“京沪干线”，构建了首个空地一体的广域量子保密通信网络雏形，使我国量子保密通信的实验研究和应用研究处于国际领先水平。

（四）科技创新的途径

现在，我国经济社会发展和民生改善比过去任何时候都更加需要科学技术解决方案，都更加需要增强创新这个第一动力。

1. 坚持需求导向和问题导向

科技创新需坚持四个面向：面向世界科技前沿、面向经济主战场、面向国家重大需求、面向人民生命健康。

(1)科技创新坚持要面向世界科技前沿。科技创新的基本任务乃至首要任务，就是面向世界科技前沿，探索最具未知性、先驱性和挑战性的研究领域，不断突破人类的认知极限，实现人类肢体和工具器物的拓展与延伸，进而促进人类认知边界的动态扩展和工具效能的迭代更新，从而更好认识世界和改造世界。面向世界科技前沿开展创新性科学研究，既是广大科技工作者和科学家的职业操守和智力依托，也是他们不断实现自我超越继而更好实现人生价值的根本要求和内在需要。坚持走中国特色自主创新道路，加强基础研究注重原始创新，深化体制改革激发首创精神。

(2)科技创新坚持要面向经济主战场。服务于经济主战场是科技工作的终极归宿和科技工作者的根本使命。科技水平既是影响世界经济周期最主要的变量之一，也是决定经济总量提升的最主要因素。科技实力成为一个国家综合国力和国际竞争力的核心指标，其经济社会发展归根结底系于科技事业发展和科技水平提升。

(3)科技创新坚持要面向国家重大需求。一是要有自主意识。努力实现关键核心技术自主可控，要结合核心技术瓶颈问题，瞄准“卡脖子”技术，集中优势科研力量，加大攻关力度、加快突围速度。二是要有问题意识。抢占前沿高地，抢登科技制高点，下好战略先手棋。要实施关键核心技术攻关工程，集成优势科研资源开展技术攻关，将科技创新的主动权牢牢掌握在自己手里。三是要坚持需求导向。从国家急迫需要和长远需求出发，真正解决实际问题，为国家重大战略决策部署提供科技支撑。当前，我国经济社会发展、民生改善、国防建设面临许多需要解决的重大现实问题。例如，农业领域的种业安全问题、工业领域的“卡脖子”技术问题、社会领域的人口老龄化问题等，均迫切需要通过科技创新给出解决方案，必须要想国家之所想、急国家之所急，努力让科技创新更加符合国家核心利益和重大需求，为推动经济社会发展服务。

(4)科技创新坚持要面向人民的生命健康。科技面向人民生命健康，就是坚持人民至上、生命至上，这体现了对生命的尊重和对人民的关怀，折射出科技工作的人文关照和价值选择。科技工作面向人民生命健康，要求广大科技工作者以胸怀天下的家国情怀、济世安民的理想信念、护佑生灵的生命意识，做人民生命安全和身体健康的忠诚卫士，不断提升人民生活品质。

2. 整合优化科技资源配置

加快完善符合科技创新规律的资源配置方式，才能极大地解放科技第一生产力和创新第一驱动力，实现科技创新效益最大化。科技资源配置的基本逻辑与途径包括两个维度：知识技术供给导向，由知识生产方即科学共同体主导，科研生产效率高，但创新成果的转化需要有良好的社会资源条件和产业技术创新综合集成能力作为配套；战略任务目标导向，由科技需求方即国家、企业和社会共同体主导，产出的实用性好、易转化，但需要良好的原始创新能力和稳定的基础研究为支撑。不同导向的资源配置方式须考虑其适用范围、成本、收益和风险。科技创新的生产力功能要求其资源配置要符合国家经济发展的阶段性特征，并配合国家的经济战略。

3. 加强创新人才教育培养

当今世界，综合国力竞争说到底是人才竞争。2021 年，习近平总书记在中央人才工作会议上强调：“当前，我国进入了全面建设社会主义现代化国家、向第二个百年奋斗目标进军的新征程，我们比历史上任何时期都更加接近实现中华民族伟大复兴的宏伟目标，也比历史上任何时期都更加渴求人才。”新征程上，我国实现高水平科技自立自强，归根结底要靠高水平创新型人才。这就要求我们更加重视人才自主培养，努力造就一批具有世界影响力的顶尖科技人才，努力培养更多高素质技术技能人才、能工巧匠、大国工匠。

四、制度创新

制度创新是指在人们现有的生产和生活环境条件下，通过创设新的、更能有效激励人们行为的制度、规范体系来实现社会的持续发展和变革的创新。制度创新的核心内容是社会政治、经济和管理等制度的革新，是支配人们行为和相互关系的规则的变更，是组织与其外部环境相互关系的变更，其直接结果是激发人们的创造性和积极性，促使不断创造新的知识和社会资源的合理配置及社会财富源源不断地涌现，最终推动社会进步。

香港、澳门回归后的事实充分证明，“一国两制”方针是正确的，这为两岸和平统一树立了光辉的典范。经过商鞅变法，秦国的旧制度被彻底废除，经济得到了发展，秦国逐渐成为战国七雄中实力最强的国家，为后来秦王朝统一天下奠定了坚实的基础。

五、理论创新

（一）理论创新的定义

理论创新是指人们在社会实践活动中，对出现的新情况、新问题，作出新的理性分析和理性解答，对认识对象或实践对象的本质、规律和发展变化的趋势作出新的揭示和预见，对人类历史经验和现实经验作新的理性升华。简单地说，就是对原有理论体系或框架的新突破，对原有理论和方法的新修正、新发展，以及对理论禁区和未知领域的新探索。

总体而言理论创新具有三种方式：在总结新的实践经验基础上提出前人完全没有提出过的新思想、新观点；把前人的观点综合起来并在原有基础上提出新的具有创新价值的观点；把前人观点结合新的实践赋予其新的内涵并用不同语言作出新的概括。

（二）理论创新的特点

1. 现实性

理论创新是对时代课题的深刻把握和科学解答，理论创新成果是时代精神的精华。每个时代都有属于自己的课题，准确地把握和解决这些课题，就会把思想理论大大地向前推进一步，把人类社会大大地向前推进一步。毛泽东同志曾说过：“现在，我们已经进入社会主义时代，出现了一系列的新问题，如果单有《实践论》《矛盾论》，不适应新的需要，写出新的著作，形成新的理论，也是不行的。”时代的发展总是不断提出新的课题，迫切需要科学的理论进行解答；理论要保持旺盛的生命力，必须具备“问题意识”，与时代发展同步，及时回应时代的呼声。中国特色社会主义理论体系正是在科学把握和平与发展的时代主题中、在科学解答时代课题中形成和发展起来的。习近平新时代中国特色社会主义思想深入回答时代之问，不断引领时代前进，是新时代精神的精华。

2. 实践性

理论创新是对实践经验的总结和升华，又在更高层面上指导实践。伟大的实践孕育科学的理论，科学的理论指导伟大的实践。人民群众创造历史的伟大实践，为我们党的理论创新提供了丰富的素材和鲜明的主题。理论创新是在实践基础上不断探索、把握和揭示人类社会发展规律的过程。理论创新对人类社会发展规律的把握和揭示越深刻，对人们的实践活动就越具有指导性，就越能够发挥对社会发展和变革的先导作用。40 年来，我们党不断总结和吸收广大人民群众的实践经验，以改革开放和现代化建设的实际问题、以我们正在做的事情为中心，着眼于马克思主义的指导和中国化，着眼于实际问题的理论思考，着眼于新的实践和新的发展，在实践中发现问题、把握特点、总结经验，不断进行理论创新。在实践创新推动理论创新、理论创新指导实践创新的相互促进中，党和人民的事业不断发展。

中国特色社会主义理论就是在当代中国改革开放和社会主义现代化建设伟大实践基础上形成和发展起来的，是植根于当代中国实践基础上的中国化的马克思主义理论。

3. 继承性

理论创新是在继承和发展已有理论成果中实现的，是继承和发展的有机统一体。新的理论的形成和发展总是建立在已有理论成果的基础之上的。只有以前人的成果作为理论创新的起点，才能在前人的基础上有所发现、有所创造、有所进步。我们党的每一次理论创新，都是在坚持马克思主义基本原理的基础上进行的。时代在前进，实践在发展，社会在变化，马克思主义也要与时俱进。继承和发展是有机统一的，发展才是最好的继承。真正的马克思主义者必须根据现在的情况，认识、继承和发展马克思主义。改革开放以来，我们党始终坚持以马克思主义为指导，同时以巨大的理论勇气和政治勇气，自觉地把思想认识从那些不合时宜的观念、做法和体制的束缚中解放出来，从对马克思主义的错误的和教条式的理解中解放出来，从主观主义和形而上学的桎梏中解放出来，在建设和发展中国特色社会主义的一系列重大理论和实际问题上进行了大胆探索和创新，进一步丰富和发展了马克思主义，有力地推进了社会的变革和发展。

（三）理论创新的分类

1. 原发性理论创新

原发性理论创新是指新原理、新理论体系或新学派的架构与形成。

2. 阐释性理论创新

阐释性理论创新是指依据社会实践的需要，清除旁人附加给原有理论的错误解释，对其思想和原理进行梳理归纳，恢复理论本来的面目。

3. 修正性理论创新

修正性理论创新是指在肯定和继承原有理论的基础上，根据实践的需要，对原有的理论体系和原理，作出新的补充和修改，作出新的论证和发挥。

4. 发掘性理论创新

发掘性理论创新是指前人已经提出的某些理论，由于各种原因，被遗忘了、掩埋了、淡化了，根据时代的需要，把它重新凸显出来，使其重放光芒。

5. 方法性理论创新

方法性理论创新是指从社会学研究方法和学科体系角度，用新的原则、新的模式或新的视野，对社会实践问题作出新的解释，实现社会科学研究方法、思想的更新。比如，信息论、系统论、控制论等。

（四）理论创新的原则

1. 紧扣时代脉搏

与时俱进是马克思主义的理论品质，应时而生是马克思主义的显著特征。任何真正的哲学都是时代精神的精华。每一个时代的理论思维都是一种历史的产物，它在不同时代具有完全不同的形式，也具有完全不同的内容。从新民主主义革命时期到社会主义革命和建设时期，从改革开放和社会主义现代化建设新时期到中国特色社会主义新时代，马克思主义中国化的实践和理论经历了一百多年艰辛发展的历程。马克思主义中国化时代化要求我们的理论必须充分反映时代精神、回答时代课题、引领时代潮流，理论只有紧扣时代脉搏、体现时代要求、展示时代精华，才能使马克思主义中国化这棵“理论之树”永葆常青。

2. 反映社会现实

理论是实践的产物，实践是理论的来源。要想知道梨子的滋味，就必须去亲口品一品、尝一尝。马克思说：“理论在一个国家实现的程度，总是决定于理论满足这个国家的需要的程度。”马克思主义中国化理论之树常青的根源在于中国革命、建设和改革实践之树常青。反映现实、聚焦现实，是理论创新的根本，也是马克思主义理论之树常青的内在奥秘。

3. 顺应人民要求

理论不仅来源于实践，而且还要反映作为实践主体的最广大人民群众的呼声和要求，因此，必须关注人民群众的需求，解决人民群众的困惑，把马克思主义基本原理、基本观点通俗化、具体化，使之更好地为人民大众所理解、所接受。采用通俗的语言和喜闻乐见的形式，让理论走出书斋，使马克思主义理论为广大群众所认同、所掌握，并不断转化为自己的行动。

4. 坚持与时俱进

马克思主义理论具有强大生命力的根本原因就在于它有与时俱进的理论品质。与时俱进是马克思主义发展的内在要求，从19世纪中叶到21世纪的今天，马克思主义经历了170多年的发展历程，正是随着社会实践的不断发展，马克思主义自身也不断丰富、发展和完善。马克思主义是实践的理论，在指导实践的过程中自身也不断随着实践的发展而发展。人类实践没有止境，科学理论的发展也没有止境。真正的马克思主义者必须根据社会发展实际，不断解放思想，实事求是，在与时俱进中始终坚持马克思主义，在创新实践中不断发展马克思主义。

六、文化创新

（一）文化创新的含义

文化创新是指在继承前人文化遗产精华的基础上，结合新的实践和时代要求，结合人民群众精神生活的需要，所进行的文化上的超越和创造。文化在交流的过程中传播，在继承的基础上发展，都包含着文化创新的意义。文化发展的实质，就在于文化创新。

（二）文化创新的意义

党的十九大报告提出：“文化是一个国家、一个民族的灵魂。文化兴国运兴，文化强民族强。没有高度的文化自信，没有文化的繁荣兴盛，就没有中华民族伟大复兴。”

1. 文化创新是文化自身发展的要求

一部人类文化发展的历史，就是文化不断地从创新中汲取力量、开拓进取的历史。无数事实一再向人们确证：只有不断地创新才能及时而有效地赋予文化以新的内容和新的时代精神，使其不断地焕发出新的光彩与活力，并由此获得新的价值和意义。文化作为“人化的自然”“自然的人化”和对象化活动的产物，起源于创造，靠创造而发展。文化的这种创造性首先表现在物质文化、制度文化、精神文化的创造中。文化作为社会政治、经济的反映，又对经济和社会的发展具有强大的反作用。这种反作用是通过人来实现的。在社会历史的发展进程中，文化的创新为人们提供新的特定的价值观念、思想信仰、行为规范和科学知识，调节和引导人们的行为，培养人们的思想感情，丰富人们的智慧，激发人们的创造力。人类社会的发展历史昭示，每当生产力的发展要求革新社会制度的时候，表达这种要求的最强音总是首先来自思想文化领域，思想和文化的创新总是成为社会变革的先导和前奏。当前，越来越多的人认识到，文化创新的能力是一个国家、一个民族智慧与文明的集中体现，也是一个国家和民族综合实力的重要标志。推进文化创新对实现中华民族的伟大复兴，具有重大而深远的意义。

2. 文化创新是增强综合国力的要求

文化作为观念形态，其本身无疑是对经济社会的反映，社会物质生活是其赖以存在的基础。但是，文化又有其相对的独立性，它对经济基础有着能动的反作用。特别是随着时代的前进，随着文化功能的不断强化，其作用越来越巨大，它不仅体现和反映着人们的精神风貌，同时还以其特有的性质和功能引领着经济社会的发展和变革，充当时代前进的号角与旗帜，为经济社会的发展和变革提供强大的精神动力、智力支持和思想保证。

3. 文化创新是丰富人民群众精神文化生活的重要手段

随着社会生产力的不断发展，人民群众文化需求的总量不断增加，文化需求个性化、多样化的趋势日益明显。只有不断推进文化创新，弘扬主旋律，提倡多样化，才能牢牢占领思想文化阵地，发展健康有益的文化，改造落后文化，抵制腐朽文化，创造出既能体现中国风格，反映时代要求和人民心声，又能满足人民群众理想、愿望和审美要求、更加贴近实际、贴近生活、贴近群众的优秀作品，不断丰富人民群众的精神文化生活。

（三）文化创新的途径

党的十八大以来，在以习近平同志为核心的党中央坚强领导下，我国文化建设固本培元、守正创新，更好构筑中国精神、中国价值、中国力量，全党全国各族人民文化自信明显增强。大力推动文化创新，是建设社会主义文化强国、巩固全党全国各族人民团结奋斗共同思想基础的应有之义。我们要坚持中国特色社会主义文化发展道路，坚持以人民为中心的工作导向，把创新作为促进文化发展的动力源泉，积极推动文化事业和文化产业蓬勃发展，为中华民族伟大复兴提供精神支撑。

1. 把握文化创新的发展方向

习近平总书记指出："要坚持中国特色社会主义文化发展道路。"方向引领行动，行动成就目标。只有坚持中国特色社会主义文化发展道路，牢牢把握文化创新发展方向，才能推进文化事业和文化产业全面发展。要坚持马克思主义在意识形态领域的指导地位，坚定不移用习近平新时代中国特色社会主义思想统领新时代文化建设，具体落实到把握方向导向、创新理念思路、改革体制机制等各方面。牢牢抓住社会主义核心价值观建设，充分发挥其主导和引领作用，把社会主义核心价值观体现到国民教育、精神文明创建、精神文化产品创作生产传播全过程。注重用社会主义先进文化、革命文化、中华优秀传统文化培根铸魂，在文化创新发展中传承红色基因、赓续红色血脉，不断推出更多讴歌党、讴歌祖国、讴歌人民、讴歌英雄的精品力作。

坚持中国特色社会主义文化道路，是推动社会主义文化繁荣兴盛的唯一正确道路。

要以马克思主义为指导，坚守中华文化立场，立足当代中国实际，结合当今时代条件，坚定文化自信。守正创新，源远流长、博大精深的中华优秀传统文化是中华民族的根和魂，是中国特色社会主义根植的文化沃土。坚持古为今用、推陈出新，有鉴别地加以对待，有扬弃地加以继承。兼容并蓄，中华民族是一个兼容并蓄、海纳百川的民族。坚持从本国本民族实际出发，坚持取长补短、择善而从，在不断汲取各种文明养分中丰富和发展中华文化。

2. 坚守文化创新的人民立场

习近平总书记指出："人民既是历史的创造者、也是历史的见证者，既是历史的'剧中人'、也是历史的'剧作者'。"随着时代的发展进步和媒体技术的更新迭代，人民群众对文化产品质量、品位等方面的要求不断提升，同时，人民群众的文化创新活力也竞相迸发。文化创新的成果是为人民群众服务的，文化创新的成效应该由人民群众来评价；文化创新的活力来自人民群众，文化创新的活动应该吸引人民群众广泛参与。推动文化创新发展，要坚持以人民为中心的工作导向，准确把握人民精神文化需求，保障人民文化权益，推出更多满足人民文化需求、增强人民精神力量的优秀作品，把人民满意不满意作为检验文化创新成效的最高标准。尊重人民群众主体地位，优化城乡文化资源配置，构建人民群众广泛参与的文化创作、生产、传播、评价机制，不断激发全民族文化创新创造活力。

3. 培养造就文化创新高层次人才

推进文化创新、繁荣文化事业，离不开一批有影响的文化各领域领军人物，离不开一支结构优化、布局合理、素质优良的人才队伍。当代中国正经历着我国历史上最为广泛而深刻的社会变革，也正在进行着人类历史上最为宏大而独特的实践创新。这种实践创新为推动社会主义文化建设创造了良好条件，也为文化领域识才、爱才、敬才、用才提供了广阔空间。新征程上，文化艺术界必须把人才队伍建设放在更加突出的位置。加强领军人才培养，建立健全重大文化项目首席专家制度，开展好高层次人才的选拔推荐工作。加强复合型人才、紧缺人才培养，多渠道引进海外优秀文化人才。建立科学的文艺作品评价体系，完善文艺评奖机制，改进文艺评论工作，持续激发文化人才的创新活力。培养一批具有国际影响力的文化名家、文艺大师，推动当代中国文化事业不断出精品、出流派，在世界文学艺术领域鲜明确立中国气派、中国风范。

【思考与训练 1—3】

1. 什么是原始创新？请列举原始创新的案例。

2. 什么是改进创新？请以电话的发展过程为例，体会人们在对电话进行改进过程，是通过什么方法进行的？

3. 中华民族是一个兼容并蓄、海纳百川的民族。坚持从本国本民族实际出发，坚持取长补短、择善而从，在不断汲取各种文明养分中丰富和发展中华文化。请问在学习他国文化时，应该注意什么？

4. 源远流长、博大精深的中华优秀传统文化是中华民族的根和魂，是中国特色社会主义根植的文化沃土。请问，如何弘扬中华优秀传统文化？

5. 模仿创新过程中应注意什么事项？

6. 如何理解科技是第一生产力、人才是第一资源、创新是第一动力？

7. 理论创新可以分成哪几类?
8. 坚持和发展马克思主义,如何同中华优秀传统文化相结合?
9. 谈谈坚持走中国特色自主创新道路的必要性和重要性。

第四节 创新的基本过程

不少杰出的创新都留下了美丽动人的传说。例如,瓦特看到水蒸气顶起壶盖而发明了蒸汽机,牛顿被下落的苹果砸中头部而发现万有引力定律,门捷列夫因玩纸牌而发明化学元素周期表。事实果真如此吗?答案当然是否定的。下面从瓦特改进、发明蒸汽机的艰辛历程来看,任何重大创新成果的获得都不是一蹴而就的,都需要经历艰难险阻的过程。

人类对蒸汽的认识和利用,经历了一个漫长的历史过程。早在公元前2世纪,古希腊人就制造过一种利用蒸汽喷射的反作用的发动机。1690年,法国人巴比发明了第一台活塞式蒸汽机,设计思想新颖,汽缸加热产生蒸汽,推动活塞上升到顶端,然后汽缸降温,活塞又被推回,于是带动装置转动。可惜的是他未能制成实用的蒸汽机。1698年,英国名为塞莱斯的技师发明了第一台实用的无活塞式蒸汽机。这种机器在矿井中得到应用,被称为"矿山之友",但受当时材料和技术的限制,无法推广。直到18世纪,英国铁匠纽科门才制成第一台能把热能转变为机械能的较为原始的蒸汽机,不需高压蒸汽即可排水。但是,这种蒸汽机结构不合理,活塞只能做往复运动,不能做旋转运动,耗煤多,热效能较低。

随着工业发展对新动力的需求日益突出,推动了对蒸汽机作进一步的改进。从18世纪60年代起,英国工程师斯米顿开始研究怎么改进纽可门蒸汽机,他测量了一百多种当时蒸汽机的部件和效率。虽然斯米顿没有对蒸汽机的结构做任何改进,他积累的数据为改进蒸汽机提供了方便。与此同时,瓦特也开始研究改进蒸汽机。

1736年,瓦特出生在英国苏格兰格拉斯哥市附近的一个小镇格里诺克,他的父亲是一个经验丰富的木匠,祖父和叔父都是机械工匠。少年时代的瓦特,由于家境贫苦且体弱多病,没有受过完整的正规教育。他曾经就读于格里诺克的文法学校,数学成绩特别优秀,没有毕业就退学了。但是他在父母的教导下,一直坚持自学,很早就对物理和数学产生了浓厚兴趣。瓦特从六岁开始学习几何学,到十五岁时就学完了《物理学原理》等书籍。他常常自己动手修理和制作滑车和一些航海器械。1753年,瓦特来到格拉斯哥市当徒工。由于收入过低不能维持生活,第二年他又到伦敦的一家仪表修理厂当徒工。由于勤奋好学,他很快学会了制造那些难度较高的仪器。但是繁重的劳动和艰苦的生活损害了他的健康,一年后,他不得不回家休养。一年的学徒生活使他饱尝辛酸,也使他练就了精湛的手艺,培养了他坚韧的品质。

1756年,当他的身体稍有好转,瓦特再次来到格拉斯哥市。他想当一名修理仪器的工人,但是因为他的手艺没有满师,当时的行会不允许。幸运的是,瓦特的才能引起了格拉斯哥大学教授台克的高度重视。在他的引荐下,瓦特进入格拉斯哥大学当了教学仪器的工人。这所学校拥有当时较为完善的仪器设备,瓦特在修理仪器时认识了先进的技术,开阔了眼界。这时,他对以蒸汽作动力的机械产生了浓厚的兴趣,开始收集有关资料，还为此学会了意大利语和德语。在大学里，他认识了化学家约瑟夫·布莱克、约翰·鲁宾逊和瓦特等。瓦特从他们那里学到了很多科学理论知识。

1764年，学校请瓦特修理一台纽可门蒸汽机。在修理的过程中，瓦特熟悉了蒸汽机的构造和原理，并且发现了这种蒸汽机的两大缺点：活塞动作不连续而且慢；蒸汽利用率低，浪费原料。瓦特开始思考改进的办法。直到1765年的春天，在一次散步时，瓦特想到，既然纽可门蒸汽机的热效率低是蒸汽在缸内冷凝造成的，那么为什么不能让蒸汽在缸外冷凝呢？瓦特产生了采用分离冷凝器的最初设想。

在产生这种设想以后，瓦特在同年设计了一种带有分离冷凝器的蒸汽机。按照设计，冷凝器与汽缸之间有一个调节阀门相连，使他们既能连通又能分开。这样，既能把做功后的蒸汽引入汽缸外的冷凝器，又可以使汽缸内产生同样的真空，避免了汽缸在一冷一热过程中消耗热量。据瓦特理论计算，这种新的蒸汽机的热效率将是纽可门蒸汽机的3倍。从理论上说，瓦特的这种带有分离器冷凝器的蒸汽机显然优于纽可门蒸汽机，但是，要把理论上的东西变成现实，把图纸上的蒸汽机变为实用的蒸汽机，还要走很长的路。瓦特辛辛苦苦造出了几台蒸汽机，但效果反而不如纽可门蒸汽机，甚至四处漏气，无法工作。尽管耗资巨大的试验使他债台高筑，但他没有在困难面前却步，反而增强了试验的信心。当布莱克知道瓦特的奋斗目标和困难处境时，他把瓦特介绍给了自己一个十分富有的朋友——化工技师罗巴克。罗巴克在苏格兰的卡隆开办了第一座规模较大的炼铁厂。罗巴克已近50岁，但对科学技术的新发明仍然倾注着极大的热情。他对当时只有三十来岁的瓦特的新装置很是赞许，当即与瓦特签订合同，赞助瓦特进行新式蒸汽机的试制。

从1766年开始，在三年多的时间里，瓦特克服了在材料和工艺等各方面的困难，终于在1769年制出了第一台样机。同年，瓦特因发明冷凝器而获得他在革新纽可门蒸汽机的过程中的第一项专利。第一台带有冷凝器的蒸汽机虽然试制成功了，但它同纽可门蒸汽机相比，除了热效率有显著提高外，在作为动力机来带动其他工作机的性能方面仍未取得实质性进展。也就是说，瓦特的这种蒸汽机还是无法作为真正的动力机。

由于瓦特的这种蒸汽机仍不够理想，销路并不广。当瓦特继续进行探索时，罗巴克本人已濒临破产，他又把瓦特介绍给了自己的朋友博尔顿，以便瓦特能得到赞助继续进行他的研制工作。博尔顿当时已经四十多岁，是位能干的工程师和企业家。他对瓦特的创新精神表示赞赏，并愿意赞助瓦特。博尔顿经常参加社会活动，他是当时伯明翰地区著名的科学社团“圆月学社”的主要成员之一。参加这个学社的大多都是本地的一些科学家、工程师、学者以及科学爱好者。经博尔顿介绍，瓦特也参加了圆月学社。在圆月学社活动期间，由于与化学家普列斯特列等交往，瓦特对当时人们关注的气体化学与热化学有了更多的了解，为他后来参加水的化学成分的争论奠定了基础。更重要的是，圆月学社的活动使瓦特进一步增长了科学见识，活跃了科学思想。

瓦特自与博尔顿合作之后即在资金、设备、材料等方面得到大力支持。瓦特又生产了两台带分离冷凝器的蒸汽机，由于没有显著的改进，这两台蒸汽机并没有得到社会的关注。这两台蒸汽机耗资巨大，使博尔顿也濒临破产，但他仍然给瓦特以慷慨的赞助。在他的支持下，瓦特以百折不挠的毅力继续研究。自1769年试制出带有分离冷凝器的蒸汽机样机之后，瓦特就已看出热效率低已不是他的蒸汽机的主要弊病，而活塞只能作往返的直线运动才是根本局限。1781 年，瓦特仍然在参加圆月学社的活动，也许在聚会中会员们提到天文学家赫舍尔在当年发现的天王星以及由此引出的行星绕日的圆周运动启发了他，也许是钟表中的齿轮的圆周运动启发了他。他想到了把活塞往返的直线运动变为旋转的圆周运动就可以使动力传给任何工作机。同年，他研制出了一套被称为“太阳和行星”的齿轮联动装置，终于把活塞的往返的直线运动转变为齿轮的旋转运动。为了使轮轴的旋轴增加惯性，从而使圆周运动更加均匀，瓦特还在轮轴上加装了一个火飞轮。由于对传统机构的这一重大革新，瓦特的这种蒸汽机才真正成为了能带动一切工作机的动力机。1781 年底，瓦特以发明带有齿轮和拉杆的机械联动装置获得第二个专利。

由于这种蒸汽机加上了轮轴和飞轮，这时的蒸汽机在把活塞的往返直线运动转变为轮轴的旋转运动时，多消耗了不少能量。因此，蒸汽机的效率不是很高，动力不是很大。为了进一步提高蒸汽机的效率，瓦特在发明齿轮联动装置之后，对汽缸本身进行了研究。他发现，虽然把纽可门蒸汽机的内部冷凝变成了外部冷凝，使蒸汽机的热效率有了显著提高，但蒸汽推动活塞的冲程工艺与纽可门蒸汽机没有两样。两者的蒸汽都是单项运动，从一端进入、另一端出来。他想，如果让蒸汽能够从两端进入和排出，就可以让蒸汽既能推动活塞向上运动又能推动活塞向下运动。那么，它的效率就可以提高一倍。1782 年，瓦特根据这一设想，试制出了一种带有双向装置的新汽缸。由此瓦特获得了他的第三项专利。把原来的单项汽缸装置改装成双向汽缸，并首次把引入汽缸的蒸汽由低压蒸汽变为高压蒸汽，这是瓦特在改进纽可门蒸汽机的过程中的第三次飞跃。通过这三次技术飞跃，纽可门蒸汽机完全演变为了瓦特蒸汽机。

从最初接触蒸汽技术到瓦特蒸汽机研制成功，瓦特走过了二十多年的艰难历程。虽然多次受挫、屡遭失败，但他仍然坚持不懈、百折不回，终于完成了对纽可门蒸汽机的三次革新，使蒸汽机得到了更广泛的应用，成为改造世界的主要动力之一。

1784 年，瓦特以带有飞轮、齿轮联动装置和双向装置的高压蒸汽机的综合组装取得了他在革新纽可门蒸汽机过程中的第四项专利。1788 年，瓦特发明了离心调速器和节气阀。1790 年，他又发明了汽缸示工器，至此瓦特完成了蒸汽机发明的全过程。

1785 年，瓦特当选为英国皇家学会会员。1814 年，他被法国科学家学会接纳为外籍会员。1819 年 8 月 5 日，瓦特在希思菲尔德郡的家里去世，遗体埋葬在汉德沃尔斯郊区的教堂里。

瓦特是世界上公认的蒸汽机发明家，为蒸汽机的推广使用作出了不可磨灭的重要贡献。他的创造精神、超人的才能和不懈的钻研为后人留下了宝贵的精神财富和物质财富。瓦特改进、发明的蒸汽机对近代科学技术发展的贡献，具有划时代的意义，它导致了第一次工业革命的兴起，极大地推动了社会生产力的发展。恩格斯在《自然辨证法》中这样写道：“蒸汽机是第一个真正国际性的发明……瓦特给它加上了一个分离的冷凝器，这就使蒸汽机在原则上达到了现在的水平。”后人为了纪念这位伟大的发明家，把功率的单位定为“瓦特”。

创新由创新思维的过程决定，而结果仅是过程的成功产物，往往过程比结果更为重要。

一、创新过程的四个阶段

心理学家艾曼贝尔从信息论的角度出发，认为创新活动过程由提出问题或任务、准备、产生反应、验证反应和结果5个阶段组成，并且可以循环运转。创造学家奥斯本将创新过程分成7个阶段：决定方向、搜集资料、分析资料、产生构想、酝酿、综合和估价。创新的“四阶段理论”是一种影响最大、传播最广，而且具有较大实用性的过程理论，由英国心理学家沃勒斯提出。该理论认为创新的发展过程分为准备期、酝酿期、明朗期、验证期共4个阶段。

（一）准备期

准备期是准备和提出问题阶段。一切创新是从发现问题、提出问题开始的。问题的本质是现有状况与理想状况的差距。爱因斯坦曾说：“形成问题通常比解决问题还要重要，因为解决问题不过牵涉到数学上的或实验上的技能而已，然而明确问题并非易事，需要有创新性的想象力。”准备期可分成三个步骤，力求使问题概念化、形象化和具有可行性。

第一步，对知识和经验进行积累和整理，提出问题。

第二步，搜集必要的事实和资料。在资料搜集环节，需要对前人的研究成果进行深入了解，这样既可以避免重复已有的研究，又可以在已有的成果中获得启发，作出创新。

第三步，了解自己提出问题的社会价值，也就是能满足社会的何种需要及价值前景。

据说，爱迪生为了发明电灯收集资料整理成的笔记就多达200多本，总计达4万多页。由此可见，任何发明创造都不是凭空杜撰，都是在广泛搜集资料，日积月累，大量观察研究的基础上提炼出来的新问题。

（二）酝酿期

酝酿期也称沉思和多方思维发散阶段。酝酿期要对收集的资料、信息进行加工处理，探索解决问题的关键。因此常常需要耗费很长时间，花费巨大精力，是大脑高强度活动时期。

这一时期，要从各个方面，如纵横、正反等进行思维发散，让各种设想在头脑中反复组合、交叉、撞击、渗透，按照新的方式进行加工。加工时应主动使用创新方法，不断选择，力求形成新的创意。

著名科学家彭加勒认为，任何科学的创造都发端于选择。这里的选择，就是充分地思索，让各方面的问题都充分地暴露出来，从而把思维过程中那些不必要的部分舍弃。酝酿期特别强调有意识的选择，富有创造性的人都会注意选择。为使酝酿过程更加深刻和广泛，还应注重学科知识“交叉”融合。这样有利于冲破传统思维方式和“权威”的束缚，打破成见，独辟蹊径，寻找创新的突破口。酝酿期的思维强度大，困难重重，常常百思不得其解，屡试难以成功，“山重水复疑无路”“踏破铁鞋无觅处”却又欲罢不能。此时良好的意志品质和进取性格就显得格外重要。因为这是酝酿期取得进展直至突破的心理保证。下面看两个真实的案例：

相传，有一次鲁班进深山砍树木时，手被一种野草的叶子划破了。他伸手一摸，发现叶子的边缘长着锋利的小齿，他的手就是被这些小齿划破的，他还看到在一棵野草上有条大蝗虫，两个大板牙上也长着排列整齐的小齿，所以能快速磨碎叶片。他想，如果有这样齿状的工具,不是也能很快地锯断树木了吗！于是,经过多次试验,鲁班终于发明了锋利的锯子。

英国科学家高尔顿兴趣广泛,包括人类学、地理、数学、力学、气象学、心理学、统计学等方面。他往往是一个问题不能突破,就暂时搁下,转向另外一个感兴趣的问题,有时还会转向第三个问题,在适当的时候,又转向第一个问题,这样交错穿插,他的创新成果很多。他对心理学、遗传学、指纹学、统计学等都作出了重要贡献。

(三)明朗期

明朗期即顿悟或突破期,寻找到了解决办法。明朗期很短促,很突然,呈猛烈爆发状态。久盼的创造性突破在瞬间实现,人们通常所说的"脱颖而出""豁然开朗""众里寻它千百度,蓦然回首,那人却在灯火阑珊处"等都是描述这种状态的。

在明朗期灵感思维往往起决定性作用。如果说:"踏破铁鞋无觅处"描绘的是酝酿期的心理状况,"得来全不费功夫"则是明朗期的形象刻画。

公元前245年,为了庆祝盛大的月亮节,舒拉古的国王海维隆二世给金匠一块金子让他做一顶纯金的王冠。当王冠送给国王时,尽管与先前的金子一样重,但国王还是怀疑金匠掺假了。

于是,他请来阿基米德鉴定,条件是不允许破坏王冠。当时,人们并不知道不同的物质有不同的比重,阿基米德冥思苦想了好多天,也没有想出可行的办法。有一天,他去洗澡,刚躺进盛满温水的浴盆时,水便漫溢出来,同时,他感到自己的身体在微微上浮。于是他忽然想到,相同重量的物体,由于体积的不同,排出的水量也不同。他从浴盆中跳出来,一丝不挂地从大街上跑回家。当他的仆人气喘吁吁地追回家时,阿基米德已经在做实验;他把王冠放到盛满水的盆中,量出溢出的水,又把同样重量的纯金放到盛满水的盆中,但溢出的水比刚才溢出的少,于是,他得出金匠在王冠中掺了假。由此,他发现了浮力原理。

(四)验证期

验证期是评价阶段。突然获得突破,飞跃出现在瞬间,结果难免稚嫩、粗糙甚至存在若干缺陷。验证期是把明朗期获得的结果加以整理、完善和论证,并且进一步得到充实。创新思维所取得的突破,假如不经过这个阶段,创新成果就不可能真正取得。论证一是理论上验证,二是放到实践中检验。验证期的心理状态较平静,但需耐心、周密、慎重,不急于求成和不急功近利是很关键的。

案例1.6　吴健雄实验验证宇称不守恒

千百年来,人们认为"物理定律具有对称性"。如,牛顿力学具有对称性,即,一个物体平移一段距离后,所遵循的力学定律是不变的;同样随着时间的流逝,力学定律也是不变的,物理学中的"诺特定理"深刻揭示了这一现象的本质。基于这种对称性,引出物理学中一个重要概念——宇称。

宇称可以简单地理解为"左右对称"或者"镜像对称"。为了描述这种对称性质,物理上把微观粒子分成两类,一类宇称为正(+1),一类宇称为负(−1),也可称作奇偶,一个系统的总宇称,就等于系统内所有粒子宇称的乘积。宇称守恒:一个系统无论如何变化,不管是分裂出新粒子,还是结合成新粒子,系统变化前后的总宇称保持不变。

直到1954年，实验物理学家发现一个奇怪现象，所谓“θ—τ之谜”。当高能质子和原子核碰撞时产生的K介子有两种完全不同的衰变方式：有时衰变成两个介子，有时衰变成三个θ介子。因为θ介子的内禀宇称值为－1，所以，在衰变成两个θ介子的情况，总宇称是1，而衰变成三个θ介子的情况，总宇称是－1。李政道和杨振宁深入研究了这个问题，查阅了很多有关文献及实验资料，认为基本粒子弱相互作用内存在“不守恒”，宣称θ和τ是两种完全相同的粒子。名声显赫的物理学家泡利强烈表示：绝不相信上帝会是个弱左撇子，并准备投入大赌注与人打赌，不过幸亏只是口说无凭，没真正投赌注。费曼也坚信宇称守恒而与人打赌，一年后只好认输付钱，还好赌金只是50美元而已。另外一位著名的物理学家就更有意思了，研究晶体的布洛赫曾经说，如果宇称不守恒，他就把自己的帽子吃掉！后来宇称不守恒被证实之后，布洛赫声称自己根本没有帽子。

李政道和杨振宁认识到，要大家承认弱作用的宇称不守恒，关键问题是实验。他们设计了几种相关的实验方法，并且自然地想到了他们的华人同胞，实验女王吴健雄。吴健雄与李政道同是哥伦比亚大学物理系的教授。她非常感兴趣做这个关键性的实验，那时正值1956年圣诞假日的前夕，吴健雄本来要和丈夫袁家骝一起去日内瓦参加一个学术会议，再去远东演讲旅行，并回中国家乡探亲。但她实在不愿放弃这个验证如此重要物理定律的机会，最后决定让丈夫单独去旅行，自己留下进行实验。1956年，美籍华裔女物理学家吴健雄，以漂亮且严谨的实验，证实了弱作用下宇称不守恒。

案例1.7　两个铁球同时落地

在伽利略之前，古希腊的亚里士多德认为，物体下落的快慢是不一样的。它的下落速度和它的重量成正比，物体越重，下落的速度越快。比如说，10千克重的物体，下落的速度要比1千克重的物体快10倍。

1800多年以来，人们一直把这个违背自然规律的学说当成不可怀疑的真理。年轻的伽利略根据自己的经验推理，大胆地对亚里士多德的学说提出了疑问。经过深思熟虑，他决定亲自动手做一次实验。他选择了比萨斜塔作实验场。

一天，他带了两个大小一样、重量不等的铁球，一个重100磅，是实心的；另一个重1磅，是空心的。伽利略站在比萨斜塔上面，望着塔下。塔下面站满了前来观看的人，大家议论纷纷。有人讽刺说：“这个小伙子的神经一定是有病了！亚里士多德的理论不会有错的！”实验开始了，伽利略两手各拿一个铁球，大声喊道：“下面的人们，你们看清楚，铁球就要落下去了”说完，他把两手同时张开。人们看到，两个铁球平行下落，几乎同时落到了地面上。所有在场的人都目瞪口呆了。

王国维在《人间词话》中用借喻的手法生动描绘的从向往到苦思再到惊喜与发现的三重境界。第一重境界为“昨夜西风凋碧树，独上高楼，望尽天涯路”；第二重境界为“衣带渐宽终不悔，为伊消得人憔悴”；第三重境界为“众里寻他千百度，蓦然回首，那人却在灯火阑珊处”。这些精美的诗句也完美地体现了创新的准备期、酝酿期、明朗期的心理过程。

【思考与训练 1—4】

1. 创新过程的四阶段理论是一种被广泛认可的理论。请问，创新的过程被划分为几个阶段？

2. 在创新的准备期，需要做哪些工作？

3. 杨政宁和李政道因发现在弱相互作用下宇称不守恒获得了诺贝尔物理学奖。起初，他们发表的相关研究成果，遭到学界一片质疑。后来，吴健雄实验验证了在弱相互作用下宇称确实不守恒。这说明验证期也是创新过程的非常重要的阶段。请你谈一谈，验证期的重要性。

4.“你从哪里来，我的朋友？好像一只蝴蝶飞进我的窗口，不知能做几日停留……”是词作家乔羽创作的《思念》中的歌词。这是乔羽耗时最长的一首歌词，从萌动写作念头到构思完成，用了整整 26 年时间，说明创新的酝酿期可能很长。请问，如果酝酿期耗时很长，应该如何调整心理状态？

第五节　创新的基本素质

创新的基本素质是指人在先天遗传素质基础上后天通过环境影响和教育所获得的稳定的在创新活动中必备的基本心理品质和特征，主要包括良好的道德品质、强烈的创新意识和勤于实践的创新能力。

一、良好的道德品质

一项创新成果在给人们带来某方面利益的同时，也有可能造成严重的环境污染、生态破坏、资源短缺等问题。这就对创新工作者提出了道德素质上的要求。道德素质是一个创新者应当具备的最基本的、也是最重要的素质。尤其是在市场经济条件下，多种价值观的影响，以及以“利”为核心的经济运行，在很大程度上干扰和阻碍了个体道德的选择，甚至会扭曲人的灵魂。在这种情况下，创新者更应当保持高尚的价值理性，不仅要关注创新作为实现主体某种眼前利益的手段的实用性，更应当关心一项创新成果对于人类长远和根本利益的后果；不仅关注知识效用，更关心这种效用是否与人类的进步、完善与自我解放的目标相一致，是否与自然界整体相和谐，把对人类的终极关怀的考虑与自己的研究工作结合起来。只有这样，才可以“防止人类自己创造的事物把人类自己搞垮”，才能使创新真正造福于人民，真正实现一个国家甚至全人类的可持续发展。

良好的道德品质主要包括具备胸怀祖国、服务人民的爱国精神；具备追求真理、严谨治学的求实精神；具备淡泊名利、潜心研究的奉献精神；具备集智攻关、团结协作的协同精神。

（一）具备胸怀祖国、服务人民的爱国精神

爱国主义精神深深植根于中华民族心中，是中华民族的精神基因，维系着华夏大地上各个民族的团结统一，激励着一代又一代中华儿女为祖国发展繁荣而不懈奋斗。爱国主义是中华民族精神的核心。

1. 科学无国界，科学家有祖国

我国科技事业取得的历史性成就，是一代又一代矢志报国的科学家前赴后继、接续奋斗的结果。从李四光、钱学森、钱三强、邓稼先等一大批老一辈科学家，到陈景润、黄大年、南仁东等一大批新中国成立后成长起来的杰出科学家，都是爱国科学家的典范。

钱学森，中国导弹之父，浙江杭州人，1938 年在美国获得博士学位，1950 年开始争取回归祖国，受到美国政府迫害，历时 5 年于 1955 年才回到祖国，5 年归国路 10 年两弹成。开创祖国航天，他是先行者，披荆斩棘把智慧锻造成阶梯，留给后来的攀登者。他是知识的宝藏，科学的旗帜，是中华民族知识分子的典范。以淡泊名利和率真的人生态度诠释了一个科学家的人格本质。

黄大年，祖国脊梁，时代楷模。自 2009 年短短几年时间黄大年带领科研团队奋力拼搏、毫不懈怠，取得了一系列重大科技成果。在高强度的科研工作压力下，黄大年献出了宝贵的生命，最终把自己的学术生命融化在为民族复兴共同奋斗的艰辛中。他燃烧了自己，用生命践行了“只要祖国需要，我必全力以赴”的誓言。

2017 年 5 月 24 日，习近平总书记对吉林大学地球探测科学与技术学院原教授黄大年同志先进事迹作出重要指示强调，黄大年同志秉持科技报国理想，把为祖国富强、民族振兴、人民幸福贡献力量作为毕生追求，为我国教育科研事业作出了突出贡献，他的先进事迹感人肺腑。我们要以黄大年同志为榜样，学习他心有大我、至诚报国的爱国情怀，学习他教书育人、敢为人先的敬业精神，学习他淡泊名利、甘于奉献的高尚情操，把爱国之情、报国之志融入祖国改革发展的伟大事业之中、融入人民创造历史的伟大奋斗之中，从自己做起，从本职岗位做起，为实现“两个一百年”奋斗目标、实现中华民族伟大复兴的中国梦贡献智慧和力量。

2. 与祖国同呼吸共命运

爱国，不能停留在口号上，而是要把自己的理想同祖国的前途、把自己的人生同民族的命运紧密联系在一起，扎根人民，奉献国家。

广大科技工作者和青年学生要不忘初心、牢记使命，秉持国家利益和人民利益至上，继承和发扬老一辈科学家胸怀祖国、服务人民的优秀品质，弘扬“两弹一星”精神，主动肩负起历史重任，把自己的科学追求融入全面建成社会主义现代化国家的伟大事业中去。

（二）具备追求真理、严谨治学的求实精神

新时代更需要勇攀高峰、敢为人先的创新精神，需要追求真理、严谨治学的求实精神，须坚定对科学的追求；须坚持唯真是命的精神；须坚守伦理信仰和道德底线。

1. 坚定对科学的追求

在建设创新型国家和世界科技强国的征途中，我们不乏把热爱科学、探求真理作为毕生追求，始终保持对科学好奇心的典范。中国“核潜艇之父”黄旭华，他志探“龙宫”，乐在其中，隐姓埋名 30 载，从 1958 年到 2014 年，核潜艇事业伴随着他从青春走向耄耋之年。

2. 坚持唯真是命的精神

科学研究是永无止境、不断探索的过程，既要解放思想，也需严谨、较真；既注重独立思辨不人云亦云，又讲求理性质疑，认真求证，不迷信权威。唯真是命，才会保持严谨的治学态度，立足科学、大胆假设，扎实求证、反复推敲，催生最前沿的科学发现和灿烂的科研发明。

3. 坚守伦理信仰和道德底线

立德为先、诚信为本，严守科研伦理规范，守住学术道德底线。科研诚信是科技工作者的生命。一代代科学家在推动人类科技文明的进程中，不仅因卓越的科学成就彪炳史册，更因高尚的道德情操让科学史、文明史熠熠生辉。科学研究探索的是基于事实的真理，来不得半点虚假。

(三)具备淡泊名利、潜心研究的奉献精神

"两弹元勋"邓稼先，静心笃志、心无旁骛、力戒浮躁，甘坐"冷板凳"，肯下"数十年磨一剑"的苦功夫。邓稼先为了祖国的强盛，为了国防科研事业的发展，他把自己的姓名和对祖国、人民的深爱埋在荒芜的戈壁滩。他淡泊名利、舍生忘死的精神值得发扬光大。

(四)具备集智攻关、团结协作的协同精神

强化跨界融合思维，倡导团队精神，建立协同攻关、跨界协作机制。坚持全球视野，加强国际合作，秉持互利共赢理念，为推动科技进步、构建人类命运共同体贡献中国智慧。

二、强烈的创新意识

(一)创新意识的概念

所谓创新意识是指人们对创新与创新的价值性、重要性的一种认识水平、认识程度以及由此形成的对待创新的态度，并以这种态度来规范和调整自己的活动方向的一种稳定的精神态势。创新意识总是代表着一定社会主体奋斗的明确目标和价值指向性，成为一定主体产生稳定、持久创新需要、价值追求和思维定势以及理性自觉的推动力量，成为唤醒、激励和发挥人所蕴含的潜在本质力量的重要精神力量。创新意识包括强烈的好奇心、敏锐的观察力、顽强的意志力等三个方面。

(三)创新意识的作用

第一，创新意识是决定一个国家、民族创新能力最直接的精神力量。在今天，创新能力实际就是国家、民族发展能力的代名词，是一个国家和民族解决自身生存、发展问题能力大小的最客观和最重要的标志。

第二，创新意识促成社会多种因素的变化，推动社会的全面进步。创新意识根源于社会生产方式，它的形成和发展必然进一步推动社会生产方式的进步，从而带动经济的飞速发展，促进上层建筑的进步。创新意识进一步推动人的思想解放，有利于人们形成开拓意识、领先意识等先进观念；创新意识也会促进社会政治向更加民主、宽容的方向发展，这是创新发展需要的基本社会条件。这些条件反过来又促进创新意识的扩展，更有利于创新活动的进行。

第三，创新意识能促成人才素质结构的变化，提升人的本质力量。创新实质上确定了一种新的人才标准，它代表着人才素质变化的性质和方向，它输出着一种重要的信息：社会需要充满生机和活力的人、有开拓精神的人、有新思想道德素质和现代科学文化素质的人。它客观上引导人们朝这个目标提高自己的素质，使人的本质力量在更高的层次上得以确证。它激发人的主体性、能动性、创造性的进一步发挥，从而使人自身的内涵获得极大丰富和扩展。

(三)创新意识的内容

1. 强烈的好奇心

好奇心是探索科学规律、进行科学创造的源泉。兴趣是激发人们从事创新活动的诱发剂和推动力。古往今来，许多成就斐然的创造发明者，他们的事业往往萌生于青少年时的兴趣，沿着兴趣的指引走下去，最终开拓出成功的路径。

达尔文从小就痴迷于收集甲虫等动植物标本，对神秘的大自然充满了浓厚的兴趣。他喜欢观察花草树木怎样生长，鸟兽鱼虫怎样生活。有时候，他爬到树上去看小鸟孵蛋；有时候，他到河边去钓鱼，把钓到的鱼带回家养在鱼缸里观察。蝴蝶、蜻蜓他都采集回来做标本。休息的时候，达尔文喜欢在树林里散步。他一边呼吸新鲜空气，一边认真观察树林里的东西。一棵小草的变化，一条小虫的蠕动，都能使他产生极大的兴趣。

有一次，达尔文看见树上有几只小鸟，就站住了，仰着头仔细观察。为了不惊动它们，他一动不动地在树下站了很久。结果，一只小松鼠以为他是一根木桩，竟然顺着他的腿，爬上了他的肩膀。

在长期的科学研究工作中，达尔文观察过许多动物和植物，积累了大量的第一手资料，为创立进化论提供了可靠的依据。1859 年，他出版了划时代的巨著《物种起源》，这与他长期保持强烈的好奇心和对物种的浓厚兴趣是分不开的。

2. 敏锐的观察力

观察力的敏锐性对创新活动是十分重要的，不仅能迅速获得观察对象的有关信息，而且使创新者善于发现容易忽略或不容易发现的东西。

案例 1.8　华佗与青苔膏

华佗是东汉末年著名的医学家。他医术全面，尤其擅长外科，精于手术。精通内、妇、儿、针灸各科，首创用全身麻醉法施行外科手术，被后世尊之为“外科鼻祖”。华佗自从出名后，前来求医的人很多。

有一天，华佗正在配药，看见一个被马蜂蜇了眼的年轻女子，眼皮肿得像核桃那么大，因为没治过这样的病，所以无计可施。病人走了，华佗心里很不是滋味。正在这时，耳边听到“嘤”地一声，抬头一看，一只从后花园蜂窝出来的马蜂向墙边飞去。那只马蜂一头撞到墙角的蜘蛛网上，正好被埋伏的蜘蛛发现，一场搏斗就此开始。结果马蜂刺中了蜘蛛肚子，蜘蛛痛苦地从网上掉了下来，躺在地上挣扎。

华佗叹了口气：完了，人被蜇都要肿一大块儿，一个小蜘蛛还能不死？然而却见蜘蛛慢慢爬到水边一块长满了青苔的石头上，把肚子放在青苔上磨起来。一会儿，蜘蛛渐渐恢复了精神，顺着丝儿爬上了网。华佗敏锐地洞察到这一切，心想青苔可能有助于治疗蜂毒。

华佗灵机一动，用药刀铲了一块青苔，用手一摸，凉丝丝的。光是凉也不行啊，它到底能不能治疗蜂毒呢？非得试试不行。华佗一狠心，一咬牙，取出棉袄顶在头上，往后花园走去。后花园葛针稞子里有一窝马蜂，华佗一竹竿捅掉了马蜂窝，“嗡！”一只马蜂在华佗大拇指上叮了一下，华佗疼得钻心。他赶紧取过那块青苔，把大拇指放在青苔上磨起来。刚磨了几下，就觉得火辣辣疼的指头透进一丝凉气儿，又磨了几下，觉得从里面生出一股热气，再磨几下，不疼啦！

找到治疗蜂蜇的方法了，华佗用青苔试着炼成膏，又添加了白芍等几味中草药，一会儿工夫，熬好了青苔膏。他急忙给上午前来治病的女子送去。一试果然效果很好，于是，一种专治“蜂蜇”的药膏诞生了。

3. 顽强的意志力

顽强的意志是激发创新思维的重要因素，是维持创造性活动的“精神能源”，是任何有志于创新的人尤其是科技工作者所必须具备的心理素质。值得注意的是，意志是以认识为基础，人只有认识客观事物的变化规律，才能有效地发挥坚强意志的作用。创新的新颖性特征更要求行动的科学性，创新意志应该建立在一定的知识技能、对事物的正确认知和评价的基础上，否则意志就是一种盲目的意志。所以，要培养创新意识，还要掌握创新所需要了解的相关知识技能、方法论和规律等。

竺可桢是我国著名的气象学家、地理学家。在气象学方面，他广为传颂的事迹是几十年如一日地对气象和物候进行科学观察。他从青年时代就养成了一个习惯，每天早晨6时起床后的第一件事情，就是把气温表拿到院子里去测量气温。他坚持每天在日记上记录气温、气压、风向、湿度等各种气象要素。

可惜的是，1936年以前的日记在抗日战争中散失了。但从1936年1月1日到1974年2月6日他逝世的前一天为止，共38年零37天的日记都完整地保存着，没有一天间断。这些日记总计800万字，它记载着竺可桢大半生的工作和思考，记载着他的坚强意志。

三、持之以恒，勤于实践

实践出真知，真正的知识只有从实践中获得。动手实践是人类改造自然、变革社会的一种重要因素。

世界杂交水稻之父袁隆平，他一生致力于杂交水稻技术的研究、应用与推广，发明“三系法”籼型杂交水稻，成功研究出“两系法”杂交水稻，创建了超级杂交水稻技术体系，为我国粮食安全、农业科学发展和世界粮食供给作出了杰出贡献。

袁隆平曾说，成功没有捷径。我不在家，就在试验田；不在试验田，就在去试验田的路上。他在90岁高龄时，仍然坚守在工作第一线。他招收学生有一个标准：一定要下田，你不下田，我不培养。要实践，要吃得苦，这是一个基本素质。他的经历告诉我们，在电脑里种不出水稻，在实验室里种不出水稻，只有田里面才种得出水稻。同时，说明实践对创新活动是十分重要的。

【思考与训练1—5】

1. 人无德不立，品德是一个人成长成才的根本，修身立德方能行稳致远。请你谈谈良好的道德品质在创新过程中的重要性？

2. 你在今后的学习工作中，如何做到社会主义核心价值观的坚定信仰者、积极传播者、模范践行者，明大德担大任？

3. 为什么新时代更加需要继续发扬以爱国主义为底色的科学家精神？

第六节　创新的基本原理

一、创新原理的定义

成功的创新必然是科学的创新，科学的创新必须遵循最基本的创新规律，最基本的创新规律就是创新的基本原理。

创新原理是指人们对创新活动过程本质认识的反映，是创新规律的结晶与概括，是最基本的创新规律。简单地讲，创新原理就是指导创新活动带有普遍意义的道理，也是创新方法得以产生和发展的基础。

二、创新原理的分类

创新原理是依据创新思维的特点，对人们所进行的无数创新活动的经验性总结，也是对客观所反映的众多创新规律的综合性归纳。因此，它为人们更好地认识创新活动、更好地运用创新方法、更好地解决创新问题提供条件。为帮助人们深入理解并牢固掌握创新过程中的创新原理，常见的创新原理主要包括组合原理、移植原理、还原原理、换元原理、分离原理、综合原理、逆反原理、迂回原理、群体原理、完满原理等十类。

(一)组合原理

爱因斯坦曾说："组合作用似乎是创造性思维的本质特征，组合创新的机会是无穷的。"有人统计了 20 世纪以来的 480 项重大创造发明成果，经过分析发现，30、40 年代以突破型成果为主，组合型成果为辅；50、60 年代两者大致相当；从 80 年代起，组合型成果占据了主导地位。这说明组合原理已成为创新的主要方式之一。

组合原理是指将两种或两种以上的学说、技术、产品的一部分或全部进行适当地叠加和组合，用以形成新学说、新技术、新产品的创新原理。如，碳原子以不同方式、不同晶格组合，既可以得到坚不可摧的金刚石，也可以得到柔软细腻的石墨。

组合原理的最基本要求是整体的各组成事物之间必须按一定的规律建立某种紧密关系。因此，组合要有选择性、实用性和创新性。

选择性：应选择适当的物品进行组合；

实用性：提高效益、增加功能、取长补短；

创新性：技术、功能和效益上具有明显的进步。

1. 组合原理的分类

根据组合因子的性质、主次关系及组合方式的不同，人们将组合创新原理分为同类组合、异类组合、主体附加和重组组合。

(1)同类组合

同类组合是指两个或两个以上相同或相似事物的组合。同类组合原理具有三个特点：组合对象具有相同性或相似性；组合前后，组合对象的基本原理、性质和结构没有发生根本性改变；通过增加数量弥补功能的不足或获得新功能。亲子装、双人自行车、套装茶碗都是通过同类组合创新原理得到的新产物。

如，自上古结绳记事，便有了人类文明的历史印迹。随后，古老的文字在甲骨、金鼎、竹木、绢帛以及纸张上薪火相传,历史的脉络也渐为清晰地展现出来。其中,竹木简牍作为纸张普及之前文字传承的主导形式,绵延了殷商到魏晋的一千余年历史。在中国文字承载形式的更迭演变中,占据了长达一半以上的悠长岁月。简牍的出现,使人类告别了甲骨金铭上的刀耕石刻,更因其无论在取材还是使用上的优越性,使得文明的教化空前普及于社会大众,中华民族进而步入了辉煌的历史新时期。因为简牍,有了诸子百家、争芳斗艳,有了阳春白雪、下里巴人;因为简牍,有了韦编三绝的勤奋,有了学富五车的博学;因为简牍,有了风骚尽领的诗经楚辞,有了千古流芳的史家绝唱。

竹简用的是皮薄而节长的竹子,先将圆竹锯成一定的长度,再破为一定的宽度,削光整平后,即成为简片。然后再用丝绳、麻绳、细皮条等分上下两道编连简片,即可用来书写文字。也有先在每片竹简上写字,然后再按顺序编联成册的。这充分体现了同类组合的创新原理,为文字记载提供了新的载体。

案例 1.9 神威·太湖之光超级计算机

超级计算机,被称为"国之重器",超级计算属于战略高技术领域,是世界各国竞相角逐的科技制高点,也是一个国家科技实力的重要标志之一。自我国 863 计划实施以来,国家高度重视并且支持超级计算系统的研发。神威·太湖之光超级计算机就是由国家并行计算机工程技术研究中心研制,安装在国家超级计算无锡中心的超级计算机,由 40 个运算机柜和 8 个网络机柜组成。每个运算机柜比家用的双门冰箱略大,打开柜门,4 块由 32 块运算插件组成的超节点分布其中。每个插件由 4 个运算节点板组成,一个运算节点板又含 2 块"申威 26010"高性能处理器。一台机柜就有 1024 块处理器,整台"神威·太湖之光"共有 40960 块处理器。每个单个处理器有 260 个核心,主板为双节点设计,每个 CPU 固化的板载内存为 32GBDDR3—2133。该众核处理器采用 64 位自主申威指令系统,峰值性能为 12.54 京次/秒,持续性能为 9.3 京次/秒。2017 年,斩获世界超级计算机排名榜单 TOP500 第一名。依托"神威·太湖之光",在天气气候、航空航天、海洋科学、新药创制、先进制造、新材料等重要领域取得了一批应用成果。"神威·太湖之光"超级计算机既是我国自主创新的重大成果,又是同类组合创新原理成功应用的典范。

(2)异类组合

异类组合是指两种或两种以上不同事物的组合。异类组合具有三个特点:组合对象无主次之分;参与组合的对象从意义、原则、构造、成分、功能等方面相互渗透,整体变化显著;组合实质上是异类求同。

异类组合不是随便拼凑,而是通过两种或两种以上事物有机组合后,能够产生新的功能和价值。

在寒冷冬季的清晨,人们往往需要借助闹铃唤醒起床。但有时候,当闹铃响起,由于没有睡好或赖床,不情愿地伸出手把闹铃划到 10 分钟之后再响,或者干脆直接关掉。这样,就存在由于睡过头而耽误正常上班、上学的风险。为了克服这一缺点,人们通过将哑铃和闹钟组合起来,生产了哑铃闹钟。在普通模式下,它只是一个外形独特的钟表。如果设置为闹钟模式,就必须将哑铃连续向上托举 30 次,才能关闭闹铃。它其实是一种懒人闹钟,这样设计是为了彻底唤醒赖床的人,并且在起床之前进行必要的晨练,达到彻底清醒的效果。

自从X射线发现后，医学上就开始用它来探测人体疾病。由于人体内有些器官对X射线的吸收差别极小，因此X射线对那些前后重叠的组织的病变就难以发现。于是，英国的亨斯菲尔德和美国的科马克将X射线扫描技术与计算机技术相结合，发明了CT及其诊断技术。这一消息引起科技界的极大震动，二人共同获取1979年诺贝尔生理学或医学奖。而今，CT已广泛运用于医疗诊断上。

(3)主体附加

主体附加是指以某一特定的事物为主体，通过补充、置换或插入新的事物，而得到有价值的新整体。其特点是主体不变或变化不大；附加物只起到补充完善主体功能的作用，不会导致主体有大的变动；附加物包括两种类型：一类是已有事物，另一类是根据主体的特点专门进行创新设计的附加装置。附加物为主体服务，附加物的重要功能是弥补主体的不足，使主体功能更加完善。

在使用主体附加原理时，需要注意以下几点：

第1，有目的、有选择地确定主体。

第2，采用列举法全面分析主体的缺点、不足，列出各种新的希望。

第3，考虑能否在不变或略微改变主体的情况下，通过增加附属物来克服、弥补主体的缺陷，改善主体的功能。

第4，考虑能否利用或借助主体的某种功能，附加一种其他的东西，使其发挥更大的作用。

第5，分析确定创新方案。

如，普通鞋子在光滑的地面上不能灵活自如地移动，人们将轮子装在鞋底制造了旱冰鞋，就能快速、灵活地移动；轮椅不能方便地上下台阶，人们把履带安装在轮椅上生产了带履带的轮椅，就可以自如上下台阶；传统胶卷相机，拍照容量有限，人们将照相机、存储器、数模转换器组合起来得到了数码照相机，可以连续多次拍摄照片，如果照片不满意，可以零成本删去；普通自行车在爬坡时，耗费大量体力且移动缓慢，人们把自行车、蓄电池和电机组合在一起得到了电动自行车，既节省体力，又大大提高了前行的速度，方便人们出行，在一定程度上还可以缓解了城市交通拥堵；普通电话只能接收声音信息，不具备接收视频功能，人们在电话机上增加视频功能生产可视电话，实现了闻声见人的效果。

(4)重组组合

重组组合是指在事物的不同层次上分解原来的组合，然后再以新的意图重新组合起来。其主要特点是组合在一件事物上进行，在组合过程中，一般不增加新的东西，主要是改变事物各组成部分之间的相互关系。

案例1.10　田忌赛马

齐国的大将田忌，很喜欢赛马，他和齐威王约定，要进行一场比赛。各自的马都分为上、中、下三等。比赛的时候，齐威王总是用自己的上等马对田忌的上等马，中等马对中等马，下等马对下等马。由于齐王每个等级的马都比田忌的马强一些，所以比赛了几次，田忌都输了。

有一次,田忌又失败了,很扫兴,比赛还没有结束,就垂头丧气地离开赛马场。这时,田忌抬头一看,人群中有个人,原来是自己的好朋友孙膑。孙膑招呼田忌过来,拍着他的肩膀说:"我刚才看了你们的比赛,威王的马比你的马快不了多少呀!"孙膑还没有说完,田忌瞪了他一眼:"想不到你也来挖苦我!"孙膑说:"我不是挖苦你,我是说你再同他赛一次,我有办法准能让你赢了他。"田忌疑惑地看着孙膑:"你是说另换一匹马来?"孙膑摇摇头说:"一匹马也不需要更换。"田忌毫无信心地说:"那还不是照样得输!"孙膑胸有成竹地说:"你就按照我的安排办事吧。"齐威王屡战屡胜,正在得意洋洋地夸耀自己马匹的时候,看见田忌陪着孙膑迎面走来,便站起来讥讽地说:"怎么,莫非你还不服气?"田忌说:"当然不服气,咱们再赛一次!"齐威王轻蔑地说:"那就开始吧!"一声锣响,比赛开始了。孙膑先以下等马对齐威王的上等马,第一局田忌输了。齐威王站起来说:"想不到赫赫有名的孙膑先生,竟然想出这样拙劣的对策。"孙膑不去理他。接着进行第二局比赛。孙膑拿上等马对齐威王的中等马,获胜了一局,齐威王有点慌乱了。第三局比赛,孙膑拿中等马对齐威王的下等马,又战胜了一局。这时,齐威王目瞪口呆。比赛的赛制是三局两胜,田忌赢了齐威王。还是同样的马匹,利用重组组合原理,调换一下比赛的出场顺序,就起到了转败为胜的效果。

(二)移植原理

1. 移植原理的定义

移植原理是指将已知对象中的概念、原理、结构、方法等内容运用或渗透到另一个待研究的对象中,使被研究对象产生新的突破或创新。"他山之石,可以攻玉"就是移植原理能动性的真实写照。移植原理的实质就是借用已有的创新成果进行创新目标的再创造。

2. 移植原理的分类

现代科学技术的飞速发展,使学科之间的概念、理论、方法等相互交叉、移植、渗透,从而产生新的学科、新的理论、新的方法、新的技术,这就大大推动了创新水平的发展。移植原理可以分成原理移植、方法移植、功能移植、结构移植共四类。

(1)原理移植

原理移植是把某一科学原理向新的领域推广和延伸,取得新的创新成果。科学技术原理往往都具有广泛的适用性,只要合理移植,就可能会创造出新的产品。

例如,自从磁被发现后,科学家就巧妙地将其应用到很多领域,创造了很多发明。根据磁极异性相吸原理,我国发明了指南针,不仅发展和繁荣了中国的经济,而且还赢得了世界荣誉。其实,在我们现实生活中,磁极异性相吸原理的应用无处不在,像磁牙刷、磁梳子、磁佩饰、磁茶杯、磁疗器、变压器、发电机、磁播种机、磁流体发动机、磁悬浮列车、磁悬浮熔炼、核磁共振等等。人们根据磁极同性相斥原理,生产了磁力轴承,大大提高了轴承的使用寿命。随着科学技术的不断进步,磁性能的应用前途是无限光明的,它将会为人类带来无尽的财富和生活便利。

红外辐射是一种很普通的物理过程,凡是高于绝对温度零度的物体,都有红外辐射,只是温度低时辐射量极微弱罢了。将这一原理移植到其他领域,可产生新奇的成果:红外线探测、遥感、诊断、治疗、夜视、测距等。在军事领域有红外线自动导引的“响尾蛇”导弹，装有红外瞄准器的枪械、火炮和坦克，红外扫描及红外伪装等等。

(2)方法移植

方法移植是指操作手段与技术方案的移植。如周转轮系传动比的计算，我们希望周转轮系传动比计算能沿用定轴轮系的方法，但实际上不行。原因在于周转轮系中有转动着的系杆，使行星轮的轴线不固定，造成行星轮既有自转又有公转。如果经过某种形式的变换，把系杆固定，从而使行星轮轴线固定，那么周转轮系就变成定轴轮系，从而可以应用定轴轮系传动比的计算方法。在这样的思维方式引导下，设想给整个周转轮系加上一个与系杆转速等值反向的公共转速，这样各构件之间的相对运动关系并不改变，但此时系杆却“静止不动”了。行星轮轴线“固定”，周转轮系就转化为定轴轮系——称为转化轮系，从而可以应用求定轴轮系传动比的方法，通过转化轮系的传动比来计算周转轮系中各构件间的传动比。

17 世纪，法国数学家笛卡尔以高度的想象力，借助曲线上“点的运动”想象，将代数方法移植到几何领域，使代数、几何融为一体创立了解析几何。如，笛卡尔心形线属于外摆线，外摆线顾名思义就是在一个半径为 a 的动圆 A 上固定一点 p，然后这个动圆 A 绕着半径为 b 的定圆 B 的“外侧”滚动一周，p 点所形成的轨迹就是外摆线。在解析几何中，笛卡尔心形线的方程表达式非常简单。

(3)功能移植

功能移植是把诸如激光技术、超导技术和光纤技术等以某种形式应用于其他领域。超导技术具有能提高强磁场、大电流、无热耗的独特功能，可以移植到许多领域。如，移植到计算机领域可以研制成无功耗的超导计算机；移植到交通领域可研制磁悬浮列车；移植到航海领域可制成超导轮船；移植到医疗领域可制成核磁共振扫描仪等。

在自然界中，河川中夹杂的有机物流入海洋并不会使其受污染，原来海洋中生长着一种能消化有机物的净化细菌，有机物经它消化后变成水和一氧化碳。环保专家将此功能移植于废水处理——引进净化细菌让它大量繁殖，以达到去污变清的目的。这就是目前污水处理的活性污泥处理法。

(4)结构移植

结构移植是指结构形式或结构特征的移植。将服饰上的拉链移植到手术中，生产出“手术拉链”完全取代用线缝合的传统技术。“手术拉链”比针线缝合快 10 倍，而且不需要拆线，大大减轻了病人的痛苦。

(三)还原原理

1. 还原原理的定义

还原原理是指在创新过程中，从研究对象的创新起点按照创造方向的反方向追溯到创新原点，从原点向各个方向进行发散并寻找创新方向，另辟新路，用新思想、新技术重新创造该研究对象。

还原原理要求我们要善于透过现象看本质，在创新过程中，能回到设计对象的起点，抓住问题的原点，将最主要的功能抽取出来并集中精力研究其实现的手段和方法，以取得创新的最佳成果。任何发明和革新都有其创新的原点，创新的原点是唯一的，寻根溯源找到创新原点，再从创新原点出发去寻找各种解决问题的途径，用新的思想、新的技术、新的方法重新创造该事物，从本原上面去解决问题，这就是还原原理的精髓所在。

创新起点是指创新的直接出发点，是创新的表象所在。创新原点指创新的根本出发点或归宿，是创新的本质所在。如，古代有一位高僧以精通禅法闻名，一次他带领众弟子外出修行，来到渤海之滨，弟子们第一次见到大海都觉得十分惊讶和兴奋，面对波涛汹涌、巨浪排空的大海，众人感慨万千，议论纷纷。这时老禅师突然发问："你们在海面上看到了什么？"弟子们顿时都默不作声，过了一会儿，一位弟子大胆地说："我看到了浪花的转瞬即逝，它让我想到万象皆空。"此言一出，众人纷纷赞同，觉得对禅法的理解又精进了一层。这时老禅师却厉声喝道："那不是浪花，那是水。"众人听罢大悟。因此，在创新活动中一定要抓住问题的原点所在。

制造电风扇的起点是送风（旋转扇叶），原点是使空气流动。食物保鲜的起点是食物长时间保鲜，原点是杀灭或抑制食物中的微生物。司马光砸缸救人的起点是救出落水的人，原点是人水分离，即一切能把人从水中救出的方法。

2. 利用还原原理创新的步骤

第一步，弄清还原创新的起点是什么，即所需解决的问题是什么。

第二步，找准还原创新的原点是什么，即解决问题的基本原理是什么。

第三步，从原点出发，充分运用发散思维，寻找更有效的解决问题的新思路、新方法和新技术。

案例 1.11 洗衣机的改进

首先，起点分析。起点就是模仿人的动作洗衣服。设计能完成搓揉动作的机械装置，并要求它能适应不同大小的衣物并能对不同部位进行搓揉是十分困难的。或者是设计模仿人刷、槌衣服动作的方法，但不能刷掉或者槌坏衣服上的服饰，这也很难保证。

其次，原点分析。原点就是将污物从衣服上去掉。一切能将污物从衣服上去掉的方法都是可行的。

最后，发散思维。化学去污——表面活性剂，制成了洗衣粉，将衣物置于水中，加入洗衣粉，进行搅拌就能将衣物上的污物除去，洗衣机就是一台搅拌机，于是创造出了简单、实用的洗衣机。在此基础上，通过对去污原理的进一步思考，又考虑到用加热、加压、电磁振动、超声波等技术创造出技术更先进、性能更优越的洗衣机。

（四）换元原理

换元原理是指在创新过程中采用替换或代换的思想或方法，使创新活动内容不断丰富，研究不断深入。通常，人们可以有目的、有选择地寻找替代物，如果能找到性能更好、成本更低的替代品，这本身就是一种创新。比如，为节能高效，人们用陶瓷部件代替传统发动机的气缸内衬、活塞帽等。这种陶瓷发动机具有耐高温、耐腐蚀，且不用水冷却系统等优点，从而大大降低能耗、提高功效。

换元法是数学中常用的一种解题方法。换元法又称变量替换法，是我们解题常用的方法之一。利用换元法，可以化繁为简、化难为易，从而找到解题的捷径。如，解一些复杂的因式分解问题，常用到换元法，即对结构比较复杂的多项式，若把其中某些部分看成一个整体，用新字母代替(即换元)，则能使复杂的问题简单化、明朗化，在减少多项式项数，降低多项式结构复杂程度等方面有独到作用。

换元原理和移植原理在思路和方法上有所不同：换元原理强调在解决创新问题时，应采用替代或更换的做法，使问题具有新的特点和新的意义，便于人们寻求新的创造成果；移植原理强调在解决创新问题时，应采用移植或引进的做法，使对象具有新的起点和新的优势，便于人们实现新的创新目标。

(五)分离原理

分离原理是指将研究对象进行科学地分解和离散，使主要问题从复杂现象中暴露出来，冲破事物原有面貌的限制，抓住主要矛盾，创造出新的事物。如隐形眼镜是眼镜架和镜片分离后的新产品。

分离原理的案例——活字印刷术。大约在公元600年的隋朝，人们从印章中得到启发，在人类历史上最早发明了雕版印刷术。到宋朝雕版印刷术发展到全盛时期，但有明显的缺点：费时费力、雕版存放难度大、如有错字，雕版就废掉了。毕升发明了活字印刷术，避免了雕版的缺点。单个的活字可任意组合排版，且可重复利用。

(六)综合原理

1. 综合原理的定义

综合原理是指在创新过程中，人们将研究对象的各个方面综合、统一起来加以研究，整体上把握研究对象的本质属性和内在规律。综合原理并不是将事物的各要素、各部分、各方面进行简单地加和，其基本特点是根据事物各部分的本质特征和发展规律，全面地加以概括和总结、精炼和提升，进而在思维中真实地再现出事物的整体。可见，综合是在科学分析基础上择优进行的组合。

2. 综合原理的分类

综合原理可以分成形式综合、辩证综合、实体综合和理论综合四类。

(1)形式综合，将事物各部分的内部属性和相互关系进行机械式地结合，具有明显的加和性特征。

(2)辩证综合，将事物各部分的内部属性和相互关系进行全面性地有机结合，具有非加和性特征。

(3)实体综合，以物质实体为研究对象的综合，揭示自然物质整体的结构与功能，人工合成自然物质或全新的物体。

(4)理论综合，对已有的科学知识所进行的综合，表现为同一学科内或不同学科间的知识综合。

3. 综合原理的作用

第一，创立新的科学原理。爱因斯坦综合万有引力定律和狭义相对论，创立了广义相对论。

第二，发现新的事实或规律。门捷列夫综合化学元素分类法和化学元素原子量递增顺序，发现了化学元素周期律。

第三，创建新的科学方法。笛卡尔综合代数和几何学，建立了解析几何方法。

（七）逆反原理

案例 1.12 零分之约

《零分之约》讲述了一个真实的故事。曾经，斯蒂文弗是一个让老师感到头疼的孩子，调皮、厌学、爱做白日梦。他对学习一点也不感兴趣，梦想是当一名像舒马赫那样的世界一流赛车手。每次考试，成绩都是雷打不动的C，这让教过他的老师们都无计可施。直到新教师卡尔森的到来，这一切才得以改变。

一定是教过斯蒂文弗的老师都向卡尔森说过他的坏话了，所以第一天上课，她在点到斯蒂文弗的名字的时候说："你就是整天梦想当个赛车手，却不爱学习的斯蒂文弗吗？"

"是的，舒马赫是我的偶像，他像我这么大时成绩也很糟糕，他曾经考过零分呢，现在不一样当了世界顶尖级赛车手？"斯蒂文弗回答道。

卡尔森突然爽朗地笑了起来："他考了零分当了赛车手，而你从来没有考过零分啊，每次都是C！咱们不妨做个约定，你要是考了零分，那么在班级里你一切自便，我绝不干涉；只要你考不到零分，就要服从我的管理，好好学习！"

"不过，既然是'考'，咱们还得遵循必要的考试规则：试卷必须答完，不能一字不填就交卷，更不能提前离场。同时，会做的题目不能故意答错。要不然的话就算违约，好不好？"

这还不简单！斯蒂文弗的内心发出快乐的鸣叫，不假思索地答道："没有任何问题！"

很快便迎来了考试。发下试卷后，斯蒂文弗快速地填好自己的名字，开始答卷。心想考个零分总不是什么难事吧？第一题是这样的：站在意大利比萨斜塔上验证两个铁球同时落地的物理学家是谁？下面有三个备选答案：伽利略、爱因斯坦、牛顿。斯蒂文弗知道是伽利略，按照约定，他只能填写正确的答案。这样，斯蒂文弗考零分的愿望落空了。他第一次感觉到考零分竟然跟考满分一样难！心情沮丧极了，那种期待着一场零分考试就彻底解放自己的想法似乎是一个缥缈的梦，可望而不可及。

接下来的第二次、第三次、第四次等等考试，斯蒂文弗都没有如愿以偿考零分，而且会做的题目越来越多，就这样斯蒂文弗成功地成了A等生。差生斯蒂文弗在新教师卡尔森的善意讽刺下，通过向"零分"进军从而成为出色的中学生，并从此改变了不学习只想当一名赛车手的想法而脚踏实地刻苦学习。卡尔森老师巧妙地化正向阻力为反向推力，激励学生认真学习。

1. 逆反原理的概念

逆反原理是指将事物的基本规律或发展顺序等有意识地颠倒过来，通过逆向思维，产生新的原理、方法、认识和成果的创新原理。比如，温度变化会导致热胀冷缩；反过来，利用热胀冷缩，可以测量温度，伽利略基于此发明了体温计。再比如，20 世纪 70 年代，世界上很多科学家都忙于提炼纯锗，而日本的江崎玲于奈和宫原百合子却在锗中掺加杂质，从而得到性能优异的电晶体。

2. 逆反原理的分类

逆反原理可以分成原理逆反、属性逆反、方向逆反、大小逆反和因果逆反。

(1)原理逆反

原理逆反是指将事物的基本原理,如机械的工作原理、自然现象规律、事物发展变化的顺序等有意识地颠倒过来,促进新原理、新方法、新认识的产生,从而导致新的创新成果。

在运用原理逆反时,主要考虑与已知过程相反的过程;思考与已知条件相反条件下的状况;构思事物反作用的结果。

如,德国青年摄影师莫泽尔·梅蒂乌斯研究了电影的原理,用逆反的方式在地铁中实行,在与车窗等高处的地铁墙壁上挂出一幅幅连续变化的图画,当车辆运行时,图画正好以每秒 24 幅的速度映入乘客眼帘,于是乘客就会看见墙壁上的“活电影”了。

(2)属性逆反

属性逆反是指有意地用与某一属性相反的属性去尝试替代已有的属性,即逆反已有的属性,从而进行创新活动。事物的许多属性是彼此对立的,或者是成对出现的。比如软与硬、干与湿、曲与直、柔与刚、空心与实心等等。现代主义设计大师马歇尔·布劳耶从“阿德勒”牌自行车的车把上得到启发,萌发了用空心材料替代实心材料制作家具的设想。1925 年他设计的钢管椅子“瓦西里椅”,风靡至今。

(3)方向逆反

方向逆反是指完全颠倒现有事物的构成顺序、排列位置或安装方向、操纵方向、转动方向以及完全颠倒处理问题的方法等。逆反电风扇的安装方向可以使电风扇变成排气扇。

(4)大小逆反

大小逆反是指对现有事物或产品进行尺寸上的扩大或缩小,常常会导致其性能、用途等发生变化或转移,从而实现一定程度上的创新。乐山大佛是通过扩大尺寸的方式使其成为中国最大的石刻佛像。微刻是中国传统文化中的综合艺术,它表现的是微观之中的宏观,微小之中的精细,精细之中的大美。微刻是指用刀等工具在载体上(石头、骨牙、果核、宝玉、头发等)刻出微小的字体或线描出具体画面,是一种微小精细雕刻技法。“微刻”是凹进去的,缺少立体感。中国微刻历史源远流长,约三千多年前的商朝,人们就能在甲骨上刻下微小文字,这些文字要用五倍放大镜才能识读。微刻技术充分体现了大小逆反的创新原理,将大美寓于微小之中。

(5)因果逆反

因果逆反是指颠倒已有事物的因果关系,变因为果或变果为因,去发现新的现象和规律,寻找解决问题的新途径。

医学研究表明,如果某个人患肝癌,其化验结果 99%呈阳性(化验结果是存有错误的)。试问:已知一个人的化验结果呈阳性,患肝癌的概率有多大?这可利用贝叶斯推理得出结果。贝叶斯推理就是利用因果逆反原理,将果(化验结果呈阳性)变成因,因(患肝癌)变果的统计推断方法。

应用逆反创造原理,人们创造了不少的新产品。如,根据电话机的工作原理,人们创造出了留声机;将电风扇反向安装,人们做成了排风扇、发明了抽油烟机。

（八）迂回原理

创新活动在很多情况下会遇到许多暂时无法解决的问题，这时鼓励人们开动脑筋、另辟蹊径。当创新活动受阻时，不妨暂停某个问题上的僵持状态，转入下一步行动或从事另外的活动，动带着未知问题继续前进，或者试着改变一下观点，不在该问题上钻牛角尖，走死胡同，而注意下一个或另一个与该问题有关的侧面，当其他问题解决以后，该难题或许就迎刃而解了，这就是迂回原理。

自 1781 年法国天文学家赫歇尔利用望远镜发现了天王星以来，天文学界的困惑与日俱增。人们发现它在天空的实际轨道，总是与理论计算的轨道不符合。更糟糕的是，偏离越来越大。如何解释这一现象呢？人们开始怀疑天王星也许不是离太阳的最远的行星，在天王星之外还有一颗行星，就是这颗“天外行星”把天王星拖出轨道的。这颗未知的行星真的存在吗？直接观测均宣告失败，亚当斯采用迂回的方式，先计算出它的轨道参数，然后进行有针对性搜索，终于在 1846 年 9 月 18 日发现了海王星。

案例 1.13　庞加莱猜想

庞加莱猜想是法国数学家庞加莱 1904 年提出的一个猜想，是克雷数学研究所悬赏的七个千禧年大奖难题。其内容是，任何一个单连通的，闭的三维流形一定同胚于一个三维的球面。简单地说，一个闭的三维流形就是一个有边界的三维空间；单连通就是这个空间中每条封闭的曲线都可以连续地收缩成一点，或者说在一个封闭的三维空间，假如每条封闭的曲线都能收缩成一点，这个空间就一定是一个三维球面。后来，这个猜想被推广至三维以上空间，被称为“高维庞加莱猜想”。庞加莱猜想的证明历经了四个主要阶段。

第一个阶段：1960 年以前。著名的数学家宾、哈肯、莫伊泽和帕帕奇拉克普罗斯都尝试证明庞家莱猜想，但均以失败告终。

第二个阶段：20 世纪 60 年代。斯梅尔想到了一个天才的主意：如果三维的庞加莱猜想难以解决，高维的情形会不会容易一些呢？1961 年，他证明了五维和五维以上空间的庞加莱猜想，并获得菲尔茨奖。

第三个阶段：20 世纪 70、80 年代。弗里德曼将证明又向前推动了一步。在唐纳森工作的基础上，他证明了四维空间中的庞加莱猜想，也获得菲尔茨奖。

第四个阶段：21 世纪初期。佩雷尔曼证明了三维空间中的庞加莱猜想，并因此获得菲尔茨奖。

（九）群体原理

群体创新原理是指在大型或复杂的创新活动中，依靠群体智慧的集聚和学科知识互补的优势，使创新活动实现由个体行为向集体行为的转换，以适应创新活动对学科综合、知识融合和人才汇合的需要。

目前科技界正显示出一种既高度分化，又相互渗透；既高度综合，又纵横交错；既高度深化，又大量繁生的景象。在这种新形势下，要想“单枪匹马，独闯天下”去完成像人造卫星、宇宙飞船、海底深潜等大型科技项目的开发设计工作，显然是不可能的。“三个臭皮匠，顶个诸葛亮”“团结就是力量”都描述了群体创新原理。

(十)完满原理

1. 完满原理的定义

完满原理又称为完全充分利用原理。由于人们总希望能在时间上和空间上充分且完满地利用某一事物或某一产品的一切属性,凡是理论上看起来未被充分利用的物品或场景,都可以成为创新的目标,这就是完满原理的主要依据。

一般说来,创造发明的最终目标都离不开满足人们的需要,也就是说,人们对于创造发明成果应尽量从中索取最多和最大的用处。由此,对于人类最有用处的创造发明是最好的创造发明,最好的创造发明应该是最合理的创造发明,最合理的创造发明就应该最大程度地符合完满原理。

2. 完满原理的分类

完满原理可以分成部分完满充分利用分析和整体完满充分利用分析两类。

(1)整体完满充分利用分析

整体完满充分利用分析是指对一个事物或产品的整体利用来进行分析,了解该事物或产品在时间上和空间上是否均被充分利用了。比如,冬天穿的棉外套主要在寒冷的冬季才会使用,在春、夏、秋三个季节均被闲置。这样,棉外套在时间上的利用率不超过25%。为了提高棉外套的利用率,人们将棉外套设计成两件套:一件是春、秋季可以穿的普通外套,另一件是保暖效果好的内胆,从而提高了衣服的利用率。

(2)部分完满充分利用分析

部分完满充分利用分析是指对一个事物或产品的部分充分利用来进行分析,了解该部分在时间上和空间上是否均被充分利用了。比如,有些垃圾是可回收利用的。我国最新实施的垃圾分类标准:厨余垃圾、可回收垃圾、有害垃圾和其他垃圾。可回收垃圾中的可燃垃圾,经过可燃定型和处理后,利用率高达95%。同时,减少二氧化碳排放量,保护了环境。

汽车报废,但并不意味着其所有的组成部分都没有利用价值。宝马公司经过详细研究后发现,报废的宝马汽车还有75%的金属零部件是完全可以使用的。于是,该公司新开了废旧汽车回收业务,以便把75%的金属部件卸下来重新使用。

在创新活动中,创新原理是运用创新性思维,分析问题和解决问题的出发点,也是人们使用何种创新方法、采用何种创新手段的凭据。因此,掌握创新原理是人们能否取得创新成果的先决条件。但创新原理不是治病的“万能灵丹”,不能指望在浅涉创新原理之后,就能对创新方法了如指掌并使用自如,就能解决创新的任何问题。只有在深入学习并深刻理解创造原理的基础上,人们才有可能掌握创新方法,也才有可能成功地开展创新活动。

【思考与训练 1-6】

1. 创新的基本原理有哪些?

2. 请问同类组合、异类组合、主体附加和重组组合的区别是什么?

3. 什么是移植原理,移植原理可以分成几类?

4. 庞加莱猜想的证明充分体现了迂回创新原理。请问什么是迂回创新原理,你能否再举一则创新案例,其过程运用了迂回创新原理?

5. 微刻和微雕艺术体现了逆反创新原理，请问逆反创新原理可以分成几类，举例说明每一类的应用。

6.“三个臭皮匠，顶个诸葛亮”体现了什么创新原理？

7. 根据《城市生活垃圾分类及其评价标准》行业标准，可回收物是指适宜回收循环使用和资源利用的废物。如，人们认为没用了的废罐溶解后可100%的无数次循环再造成新罐，而且，还可制成汽车和飞机等的零件，甚至家具。而循环再造铝罐可节省95%新造铝罐所需的能源，减少95%的空气污染。丢弃一个铝罐就等于浪费半铝罐的石油。废电池中所含的汞、镉是污染性极强的有毒重金属，但回收电池可提取稀有金属锌、铜和二氧化锰。请问，垃圾回收利用体现了什么创新原理？

第七节 创新的基本原则

创新原则就是开展创新活动所依据的法则和判断创新构思所凭借的标准。创新的基本原则包括：遵守科学原理原则、市场评价原则、相对较优原则、机理简单原则、构思独特原则和不轻易否定、不轻易比较原则。

一、遵守科学原理原则

创新活动必须遵循科学技术原理，不能违背科学发展规律，任何违背科学技术原理的创新都是不会获得成功的。为了使创新活动取得成功，在进行创新构思时，必须做到以下几点：

第1，对创新设想进行科学原理相容性检查。创新的设想在转化为成果之前，应该先进行科学原理相容性检查。如果关于某一创新问题的初步设想与人们已经发现并得到实践检验证明的科学原理不相容，一定不会获得最后的创新成果。因此，是否与科学原理相容，是检查创新设想有无生命力的根本条件。

第2，对创新设想进行技术方法可行性检查。任何事物都很难摆脱现有条件的限制。在创新设想变成成果之前，还必须进行技术方法可行性检查。如果设想所需的条件超过了现有技术方法可行性范围，则在当前状态下，设想只能是一个空想。

第3，对创新设想进行功能方案合理性检查。任何创新设想，在功能上都有所增强。但是，一项设想的功能是否合理，关系到该设想是否具有推广应用的价值。因此，必须对其合理性进行检查。

现在，来看一个遵守科学原理原则的创新案例。众所周知，物体在流体中运动时所受的阻力，当速度较大时主要决定于涡旋，速度越快，涡旋的作用越大，从而阻力越大。将物体做成流线型，能减小涡旋作用或避免涡旋的形成，因而大大降低了流体对它的阻力。这种符合流体力学原理的流线型设计构思，已广泛应用于飞机、潜艇、汽车和轮船的制造中。

如果违背科学技术原理，设想只能是空想。千百年来，许多才思卓越的人耗费心思，力图发明一种既不消耗任何能量、又可源源不断对外做功的机械装置“永动机”。但无论他们的构思如何巧妙，结果都逃不出失败的命运，因为他们的设想违背了“能量守恒”的科学原理。

能量守恒定律是指能量既不会凭空产生，也不会凭空消失，它只会从一种形式转化为另一种形式，或者从一个物体转移到其他物体，而能量的总量保持不变。

热力学第二定律是指不可能把热量从低温物体传向高温物体而不引起其他变化。

永动机的想法起源于印度，公元1200年前后，这种思想从印度传到伊斯兰教世界，并从这里传到西方。在欧洲，早期最著名的一个永动机设计方案，是13世纪时一个叫亨内考的法国人将其命名为“魔轮”。随着时间的推移，除了力矩变化的魔轮，还有利用浮力、水力等原理的永动机问世。但是经过实验，已确认这些永动机方案失败或仅是一个骗局，无一成功。

永动机是一类所谓不需外界输入能源、能量或在仅有一个热源的条件下便能够不断运动并且对外做功的机械。不消耗能量而能永远对外做功的机器，它违反了能量守恒定律，故称为“第一类永动机”。在没有温度差的情况下，从自然界中的海水或空气中不断吸取热量而使之连续地转变为机械能的机器，它违反了热力学第二定律，故称为“第二类永动机”。这两类永动机是违反当前客观科学规律的概念，是不能够被制造出来的。

再如，赌徒普遍存在不劳而获、一夜暴富的心理。但在任何赌博游戏中，游戏规则始终有利于赌场一方。大数定律告诉我们，只要游戏一局又一局不停地进行下去，表面看起来，每局似乎随机的有赢有输，但积累次数多了，赌场必定可以击败赌徒，让赌徒倾家荡产。因此我们需要铭记：幸福都是奋斗出来的。

大数定律是指随机变量序列的算术平均值向随机变量各数学期望的算术平均值收敛的现象。简单来说，在随机事件的大量重复出现中，往往呈现必然性趋势。

二、市场评价原则

任何创新设想要获得最后的成功，必须经受走向市场的严峻考验。爱迪生曾说：“我不打算发明任何卖不出去的东西，因为不能卖出去的东西都没有达到成功的顶点。能销售出去就证明了它的实用性，而实用性就是成功。”

创新设想经受市场考验，实现商品化和市场化要按市场评价的原则来分析。其评价通常是从市场寿命观、市场定位观、市场特色观、市场容量观、市场价格观和市场风险观七个方面入手，考察创新对象的商品化和市场化的发展前景，最基本的要点是考察该创新的使用价值是否大于它的销售价格，也就是要看它的性能是否优良。在现实生活中，要估计一种新产品的生产成本和销售价格不难，而要估计其使用价值和潜在意义很难。这需要在市场评价时，把握评价对象使用性能的最基本的几个方面：解决问题的迫切程度；使用操作的可靠程度；美化生活的美学程度；功能结构的优化程度；维修保养的方便程度。然后在此基础上作出结论。

三、相对较优原则

创新不可盲目追求最优、最佳、最美、最先进，创新产物不可能十全十美。在创新过程中，利用创新原理和创新方法，获得许多创新设想，它们各有千秋。这时，就需要人们按照相对较优的原则，对设想进行判断选择。

可以从创新技术先进性上进行比较选择，也可以从创新设想或创新成果的技术先进性上进行分析比较。尤其是在解决同一问题时，将创新设想与已有的技术手段进行比较，看谁领先或超前。

也可以从创新经济合理性上进行比较选择。经济的合理性也是评价一项创新成果的重要因素。因此，对各种创新设想的可能经济情况进行比较，看谁合理和节省成本。

还可以从创新整体效果性上进行比较选择。技术和经济应该相互支持、相互促进，他们协调统一构成了事物的整体效果。任何创新设想和成果，其使用价值和创新水平主要是通过它的整体效果体现出来的。因此，要对他们的整体效果进行比较，看谁全面和优秀。

案例 1.14　最好的果实

从前，几个学生向苏格拉底请教关于人生的真谛。苏格拉底把他们带到一片果林里，吩咐道："你们各顺着一行果树，从这头一直走到那头，每人摘一个自己认为最大最好的果实。不许走回头路，不许作第二次选择。"听老师说完，学生们就出发了。在穿过果林的过程中，他们都认真细致地挑选着最好的果实。等学生们走到果林的另一端时，苏格拉底早已在那儿等着他们了，他笑着问学生："你们是否都挑选了自己最满意的果子了？""老师，让我们再选择一次吧！"学生不约而同地请求。苏格拉底笑了笑，然后坚定地摇了摇头，语重心长地对学生们说："孩子们，人生也是如此，没有第二次选择。"这个故事启示我们在创新活动中，如果一味地去追求最优的、最好的结果，我们很可能就贻误了时机。如果有比较满意的方法解决问题，我们应立刻付诸行动。

四、机理简单原则

在现有科学水平和技术条件下，如果不限制实现创新方式和手段的复杂性，所付出的代价可能远远超出合理程度，使得创新的设想或结果毫无使用价值。在科技竞争日趋激烈的今天，结构复杂、功能冗余、使用繁琐已成为技术不成熟的标志。因此，在创新的过程中，要始终贯彻机理简单原则。为使创新设想或成果更符合机理简单原则，可以进行如下检查：新事物所依据的原理是否重叠，超出应有范围；新事物所拥有的结构是否复杂，超出应有程度；新事物所具备的功能是否冗余，超出应有数量。

世界是复杂的，但概括复杂世界的理论应当是简单的。创新之道，简单为要。理论创新和科学研究必须遵循简单性原则，其基本思想源于中国老子。从老子以来的中国哲学中，对"大道至简至易"的阐发可谓汗牛充栋。

比如，就技术创新而言，机理简单原则成为技术创新的一条重要方法论原则。只有机理简单的创新构思，才更能反映人的创造智慧，才更容易被社会所接受，迅速、有效地转化为现实生产力，实现技术创新的全过程。我们熟悉的二进制就是遵守机理简单原则的创新典范。20 世纪，人类发明了数字计算机，只能识别和处理由 0，1 字符串组成的代码，其运算模式是二进制。二进制由德国数理哲学大师莱布尼兹于 1689 年发明。进位规则"逢二进一"，借位规则"借一当二"。采用二进制计数的优点在于，一是运算简单，二是节省设备，三是便于计算机进行逻辑运算。

公理化方法一种常用的数学方法。它是从尽可能少的不用定义的原始概念（基本概念）和一组不加证明的命题（公理）出发，经过精确定义和逻辑推理而得到其他的全部概念和定理，建立数学系统的方法。对公理的选择需满足以下性质：

相容性：在一个公理系统中，不允许同时能证明某一定理及其否定定理。

独立性：在一个公理系统中，每一条公理都独立存在，不允许有一条公理能用其他公理把它推导出来。

完备性：确保从公理系统中能推出所研究的数学分支的全部命题，换一句话说，必要的公理不能减少。

其中，独立性体现了机理简单原则。

案例 1.15 概率的公理化定义

设 Ω 是一个样本空间，F 是 Ω 的一个事件域，对每一个 F 中的元素 A，定义一个 F 上的实值集合函数 P(A)。如果它满足以下三个基本性质：

(1)非负性：任何随机事件的概率大于或等于零；

(2)规范性：必然事件的概率等于 1；

(3)完全可加性：任意一组两两不交事件的和事件的概率等于它们概率的和，则称 P(A)是 A 的概率。

由(2)和(3)可推出“不可能事件的概率等于零”，根据独立性，这条性质就不能放在定义中，符合机理简单原则。

五、构思独特原则

我国古代军事家孙子在其名著《孙子兵法·势篇》中指出：“凡战者，以正合，以奇胜。故善出奇者，无穷如天地，不竭如江河。”所谓“出奇”，就是思维超常和构思独特，创新贵在独特，创新也需要独特。在创新活动中，关于创新对象的构思是否独特，可以从构思的新颖性、开创性、特色性进行考察。

案例 1.16 都江堰

公元前 256 年，秦国蜀郡太守李冰和他的儿子主持修建了全世界迄今为止，年代最久、唯一留存、无坝引水的宏大生态水利工程——都江堰。他遵循“乘势利导、因时制宜”的治水指导思想，正确处理鱼嘴分水堤、飞沙堰泄洪道、宝瓶口引水口等主体工程的关系，使其相互依赖，功能互补，巧妙配合，浑然一体，联合发挥分流分沙、泄洪排沙、引水疏沙的重要作用，使其枯水不缺，洪水不淹。李冰建造的都江堰是一个科学、完整、极富发展潜力的庞大水利工程体系，是巧夺天工、造福当代、惠泽未来的水利工程，是区域水利网络化的典范。都江堰将岷江水一分为二，岷江在成都平原变害为利，造福农桑，将成都平原变成“水旱从人，不知饥馑，时无荒年”的天府之国。

都江堰的创建，以不破坏自然资源，充分利用自然资源为人类服务为前提，变害为利，使人、地、水三者高度和谐统一，是全世界迄今为止仅存的一项伟大的“生态工程”。开创了中国古代水利史上的新纪元，标志着中国水利史进入了一个新阶段，在世界水利史上写下了光辉的一章。

案例 1.17 毛姆推销小说

英国小说家毛姆,1874 年生于巴黎。1897 年,他弃医专事文学创作,名不见经传的他写了几部小说,总是不温不火,没有在社会上引起人们的关注,用毛姆自己的话来说,没有一部能使“泰晤士河起火”。没有其他生活来源的毛姆常常入不敷出。一天,他拿出所有的积蓄,别出心裁地在各大报纸上刊登一则征婚广告:本人喜欢音乐和运动,是一个年轻而有教养的百万富翁,希望能找到与毛姆小说中女主角完全一样的女性结婚。广告一经刊出,人们在书店门外排起长龙购买毛姆的小说,几天时间,毛姆的小说被抢购一空。正是毛姆构思独特的营销方式,出奇制胜,使他迅速成为畅销书作家。

六、不轻易否定、不简单比较原则

我们应在尽量避免盲目地、过高地估计自己的设想的同时,也要注意珍惜别人的创意和构想。简单的否定与批评是容易的,难得的却是闪烁着希望的创新构想。

不轻易否定、不简单比较原则是指在分析评判各种创新活动方案时应注意避免轻易否定的倾向。宇称在弱相互作用下不守恒的现象在未被实验验证之前就被泡利、费曼等物理学家轻易否定。在飞机发明之前,科学界曾从“理论”上进行了否定的论证。曾有权威人士断言,无线电波不可能沿着地球曲面传播,无法成为通信手段。显然,这些不恰当的否定之所以出现是由于人们运用了错误的“理论”和主观上的武断。给某项发明规定了若干用常规思维分析证明无法达到的技术细节的结果。

在避免轻易否定倾向的同时,还要注意不要随意在两个事物之间进行简单比较。不同的创新,即使是非常相近的创新,原则上也不能以简单的方式比较其优势。

不同创新不能简单比较的原则,带来了相关技术在市场上的优势互补,形成了共存共荣的局面。创新的广泛性和普遍性都源于创新具有的相融性。如市场上常见的钢笔、铅笔就互不排斥,即使都是铅笔,也有普通木质的铅笔和金属或塑料杆的自动铅笔之分,它们之间也不存在排斥的问题。

盲人、低视力人群,由于受到视觉障碍的限制,他们出门和行走极其不便,需要辅助导盲设施和工具。辅助导盲设施和工具有导盲犬、手杖类行进辅具、穿戴式行进辅具以及移动式行进辅具,它们各具特色、各有千秋,不能简单比较其优劣。

统计学中,假设检验是用来判断样本与样本,样本与总体的差异是由抽样误差引起还是本质差别造成的统计推断方法。常用的方法有 Z 检验、T 检验、F 检验和卡方检验,各种方法都有其使用范围,不能简单比较其优劣。

以上六种基本原则是在创新活动中要注意并需切实遵循的创新原则,是根据千百年来人类创新活动成功的经验和失败的教训提炼出来的,是创新智慧和方法的结晶。他们体现了创新的规律和性质,按照创新原则去创新并非束缚思维,而是把创新活动纳入安全可靠、快速运行的大道上来。

【思考与训练 1—7】

1. 创新需要遵循哪些基本原则,你在进行创新活动中如何做到遵守创新基本原则?

2. 千百年来，许多才思卓绝的人们都想发明“永动机”，但无一例外地都以失败告终，请问他们违背了什么科学原理？

3. 科学方法论中，主张用最少的独立假设和公理、用简单明晰的初始概念和最直接的关系来建构理论体系，被称为理论建构和评价的简单性原则。在科学史上，这一原则一直被科学家们所推崇，他们在思想上或提倡或论证，在实践上或自觉地运用，或不自觉地遵从。牛顿和爱因斯坦都认为简单性是科学内在的追求，他们都声称自己的科学理论就是按照这一原则构造的，海森堡更是相信，简单性的追求是科学“固有的信仰”。科学史上，机理简单原则被科学家们广泛认可和接受。请思考，在创新活动中，为什么创新者需要遵守机理简单原则？

4. 科技成果评价对科技成果转化具有导向作用，是促进科技与经济社会发展更加紧密结合、加快推动科技成果转化为现实生产力的重要手段保障。科技成果评价遵循科技成果市场实用价值导向评价的原则。请你从经济价值和社会价值两个方面论述科技成果评价遵循市场评价原则的必要性。

5. 科学精神是伴随着近代自然科学的诞生，在继承人类早期历史发展的思想遗产基础上，逐渐发展起来的科学理念和科学传统的积淀，是科学文化深层结构中蕴涵的价值和规范的综合，体现着科学的哲学和文化意蕴。恩格斯指出：“科学的产生和发展一开始就是由生产决定的。”从历史上看，科学精神是随着生产力水平的提高，在人们认识和改造自然的生产生活中逐渐形成的，与科学新知、科学思想相伴而生、同向并行，其间经过了长期而复杂的过程。有人在讨论“科学精神到底是什么”，争论得不可开交。有人认为，科学精神就是不轻易否定。还有人认为，科学精神就是不轻易相信。请同学们自行组织一次辩论会，讨论科学精神是什么？

第二章 认识创新

第一节 思维

一、思维的概念

想一想、考虑一下、思考再三、沉思良久、抽象概括、判断推理、眉头一皱、计上心来都是指人们的思维活动。

恩格斯曾说:“思维是地球上最美的花朵,是生物进化的最高成就。思维使人类建造了宏伟的科学大厦,培育出绚丽多彩的艺术苗圃,创造了光辉灿烂的现代文明。”

思维最初是人脑借助于语言对客观事物的概括性和间接性的反应过程。思维以感知为基础又超越感知的界限。通常意义上的思维,涉及所有的认知或智力活动,它探索与发现事物的内部本质联系和规律性,是认识过程的高级阶段。

(一)思维的定义

思维是什么,这涉及对思维概念的理解和如何对思维下定义的问题。将思维二字分开来看,“思”字面上解释为“想”或“思考、思索”,“维”字面上解释为“维度和秩序”。从而,思维是指大脑为了某个问题而进行不同维度的、有秩序的思考。

长期以来,哲学、逻辑学、心理学和认知科学等领域的很多学者都研究和讨论过什么是思维的问题,他们从不同的角度对思维进行了界定。

1. 哲学层面

思维是客观存在的主观反映。思维是主体发现客体对自己有所影响后,为了获得处置客体的意识,做好消除客体影响的准备工作,思维组织在生存意识的主导和思维意识的指挥下,对感知组织获得的知识进行分析处理的行为。

2. 逻辑学层面

思维作为人特有的认识活动,以语言为基础,通过概念、命题和推理来反映事物的本质属性和内在联系。概念、命题、推理是思维的具体表现形态,即思维形态。

3. 心理学层面

思维是人脑对客观事物概括性和间接性的反映。思维所反映的是一类事物共同的、本质的属性和事物之间内在的、必然的联系,属于理性认识。

4. 认知科学层面

思维是认知水平和解决操作能力的统一,达到什么样的认知水平,才能具有什么样的操作,才能具有解决相应问题的能力。个体的操作能力受到其认知水平的限制,并且贯穿认知和问题解决活动的整个过程。

思维活动的微观层面是信息加工。从信息加工层面来看,思维活动主要表现为对输入信息进行处理、加工和新信息、新知识产生的过程。从信息加工的角度出发，思维是与信息加工和新信息产生有关的心理能力的总和。

哲学主要关心思维的表现形式，逻辑学关注思维的形态，心理学注重思维的心理过程，而认知科学侧重思维对信息的加工过程。

（二）思维与感觉、知觉的区别

思维与感觉和知觉一样，都属于人的认知活动，都是人脑对客观事物的反映。但是，感觉和知觉所反映的是个别事物及其外部的联系，属于感性认识。而思维反映的是一类事物共同的、本质的属性，以及事物之间内在的、必然的联系，属于理性认知。

思维虽然超出了感觉和知觉的范畴，但仍然与感性认识之间存在着紧密联系。感性认识不仅是思维活动的源泉，也是思维活动的依据。思维是在多次感知的基础上概括出来对事物现象因果关系的认识。如果没有对能结出各种水果的树木的感知，就不会归纳、概括出“果树”的概念。

（三）思维的基本要素

思维的基本要素包括知识、才能和智力三个方面。知识是通过学习和社会实践而得到的对事物的认识，主要指科学文化和社会经验等。才能是人们能有效地达到某种目的的心理能量。才能分为一般才能和特殊才能。所谓的特殊才能是从事某种特殊活动所需要的能力，如在音乐、绘画、语言、数学、机械操作、雕刻、舞蹈等特殊领域表现出高超水平。智力取决于基因和幼年期后天环境的影响与教育，即天赋与后天教育的统一。

思维基本要素之间存在着必然的联系。智力是基础，有了智力，通过学习可以拥有一定量的知识与经验，将这些知识和经验运用于实践，就能培养起才能。思维是先天与后天结合、学习和实践结合的综合能力。

二、思维的特征

（一）间接性

思维的间接性就是通过一定的事物为媒介来认识客观事物，即借助已有的知识经验间接地去理解和把握那些没有直接感知过的或根本不能感知到的事物。

由于思维具有间接性，人们才可能超越感觉和知觉提供的信息，认识那些没有直接作用于人的感官的事物及其属性，从而揭示事物的本质和内在规律。从这个意义上讲，思维认识的领域要比感觉和知觉认识的领域更广阔、更深刻。思维间接性表现为以下三个方面：

一是思维可通过事物认识事物。如人们无法直接感知猿人的生活情景，但是考古学家通过化石可以思考古老的过去，复现出猿人的形象和当时的生活情景。

二是思维可通过事物的外部特征认识其内部变化及内在联系。如医生根据体温、血液、脉搏的变化与病人的自诉等，就能诊断直接观察不到的病人内部器官的状态。

三是思维可通过语言和文字反映有关事实，预测事物发展变化的进程等。人们可以超越时空的限制，认识事物本质和规律，了解过去、认识现在、预见未来。

（二）概括性

思维的概括性就是依据对事物规律性的认识，把同一类事物的共同特征和本质特征抽引出来，加以概括，得出结论。思维的概括性表现在以下两个方面：思维反映的是同一类事物共同的、本质的属性；思维还可以反映事物的内部联系和规律。

例如，出自宋代诗人苏洵所写的诗句“月晕而风，础润而雨，人人知之”就体现了思维的概括性。也就是说古人通过每次看到“月晕”就会“刮风”，地面“潮湿”就要“下雨”，概括出了“月晕而风”和“础润而雨”的结论。

概括是人们形成概念的前提，也是思维活动能迅速进行迁移的基础。概括是随着人们认识水平的提高而不断发展的，人们的认识水平越高，对事物的概括能力也就越强。

如，借助思维，人们可以把形状、大小各不相同而能结出枣子的树木归一类，称之为“枣树”；把枣树、杨树、银杏、桉树等依据其有根、木质茎、叶等共性归在一起，称之为“树”；还可以把树、草、地衣、青苔等归成一类，称之为“植物”，概括出它是由具有细胞壁的细胞构成的，一般有叶绿素、以无机物为养料的生物。这种不同层次的概括，不仅扩大了人对事物的认识范围，而且也加深了人对事物本质的理解。

正是因为思维具有间接性和概括性，所以它在人们的生活实践中有着极为重要的意义。

首先，思维使人的认识范围不断扩大。人不仅能认识现在，而且还可以回顾过去和预见未来。人类学家根据古生物化石及有关资料推知人类过去进化的规律。地球物理工作者根据已有的地球运动资料，预报地震和火山爆发的情况。

其次，思维使人的认识深度不断加深。人不仅能认识可以接触到的事物及其规律，还可以把握不能直接感知的事物以及规律，使人们对事物的认识得以无止境地深化。例如，对于物质结构的认识，正是在实验的基础上通过思维不断提高的，由分子水平到原子水平，由原子核、电子水平到核内中子、质子水平，直至夸克水平。目前发现夸克也不是物质的最基本单位，还可以进一步分化。

最后，思维使人由认识世界向改造世界发展。人不仅能掌握知识、认识规律，还可以运用知识和规律解决问题，进行创造性活动。

三、思维的过程

钱学森在《关于思维科学》中指出，研究信息和信息过程的学问——信息学，也就理所当然的是思维科学的基础科学之一。按照信息论的观点，思维过程是指运用储存在长时记忆中的知识经验，对外界输入的信息进行分析和综合、比较与分类、抽象和概括的过程。

（一）分析与综合

分析是指在头脑中把事物的整体分解为各个组成部分的过程，或者把整体中的个别特性、个别方面分解出来的过程。综合是指在头脑中把对象的各个组成部分联系起来，或把事物的个别特性、个别方面结合成整体的过程。没有分析，人们不能清楚地认识客观事物，各种对象就会变得笼统模糊。离开综合，人们有可能对客观事物的各个部分、个别特征等有机成分产生片面认识，无法从对象的有机组成因素中完整地认识事物。分析和综合是相反而又紧密联系的同一思维过程不可分割的两个方面。

案例 2.1 曹冲称象

有一次，吴国孙权送给曹操一头大象，曹操非常高兴。大象运到许昌那天，曹操带领文武百官和小儿子曹冲，一同去看。他们都没有见过大象。这大象又高又大，光说腿就有大殿的柱子那么粗，人走近去比一比，还够不到它的肚子。曹操对大家说："这只大象真是大，可是到底有多重呢？你们哪个有办法称它一称？"大臣们都纷纷议论开了。

一个大臣说："只有造一杆足够大的秤来称。"而另一个大臣说："这得造多大一杆秤呀！再说，大象是活的，也没办法称呀！在我看来只有把它宰了，切成块儿称。"

他的话刚音刚落，所有在场的人都哈哈大笑起来。有人说："你这个办法可不行啊，为了称重量，就把大象活活地宰了，不可惜吗？"

大臣们想了许多办法，都行不通。这时，曹冲从人群里走出对曹操说："父亲，我想出了一个称大象的办法，不妨试试。"

曹操笑着说："你小小年纪，有什么法子？你倒说说，看有没有道理。"

曹冲趴在曹操耳边，轻声地讲了起来。曹操一听连连叫好，吩咐立刻准备称象，然后对大臣们说："咱们到河边看称象去！"

众大臣跟随曹操来到河边。河里停着一只大船，曹冲叫人把大象牵到船上，等船身稳定了，在船舷齐水面的地方做了标记。再叫人把大象牵到岸上来，把大大小小的石头往船上装，船身就一点儿一点儿往下沉。等船身沉到与所做标记齐平的水面时，曹冲就叫人停止装石头。

大臣们睁大了眼睛，起先还摸不清是怎么回事，看到这里不由得连声称赞："好办法！"现在都明白了，只要把船里面的石头都称一下，把重量加起来，就是大象的体重。

不难看出，曹冲认真分析了大臣们的主意。第一位大臣的主意不切实际，但却包含着一个合理的因素——需要能承受大象体重的"大称"才能解决问题。第二位大臣的主意提供了"化整为零"的思想。在此基础上，曹冲综合两位大臣主意的优点，得出了可行的称象方法。

案例 2.2 主成分分析法

再看一个统计学中的实例——主成分分析法。主成分分析是将多个变量通过线性变换以选出较少个数重要变量的一种多元统计分析方法，又称主分量分析。主成分分析首先是由皮尔逊对非随机变量引入的，霍特林将此方法推广到随机向量的情形。在用统计分析方法研究多变量的问题时，变量个数太多就会增加问题的复杂性。人们自然希望变量个数少而得到的信息量大。在很多情形下，变量之间存在一定的相关性。当两个变量之间有一定相关关系时，可以解释为这两个变量反映此问题的信息有一定的重叠。主成分分析是对于原先提出的所有变量，将重复的变量（关系紧密的变量）删去，建立尽可能少的新变量，使得这些新变量是两两不相关的，而且这些新变量在反映问题的信息方面尽可能保持原有的信息。

(二)比较与分类

比较是在头脑中确定对象之间差异点和共同点的思维过程。分类是根据对象的共同点和差异点,把它们区分为不同类别的思维方式。

比较是分类的基础,比较在认识客观事物中具有重要的意义。只有通过比较才能确认事物的主要和次要特征,共同点和不同点,进而把事物分门别类,揭示出事物之间的从属关系使知识系统化。现实生活中,分类问题是十分常见的。如,将某个班集体的学生根据性别分成男生组和女生组。这种分类是事先有分类标准,判定研究对象归属于哪个类别,在统计上称为判别分析。而还有一些分类,事先不知道存在什么类别,完全按照反映对象特征的数据把对象进行分类,这在统计上称为聚类分析。

(三)抽象与概括

抽象是在分析、综合、比较的基础上,抽取同类事物共同的、本质的特征而舍弃非本质特征的思维过程。抽象是形成概念的必要过程和前提。概括是把事物的共同点、本质特征综合起来的思维过程。

概括在抽象的基础上进行,没有抽象就不能进行概括。抽象中寓有概括,概括又借助于抽象,其目的都是为了揭示事物本质。

因子分析是一种数据简化的技术。它通过研究众多变量之间的内部依赖关系,探求观测数据中的基本结构,并用几个少数抽象变量来表示其基本的数据结构。这些抽象变量能够反映原来众多变量的主要信息。原始变量是可观测的显在变量,而抽象变量是不可观测的潜在变量,称为因子。因子分析法就是人们在抽象与概括的基础上得到的。

四、思维的分类

思维可以按照不同的标准进行不同的分类。

(一)按照思维的内容分类

如果按照思维的内容划分,可以将思维分成直观动作思维、具体形象思维和抽象逻辑思维。

1. 直观动作思维

直观动作思维即通过实际动作来解决问题的思维,也叫操作思维或实践思维。这种思维具有明显的外部特征,通常以直观的、具体的实际动作表现出来。它是凭借直接感知,伴随实际动作进行的思维活动,是以具体的、实际的动作作为支柱而进行的活动。因此,这种思维不能脱离动作而存在。

幼儿的思维活动往往是在实际操作中,借助触摸、摆弄物体而产生和进行的。如,孩子计算时通常会用掰指头、数手指的方式来进行思维,一旦制止住孩子的手部动作,孩子就无法继续进行计算活动。因此,这是一种典型的直观动作思维。但是,并非只有儿童才有这种思维,成年人同样具有。例如修车工在修理汽车时,一定是一边拆解一边思考,两者无法脱离,这也是一种直观动作思维。聋哑人靠手势与表情进行交流也属于这种思维。需要指出的是,成年人的动作思维是以丰富的知识经验为中介,并在整个动作思维过程中由语言进行调节和控制,它与没有完全掌握语言的幼儿的动作思维不同,属于较高水平的思维。直观动作思维也是人与高等动物共同具有的一种思维,但两者有本质的区别,不能混为一体。

2. 具体形象思维

具体形象思维是以表象或形象为支柱进行的思维活动。表象是记忆中所保持的客观事物的形象。事物的表象包括视觉表象、听觉表象、触觉表象、嗅觉表象、味觉表象和动觉表象等。其中最主要的是视觉表象和听觉表象，尤其是视觉表象。那么，表象是什么？表象就是事物不在眼前时，人们在头脑中出现的关于事物的形象。因此，只要人们在进行思维之时，头脑中浮现的就是一些事物的表象，通过表象的变化进行思维，就是具体形象思维。

形象思维是反映和认识世界的重要思维形式，是培养人、教育人的有力工具。在科学研究中，科学家除了使用抽象思维以外，也经常使用形象思维。在企业经营中，高度发达的形象思维，是企业家在激烈而又复杂的市场竞争中取胜不可缺少的重要条件。高层管理者离开了形象信息，他所得到信息就可能只是间接的、过时的甚至不确切的，因此也就难以作出正确的决策。

形象思维主要有形象性、想象性、直接性、敏捷性、创造性、思维结果的可描述性、情感性等特征。形象思维可以通过模仿法、想象法、组合法和移植法进行训练。

3. 抽象逻辑思维

抽象逻辑思维是以词语为基础的，以概念、判断和推理的形式进行的思维。以抽象的概念为支柱的思维，通常有概念、判断、推理等形式。

第一，概念是抽象逻辑思维的基本形式，也是最基本的单位。概念包括内涵和外延两个部分。内涵是指概念所反映全部事物的共同的、本质的属性，而外延是指具有这些共同的、本质的属性的全体对象。在通常情况下，概念的内涵和外延成反比关系，即内涵越大，外延越小；内涵越小，外延越大。

第二，判断是借助语言进行的，以句子的形式呈现的思维的基本形式，如“花生是果实”（肯定判断），“土豆不是果实”（否定判断），它是事物之间的联系和关系如事物之间的条件、空间、时间、因果等在人脑中的反映。判断既可分为肯定判断与否定判断，也可分为直接判断与间接判断。直接判断是以比较为基础的判断，间接判断是借助推理来实现的判断。

第三，推理是一种反映判断和判断之间联系的间接判断，它是由一个或几个相互联系的已知判断，推出合乎逻辑的新判断的思维形式。从“水加热变成气体”“煤油加热变成气体”“乙醇加热变成气体”等推出“液体加热变成气体”的结论。推理可分成归纳推理和演绎推理两种。归纳推理是从特殊、具体到一般的推理过程。如，数学归纳法就是一种归纳推理形式。演绎推理是从一般到特殊、具体的推理过程。

抽象思维又分成形式逻辑思维和辩证逻辑思维两种。前者具有确定性，并反对思维过程本身自相矛盾；后者则具有灵活性，并强调反映事物的内在矛盾的统一。两者之间又有联系。辩证逻辑思维是在形式逻辑思维基础上逐渐发展起来的，它属于抽象思维的高级阶段。

辩证思维是指以发展变化的视角认识事物的思维方式，通常被认为是与逻辑思维相对立的一种思维方式。在逻辑思维中，事物一般是“非此即彼”“非真即假”，而在辩证思维中事物可以在同一时间里“亦此亦彼”“亦真亦假”，而无碍思维活动的正常进行。“曹冲称象”是一个辩证思维的典型例子。

辩证思维模式要求观察问题和分析问题时，以动态发展的眼光来看问题。辩证思维是唯物辩证法在思维中的具体运用，唯物辩证法的范畴、观点、规律完全适用于辩证思维。辩证思维的基本规律，也是对立统一思维法、质量互变思维法和否定之否定思维法。辩证思维可以通过联系、发展和综合三个方面进行。

(1)联系就是运用普遍联系的观点来考察思维对象的一种方法，是从空间上来考察思维对象横向联系的一种观点。

(2)发展就是运用辩证思维的发展观来考察思维对象的一种观点方法，是从时间上来考察思维对象的过去、现在和将来的纵向发展过程的一种方式。

(3)综合就是运用全面的观点去考察思维对象的一种观点方法，即从时空整体上全面地考察思维对象的横向联系和纵向发展过程。换言之，就是对思维对象做多方面、多角度、多侧面、多方位考察的一种方法。

(二)按照思维的创新程度分类

按照思维的创新程度进行分类，思维可以分成常规思维和创新思维。

1. 常规思维

常规思维也称再造性思维，是指人们运用已获得的知识经验，按现成的方案和程序，用惯用的方法、固定的模式来解决问题的思维方式。例如，学生用同样的勾股定理去解决相关的数学问题。

2. 创新思维

创新思维是以新颖、独特的方式来解决问题的思维方式。创新思维强调用新的方法解决问题，例如司马光砸缸的故事体现的就是用新的方式解决问题，体现了创造性思维。

【思考与训练 2—1】

1. 将下列各项事物放在一起，编写一个故事：瘸腿的狗、警察、一块口香糖、两个护士。仔细记录这一过程中你的思维活动。

2. 从抽象逻辑思维的角度去思考，作为一名大学生应该如何“授人以渔”?

3. 侦查人员根据犯罪嫌疑人现场遗留物，能分析出犯罪嫌疑人的个体年龄、身高、体态、性别、职业、身份、居住范围、活动时间、经济状况、生活习惯等情况。为刻画犯罪嫌疑人形象，确定侦查方向、范围，认定罪犯等提供依据，还可为警犬追踪和鉴别提供嗅源。请问这反映了思维的什么特征?

4. 新冠肺炎流行期间，医生通过病人的核酸检验和肺部 CT 等结果来确诊病人的病情，这属于思维的什么特征?

5. 人们发现下雨前动物会有一些异常表现，总结得出“蚂蚁搬家、燕子低飞”是下雨的征兆，这体现了思维的什么特征?

6. 哲学视角下，什么是思维? 社会学视角下，什么是思维?

7. 思维是否是人类独有的? 思维可以分成哪几类?

8. 医生可以通过望、闻、问、切去诊断病情，也是凭借知识经验和一定的媒介对疾病进行间接认识，体现了思维的什么特征?

9.“朝霞不出门，晚霞行千里”的意思就是如果早晨起来看到天边有朝霞的话，今天的天气可能会不好，要引起重视，若是傍晚看到天边的晚霞，第二天很有可能有一个好天气。这是一句农村谚语,一直被农民所信服,直至今日也是指导农业生产的重要指南。请问这句谚语主要体现了思维的什么特征?

第二节　创新思维

一、创新思维的概念

(一)创新思维的定义

创新思维能力是人类独有的思维品质,是人们创造力的核心。创新思维通常是人脑在认识客观对象时,不受程式化的逻辑模式约束,不经过严格逻辑推理和演绎的过程,而基于已有的知识、积累的经验和深切的主观感受,通过潜意识的顿悟直接把握认识对象,对其作出迅速识别,敏锐洞察,寻求对问题的全新的、独特的解答的思维过程,是一种高度发展的最可贵的人类思维形式。

关于创新思维的界定,仁者见仁、智者见智。心理学家科勒斯涅克认为创新思维就是发明或发现一种新方式,用以处理某些事情或表达某种事物的思维过程。

当然,有人认为创新思维是指以新颖独创的方法解决问题的思维过程,通过这种思维能突破常规思维的界限,以超常规甚至反常规的方法、视角去思考问题,提出与众不同的解决方案,从而产生新颖、独到、有社会价值的思维成果。

也有人认为,创新思维是在客观需要的推动下,以获得的新信息和已储存的知识为基础,综合运用各种思维形式和思维方式,克服思维定势,经过对各种信息和知识的匹配、组合,或者从中选出解决问题的最优方案,或者系统地加以综合,或者借助类比、直觉、灵感等思维方式创造出新理论、新方法、新概念、新形象、新观点,从而使认识或实践取得突破性进展的活动。

还有人认为,创新思维是创造者利用已掌握的知识和经验,从某些事物中寻找新关系、新答案,创造新成果的高级的、综合的、复杂的思维活动。创新思维的基础是已掌握的知识和经验,其结果是创新;思维活动是高级、综合和复杂的。

(二)创新思维的本质

创造性思维的本质在于将创新意识的感性愿望提升到理性探索上,实现创新活动由感性认识到理性思考的飞跃。没有创新的思维方式,就没有创新的行动和实践。只有让创新思维成为一种习惯和本能,我们才可能以求新求变的活力冲破守旧的观念,闯出一片新的天地。

创新思维并不是少数发明家、天才级人物才具有的素质,而是任何一个正常的人都具备的一种思维方式。科学史上每一项重大突破,总是某些杰出的科学家完成最关键或最后一步的,他们之所以能超越前人或同时代的人,作出划时代的贡献,最重要的是他们具有创新思维。

案例 2.3　宣传奇才哈利

美国宣传奇才哈利十五六岁时，在一家马戏团做童工，负责在马戏场内叫卖小食品。但每次看马戏的人不多，买东西吃的人更少，尤其是饮料。

有一天，哈利的脑海里诞生了一个想法：向每一个买票的人赠送一包花生，以此吸引观众，但是老板不同意这个“荒唐的想法”。哈利用自己微薄的工资作担保，恳求老板让他试一试。于是，马戏团演出场地外就多了一个声音：“来看马戏，买一张票送一包好吃的花生！”在哈利不停地叫喊声中，观众比往常多了几倍。观众们进场后，小哈利就开始叫卖起饮料。绝大多数观众在吃完花生后会觉得口渴，都会买上一杯饮料，一场马戏下来，营业额比以往增加了十几倍。这个案例说明正常的人都具有创新思维，同时也反映出创新思维需要突破传统、冲破守旧。

案例 2.4　新能源汽车

根据工业和信息化部颁布的《新能源汽车生产企业及产品准入管理规则》的规定，新能源汽车是指采用非常规的车用燃料作为动力来源，综合车辆的动力控制和驱动方面的先进技术，形成的具有新技术、新结构、技术原理先进的汽车。新能源汽车充分利用可再生能源，节能减排，保护生态环境。

新能源汽车可分为纯电动汽车、插电式混合动力汽车及燃料电池汽车三类，其中纯电动汽车与插电式混合动力汽车是中国市场上最常见的新能源汽车类型。

纯电动汽车是指驱动能力完全由电能提供、由电机驱动的汽车。电机的驱动电能来源于车载可充电储能系统或其他能量储存装置。插电式混合动力汽车是指能够至少从可消耗燃料和可再充电能（能量储存装置）两类车载储存的能量中获得动力的汽车。插电式混合动力汽车车身上同时装有发动机与电动机，车身除装有汽油加注口外，还配备了外接电源接口可为电池充电。燃料电池汽车是指以燃料电池系统作为单一动力源或以燃料电池系统与可充电储能系统作为混合动力源的电动汽车，当前的燃料电池汽车主要以氢气为动力来源。

从汽车产业来看，发展新能源汽车让中国向汽车强国更进了一大步。在21世纪初，我国在汽车产业转型的重要时期，创造性地将发展新能源汽车与提升产业竞争力、保障能源安全、改善空气质量和应对气候变化联合在一起。从“十城千辆”工程算起，中国新能源汽车发展已经走过十余年，成绩斐然。从市场规模来看，中国已经成为全球最大的电动汽车市场，电动乘用车累计销量占全球45%，电动公交和电动卡车销量更是占到全球的90%以上；已建成的公共充电桩数量超过美国、欧洲和日本的总和；拥有领先的量产动力电池技术，是全球范围内电动出行商业模式创新最为活跃的地区。在全球汽车电动化的进程中，中国率先迈出了第一步，取得了先发效应，极大增强了企业和民众的自信。

从创新战略来看，由于融合了大量“汽车之外”的技术，汽车革命带动了中国产业发展史上规模空前的技术创新运动。作为国家工业体系的象征，汽车是新技术应用的重要场景。汽车电动化融合了先进材料研发应用与高精尖零部件制造，与电池、电机、电控技术升级相互促进。汽车是新一代信息技术、人工智能、5G、物联网等的最重要应用场景之一，大量“汽车之外”的技术应用于汽车，一方面成就了汽车的智能化发展，另一方面汽车的智能化成为大量跨界技术的应用舞台，汽车成为牵引其他产业加速创新的重要力量。

从能源战略来看，汽车革命有力促进了能源革命。现在中国正面临着从化石能源到可再生能源转型的第三次能源革命。预计2035年，风光发电将占80%以上的装机容量和40%以上的发电量，光伏发电、风电成本可降至0.1元—0.2元/千瓦时。当前新能源革命面临的问题是光伏、风电本身的发电成本低，但利用成本仍然较高，其中储能是主要瓶颈。2030年电动汽车保有量预计超过8000万辆，储能潜力达到5800亿瓦时。以电化学能源动力系统组成的新能源汽车是可再生能源发展的重要储能支撑，正在发生的汽车革命正以提供的超大规模储能能力极大地促进能源转型与能源革命。

从双碳战略来看，发展新能源汽车有助于提前实现碳达峰、碳中和。随着可再生能源发电占比提升，2035年纯电动乘用车行驶单位里程碳排放下降到20克/千米，相比2021年降低70%以上。2035年新能源汽车将实现道路交通领域碳减排约2亿吨，具有显著的减碳效益。

伴随着国家政策的扶持和技术的进步，新能源汽车将会出现在更多的应用场景中满足人们多样化的需求，到2025年，新能源汽车新车销售量将会达到汽车新车销售总量的20%左右。

二、创新思维的基本原则

（一）独立性原则

独立性原则是指人们在进行思维时，不拘泥于条条框框，不迷信于权威，不屈从于压力，坚持实事求是，遵循真理的道路。这就要求在进行思维活动的时候，敢于怀疑，勇于探索。正如我国著名地质学家李四光曾说过：“一些陈旧的、不结合实际的东西，不管那些东西是洋框框，还是土框框，都要大力地把它们打破，大胆地创造新的方法、新的理论，来解决我们的问题。”

（二）求异性原则

求异性原则是指某个思维主体不愿意与其他思维主体进行同样的思维创新，而表现出来的行为。创新中，不仅要坚持，还要有求异的心理，去发现新理论、新思路和新契机。抓住机遇，在异中求新，新中求变。如，玩具商店里摆满了五颜六色、形式各样的玩具。试想一下，如果所有的玩具千篇一律，一个样式、一样的功能、一样的大小，甚至一个颜色，那么，玩具市场就会失去活力，不会有创新。

（三）跳跃性原则

跳跃性原则是指在开展创新思维活动中，要善于省去事物的次要步骤，抓住事物的本质和主要矛盾。同时，善于超越思维的时间跨度，抓住事物不同时期的相同之处，从而以最快的思维速度去揭示未知。正确运用思维的跳跃性原则，不仅能提高思维的功率和思维速度，更能攻克思维障碍，指导我们的实践取得创造性成就。

在利用跳跃性原则时，需要注意的事项有：不要主观、随意地加大思维跨度，拓宽接触面和联想区域，如果那样只会破坏思维的跳跃性原则，导致诡辩论。在进行思维跳跃时，我们要以一定的科学知识为基础，应比较全面地掌握和理解有关知识，对事物的发展趋势有较为准确的预测。否则，只能是胡思乱想、东拉西扯。

三、创新思维的特征

创新思维具有突破性、新颖性、非逻辑性、灵活性和前瞻性等特征。

（一）突破性

创新思维的本质是打破传统、常规，开辟新颖、独特的思路，更新知识，探索事物之间的内在联系，寻求潜在的规律，具有突破性的思维活动。可见，突破性是创新思维最显著的特征。创新思维的突破性主要体现在突破原有的思维框架、突破已有的思维定势、突破已有的文明成果等三个方面。

1. 突破原有的思维框架

创新思维要求创新者在思考有待创新的问题时，要有意识地抛开头脑中以往思考类似问题所形成的思维程序和模式，排除以往的思维程序和模式对寻求新设想的束缚，跳出固有的思维模式，寻找新方法。

案例 2.5　哥德巴赫猜想

1742 年，德国数学家哥德巴赫在寄给著名数学家欧拉的信中提出了以下猜想：任何不小于 3 的奇数，都可以表示成三个质数之和。同年 6 月 30 日，欧拉在回信中提出了另一个版本的哥德巴赫猜想：任一大于 2 的整数，都可以是两个质数之和，这就是众所周知的哥德巴赫猜想。显然，前者是后者的推论。因此，只需证明后者就能证明前者，称前者为弱哥德巴赫猜想（已被证明），后者为强哥德巴赫猜想，然而直到去世欧拉也无法证明。自提出以后的近 200 年里，该猜想的证明并没有取得实质性的进展。直到 1920 年，挪威数学家布朗用一种古老的筛选法证明，得出了一个结论：每一个比 5 大的偶数都可以表示为九个质数的积加上九个质数的积，简称“9＋9”。经过几十年许多数学家的共同努力，不断突破原有的证明思路和方法，跳出原有思维框架，沿着殆素数、例外集合、小变量的三素数定理以及哥德巴赫问题四种不同的途径研究偶数哥德巴赫猜想，创立如圆法、密率法、三角求和法等新方法。在殆素数方面，我国数学家作出了大量杰出的贡献。如，1956 年王元证明了“3＋4”，稍后证明了“3＋3”和“2＋3”。1962 年，潘承洞和苏联的巴尔巴恩证明了“1＋5”，而后王元证明了“1＋4”。1966 年，我国数学家陈景润取得了突破性进展，对筛法作了新的重要改进后证明了“1＋2”，即，任何一个充分大的偶数，都可以表示成两个数之和，其中一个是素数，另一个为不超过两个素数的乘积，被称为“陈氏定理”。

2013 年 5 月，巴黎高等师范学院研究员哈洛德・贺欧夫各特发表了两篇论文，宣布彻底证明了弱哥德巴赫猜想。

2. 突破原有的思维定势

俗话说“习惯成自然”，特别是思维上的习惯一旦形成，就让你不知不觉地按着已形成的思维定势去思考问题。创新思维须突破原有的思维定势。司马光砸缸的故事中，司马光就突破了原有的思维定势：当人落水时，让人离开水达到救人目的，而是砸破缸，使水流出来，让水离开人达到救人目的。

3. 突破原有的文明成果

创新思维最终体现在创新成果上。创新成果既包括物质文明，也包括精神文明。19世纪开始建造火车轨道时，有人警告说，当时速超过50公里时，人会流鼻血，而且火车过隧道时，人们会窒息。如今，我国已系统掌握各种复杂地质及气候条件下高铁建造成套技术，攻克铁路工程建造领域一系列世界性技术难题，全面掌握构造速度200至250千米/小时、300至350千米/小时动车组制造技术，构建涵盖不同速度等级、成熟完备高铁技术体系，运营里程世界第一。

（二）新颖性

创新思维是以求异、新颖、独特为目标。从而思维的目标、思维方法和思维过程都要求是新的。

大学生是非常具有创新能力的群体。如，浙江大学学生根据科学原理和技术试验，研制出了一套“空气洗手”装置。这套装置具有极为新颖的创意和稳定的效果，受到广泛好评。由此，获得了国际国内大奖。

创新思维的新颖性，正是客观事物这一发展规律的正确反映，它激励人们解放思想，开阔视野，不断地提出各种新观点、新见解和新思路，并以新的思维成果指导新的实践，从而有效推进所从事的事业乃至整个社会的发展。它往往是一种反常规的思维方式，善于转换视角去思考问题，善于同中求异，一旦成功，让人有“柳暗花明又一村”之感。邓小平同志所创立的建设中国特色社会主义的理论，之所以称为“中国特色”，所突出和强调的就是从中国国情的独特性出发，制定出一套与其他国家的发展理论和发展模式不同，又充分适应中国式现代化建设实际的路线、方针和政策。创新思维的新颖性主要表现为三个方面：

首先，创新思维是建立在新的科学原理、技术基础之上的突破式思维方式。其次，创新思维是改变人们原先观察和思考问题的着眼点、视角、程序和方法等而形成的重置式思维方式。最后，创新思维是通过与相关领域的知识、技术经验等相结合而形成的组合式思维方式。曾经有人对1990年以来的480项重大科技创新成果的来源进行了分析，发现运用重置式和组合式思维方式获取的创新成果占65%以上。这说明在当今时代，发明创造的新颖性的内涵和形式已经发生了重大变化，即突破式成果的比例明显下降，而重置式和组合式已上升为主要形式。

（三）非逻辑性

程序上的非逻辑性也称为反常规性，是指创造性思维往往是在超出逻辑思维，出人意料地违反常规的情形下出现，它不严密或者暂时说不出什么道理。因此，创新思维的产生常常具有跳跃性，省略了逻辑推理的中间环节。创新思维是逻辑思维与非逻辑思维的辩证统一。

（四）灵活性

创新思维的灵活性是指思维灵活多变，思路及时转化、变通的能力。其人往往从多角度、多方位、多层次、多学科进行立体思考，而不是在一个平面上、从一个方向、一个角度去观察思考。创新思维的灵活性也表现为及时放弃旧的思路，转向新的思路，及时放弃无效的方法而采用新的方法。

伟大领袖毛泽东在领导人民抵御外敌侵略时，创造的游击战、运动战和阵地战，充分体现了他思维的灵活性。

（五）前瞻性

《礼记·中庸》中记载："凡事豫则立，不豫则废。言前定则不跲，事前定则不困，行前定则不疚，道前定则不穷。"

创新思维的前瞻性是指创新思维需要展望事物发展的未来，对新事物的发展规律进行思考，从而调整心态，寻求突破。

四、如何培养创新思维

要想思维变得发达，就必须多用脑子勤于思考，即主动加强创新思维能力的训练。

（一）塑造创新人格

创新人格是吉尔福特首次提出和使用的一个概念，是指高创造性个体在创造性行为中表现出的品质类型。创新人格，即创造力的非智力因素，是人格（个性特征）在创造性活动中的表现。吉尔福特提出创新人格包括八个方面：

第1，有高度的自觉性和独立性，不肯雷同。

第2，有旺盛的求知欲。

第3，有强烈的好奇心，对事物运行机制有深究的动机。

第4，知识面广，善于观察。

第5，工作中讲究理性、准备性和严格性。

第6，有丰富的想象力、敏锐的知觉，喜欢抽象思维，对智力活动和游戏有广泛的兴趣。

第7，富有幽默感，表现出卓越的文艺天赋。

第8，意志品质出众，能排除外界干扰，长时间地专注于某个感兴趣的问题之中。

与创新人格相关的重要行为表现如下：

1. 好奇：有很强的好奇心和旺盛的求知欲，对事物运行机制有浓厚的认识兴趣；
2. 开放：具有开放心态，愿意接纳新生事物，不断拓展视野；
3. 冒险：敢于冒险，能容忍不确定性；
4. 挑战：勇于挑战，坚持不懈，面对批评、挫折有韧性；
5. 独立：对待事情有自己的观点，具有较强的自主性、独立性；
6. 自信：对自身的创造性有信心，进取心强；
7. 内驱：在活动中受内在动机的驱动。

由于创新人格受到家庭、学校、社会文化等因素的影响，可以从培养良好的心理品质、营造良好的家庭和学校氛围、尊重个性发展和积极进行社会实践等方面塑造创新人格。良好的心理品质是培养创造性人格的基础。研究发现，与创新人格相关联的重要心理品质包括以下几个方面：

1. 意志。在创新活动中，一旦存在巨大的挑战和困难需要克服时，意志的目的性和方向性就表现得异常明显。可以说，创新活动就是复杂的意志活动。

2. 内部动机。有无创新意识和创新意识高低是与内部动机密切相关。外部动机要发生作用，必须转化为人的内在需要，如果外部压力没有变成个人的愿望，创新意识不可能活跃起来。

3. 自信。自信是一种正确、积极的自我观念和自我评价，是一种对自己认可、肯定和支持的态度。自信心是个体所具有的自我肯定意识，它对一个人性格的形成有重要的影响。从事创新活动尤其需要自信。

4. 心理安全。个体的内部环境和外部环境都会影响其创新人格的发展，而心理安全是内部环境的核心内容。

（二）培养兴趣爱好

兴趣是最好的老师，兴趣是感情的体现，是创新的内在因素。事实上，只有感兴趣才能自觉地、主动地、竭尽全力去观察它、思考它、探究它，才能最大限度地发挥我们的主观能动性，容易在工作和生活中产生新的联想，或进行知识移植，作出新的比较，创造出新的成果。

（三）大胆质疑

我国古代教育家早就提出“前辈谓学贵为疑，小疑则小进，大疑则大进”“学从疑生，疑解则学成”。在生活中我们要对事物持有质疑的态度，从中发现新的东西。

（四）勇于探索

对于生活中的事物或问题应该学会自己寻找不同的途径去认识它，去解决它。另外，在日常生活中我们要学习多方面的知识，积极参与实践活动，锻炼自己的动手能力，学会与人交际等，这些都有助于我们培养创新意识。

（五）集思广益

从某种角度上看集思广益，是一种突破，突破个人的知见、个人的视野、个人的经验、个人的模式、个人的惯性、个人的能力等，集体去探寻新方法，共创新成果。共创出来的成果是集体智慧的结晶，所展现的能量超乎每个个体的想象。

【思考与训练 2-2】

1. 古希腊有一个国王，准备把一批囚徒处死。当时流行的处死方法有两种：一种是砍头，一种是处绞刑。怎样处死由囚徒自己去挑选一种。挑选的方式是这样的：囚徒可以任意说出一句话，这句话必须是马上可以检验其真假的。如果囚徒说的是真话就处绞刑，如果说的是假话就砍头。

结果，许多囚徒不是因为说了真话而被绞死，就是因为说了假话而被砍头；或者是因为说了一句不能马上检验其真假的话，而被视为说假话砍了头；或是因为讲不出话而被当成说真话处以绞刑。

在这批囚徒中，有一位是极其聪明的。当轮到他选择处死方法时，他说了一句巧妙的话，结果使得这个国王既不能将他绞死，又不能将他砍头，只得把他放了。猜一猜，这个聪明的囚徒说的是什么话？

2.“2＋7－118＝129”是一个无效的表达式，请在该表达式中加一条直线，使之成为一个有效的表达式。

3.24 个人排成 6 列，每列 5 人，请问怎么排好呢？

4. 在现实生活中，如何培养创新思维？

5. A、B、C、D 共 4 个孩子在院子里踢足球，把一户人家的玻璃打碎了。可是当房主人问他们是谁踢的球把玻璃打碎的，他们谁也不承认是自己打碎的。房主人问 A，A 说："是 C 打的。"C 则说："A 说的不符合事实。"房主人又问 B，B 说："不是我打的。"再问 D，D 说："是 A 打的。"已经知道这 4 个孩子当中有 1 个很老实、不会说假话；其余 3 个都不诚实，都说的是假话。请你帮助分析一下这个说真话的孩子是谁，打碎玻璃的又是谁？

第三章 突破思维定势

第一节 思维定势

案例 3.1 六只蜜蜂和六只苍蝇的命运

曾经有人做了这样一个试验：把六只蜜蜂和六只苍蝇装进一个玻璃瓶中，将玻璃瓶平放在桌子上，让瓶底朝向透光的窗户，瓶口敞开。由于蜜蜂喜光，这时蜜蜂们不停地朝瓶底飞舞，试图在瓶底上找到出口，不断地重复着这种合乎逻辑的行为，一直到它们力竭倒毙或饿死。相反，苍蝇全然不顾亮光的吸引，四下乱飞，则在两分钟之内，穿过另一端的瓶颈逃逸一空。蜜蜂基于出口就在光亮处的固定思维方式，想当然地设定了出口的方位。正是这种思维惯性，它们才没有走出困境，最终没有逃脱死亡的命运。

案例 3.2 盲人买剪刀

即使是具有高级思维能力的人，也常常会陷入思维定势。科普作家阿西莫夫自幼聪明，天赋极高。有一次，一位汽车修理工对他说："嗨，博士！我出一道题目，考考你。"阿西莫夫欣然同意。

修理工便开始出题。有一位既聋又哑的人，来到五金商店想买几根钉子，对售货员做了这样一个手势：左手两个指头立在柜台上，右手所致拳头做出敲击状的样子。售货员见状，先给他拿来一把锤子，聋哑人摇摇头，指了指立着的那两根指头。于是售货员就明白了，聋哑人想买的是钉子。聋哑人买好钉子，刚走出商店，接着进来一位盲人。这位盲人想买一把剪刀，请问，盲人将会怎样做？

阿西莫夫顺口答道："盲人肯定会这样。"说着，伸出右手的食指和中指，做出剪刀的形状。

汽车修理工一听笑了："哈哈，你答错了吧！盲人想买剪刀，只需要开口说'我买剪刀'就行了，他干吗要做手势呀？"阿西莫夫正是沿用前面问题的思维方式才做出了上述回答。

日常生活中，我们也会遭遇类似于阿西莫夫的尴尬。比如，小华的爸爸有三个儿子，大儿子叫大毛，二儿子叫二毛，请问三儿子叫什么名字？或许你会脱口而出："三毛"，那么你一定是沿着前面两个儿子名字的思维方式思考的。事实上，他的名字叫"小华"。同样地，两个数字 1 组成最大的数是 11，三个数字 1 组成最大的数是 111，请问四个数字 1

组成最大的数是多少？或许有人会不假思索地回答道，1111。仔细想一想，对吗？不对，正确答案是11的11次方。

再如，在荒无人迹的河边停着一只小船，一次只能容纳一个人。有两个人同时来到河边，并且这两个人都坐着这只船过了河。请问：他们是怎样过河的？

或许，你会认为这是不可能的。如果你真是这样想的，你一定在脑海中形成了思维定势：他们肩并肩地来到河边。事实上，他们是从河的两侧同时到达河边的，自然都可以乘小船过河了。

一、思维定势的概念

贝弗里奇在《科学研究的艺术》里写到："几乎在所有问题上，人脑有根据自己的经验、知识和偏见，而不是根据面前的佐证去作判断的强烈倾向。"

法国生物学家贝尔纳也认为，妨碍人们学习的最大障碍，并不是未知的东西，而是已知的东西。这种已知的东西构成思维定势，往往成为人们认识、判断事物的思维障碍。

（一）思维定势的定义

心理学认为，定势是由一定的心理活动所形成的准备状态，对以后的感知、记忆、思维、情感等心理活动和行为活动起正向的或反向的推动作用。

这次这样解决了一个问题，下次遇到类似的问题或者表面上看起来相同的问题，不由自主地沿着上次思考的方向或次序去解决，称为思维惯性。

在心理学上，思维定势也称"惯性思维"，是由先前的活动而造成的一种对活动的特殊心理准备状态或活动的倾向性。

所谓思维定势，就是按照积累的思维活动经验教训和已有的思维规律，在反复使用中所形成的比较稳定、定型化了的思维路线、方式、程序、模式（在感性认识阶段也称为"刻板印象"）。寓言故事《守株待兔》和《刻舟求剑》中的主人翁都表现出了思维定势。

思维定势形成的过程是这样的，针对问题A，采取行动B，得到结果C。当问题A发生时，人们采取了行动B，导致结果C。这样重复多次，每次当问题A出现时，就采取行动B，得到结果C，于是便逐渐形成了思维定势。

（二）思维定势的特征

思维定势所强调的是事物之间的相似性和不变性。在解决问题时，它是一种"以不变应万变"的思维策略。从而，思维定势具有趋向性、常规性和程序性三个特征。

1. 趋向性

趋向性是指思维者具有力求将各种各样问题情境归结为熟悉的问题情境的趋向，表现为思维空间的收缩，带有集中性思维的痕迹。

如，学习立体几何时，老师反复强调解题的基本思路是将空间问题转化为平面问题。例如，求二面角时，常规的思路是在同一个平面上构造三角形。请思考，在一块土地上种四棵树，怎样使得它们两两之间的距离相等？

如果按照常规，人们自然地认为土地是平整的，即在几何学意义上是一张平面。在这种假设下，要想使得四棵树之间的距离都相等，是做不到的。从而，必须换一种思维视角，这块土地是隆起的，形成了一个正三棱锥状。我们只要将四棵树种在正三棱锥的四个顶点上即可。

2. 常规性

如,学习因式分解,必须掌握提取公因式法、十字相乘法、公式法、分组分解法等常规的方法。求函数极限的常用方法有定义法、消去零因子、等价无穷小代换、两个重要极限、迫敛性准则、洛必达法则、泰勒公式、柯西准则等。请思考下列极限如何求解?

$$\lim_{n\to\infty}\left(\frac{1}{1^2+n^2}+\frac{2}{2^2+n^2}+\cdots+\frac{n}{n^2+n^2}\right)$$

上面常见的求解极限的方法都求不出这个极限,需要运用定积分的概念这一非常规的方法求解。众所周知,定积分的概念是通过极限来定义的,这个例子也体现了逆向思维。

$$\lim_{n\to\infty}\left(\frac{1}{1^2+n^2}+\frac{2}{2^2+n^2}+\cdots+\frac{n}{n^2+n^2}\right)$$

$$=\lim_{n\to\infty}\sum_{i=1}^{n}\frac{i}{i^2+n^2}=\lim_{n\to\infty}\frac{1}{n}\sum_{i=1}^{n}\frac{\frac{i}{n}}{\left(\frac{i}{n}\right)^2+1}$$

$$=\int_0^1\frac{x}{x^2+1}\mathrm{d}x=\frac{1}{2}\ln 2$$

3. 程序性

程序性是指解决问题的步骤要符合规范化的要求。例如,在求解几何学问题时,怎样画图、怎样叙述、如何讨论、书写逻辑,甚至如何使用“因为、所以、那么、则、即、故”等词语,都要求清清楚楚、步步有据、格式规范,否则就乱套了。数学归纳法是一种典型的程序化的证明方法。一般来说,当证明某个与正整数相关的命题 P(n)时,会经常使用,数学归纳法的使用分为三个步骤:

第一步,验证当 $n=1$ 时,命题成立。

第二步,假设当 $n=k$ 时命题成立,验证当 $n=k+1$ 时命题也成立。

第三步,从而命题 P(n)成立。

二、思维定势的作用

思维定势是在过去获得的经验和知识的基础上形成的感性认识,逐渐沉淀成为一种特定的认知模式。思维定势是把双刃剑,既有积极的作用,也有消极的作用。

(一)思维定势的积极作用

思维跳跃的稳定性、模式化、一致性和趋同性使得当人们遇到与以往相似的问题时,有积极的心理准备,快速作出反应。

思维定势在解决问题的过程中具有积极作用。人们根据面临的问题联想起已经解决的类似问题,将新问题的特征与旧问题的特征进行比较,抓住新旧问题的共同特征。将已有的知识和经验与当前问题情境建立联系,利用处理类似的旧问题的知识和经验去解决新问题,或者把新问题转化成一个已解决的熟悉的问题,从而为新问题的解决做好积极的心理准备。具体地讲,在问题解决过程中,思维定势的积极作用主要包括以下三方面内容:

1. 定向解决问题需要一个明确的方向和清晰的目标,否则会陷入盲目性。定向是成功解决问题的前提。

2. 定向方法是实现目标的手段，广义的方法泛指一切用来解决问题的工具，也包括解决问题所用的知识。不同类型的问题总有相应的常规或特殊的解决方法。定向方法是解决问题思维的核心。

3. 定势解决问题是一个有目的、有计划的活动，必须有步骤地进行，并且遵守规范化的要求。

思维定势是一种常规处理问题的思维方式，可以省去许多探索的步骤，缩短思考的时间，提高效率。在日常生活中，思维定势可以帮助我们解决每天碰到 90% 以上的问题。

（二）思维定势的消极作用

事实表明，有时候思维定势有时候对问题的解决有较大的负面影响。思维定势的消极作用常常表现为思维活动的惰性、僵化、求同性、封闭性和单向性。当问题的条件发生质的变化时，思维定势会使思考者墨守成规，难以涌现出新思维，作出新决策，造成知识和经验的负迁移。

根据唯物辩证法观点，不同的事物之间既有相似性，又有差异性。思维定势所强调的是事物间的相似性和不变性。在问题解决中，它是一种“以不变应万变”的思维策略。所以，当新问题相对于旧问题，相似性占主导地位时，由求解旧问题所形成的思维定势往往有助于新问题的解决。相反，当差异性起主导作用时，由求解旧问题所形成的思维定势则有碍于新问题的解决。

从思维过程的大脑皮层活动情况看，定势的影响是一种习惯性的神经联系，即前一次的思维活动对后一次的思维活动有指引性的影响。因此，当两次思维活动属于同类性质时，前一次思维活动会对后一次思维活动起正确的引导作用，相反当两次思维活动不属于同类性质时，前一次思维活动会对后一次思维活动起错误的引导作用。

【思考与训练 3—1】

1. 你在学习过程中是否存在思维定势，又是如何克服的？
2. 思维定势有什么积极作用，又有哪些消极作用？

第二节　习惯思维定势

一、习惯思维定势的概念

习惯思维定势是指人们按习惯的、比较固定的思路去考虑问题、分析问题，表现为在解决问题过程中做特定方式的加工准备，阻碍了思维的开放性和灵活性，造成思维的僵化和呆板。这使得人们不能灵活运用知识，阻碍了创新性思维的发展。“习惯成自然”是一种常见现象，几乎人人都有，本质上就是一种习惯思维定势。

被驯化的动物之所以被驯化，原因之一是它们具有习惯思维定势。如，在泰国的驯象场上，有一个奇怪的现象：千斤重的大象，被一条细细的铁链拴得老老实实。为什么大象不挣脱呢？原来驯象人在大象幼年的时候，就开始用铁链拴着它，当时的幼象拼命挣扎也无法挣脱铁链。久而久之，大象习惯了被铁链拴着的状态，即使长大后力量早已翻了几倍，也不再尝试挣脱，甘心受铁链的限制。这就是发人深省的“大象思维”。

案例 3.3　幸存者偏差

1941 年，第二次世界大战中，空军是最重要的兵种之一，盟军的战机在多次空战中损失严重，无数次被纳粹炮火击落，盟军总部秘密邀请了一些物理学家、数学家和统计学家组成一个小组，专门研究“如何减少空军被击落概率”的问题。

当时军方的高层统计了所有返回的飞机的中弹情况，发现飞机的机翼部分中弹较为密集，而机身和机尾部分则中弹较为稀疏。于是当时的盟军高层根据习惯，建议加强机翼部分的防护。

但这一建议被小组中来自哥伦比亚大学的统计学教授沃德驳回了，他提出了完全相反的观点，加强机身和机尾部分的防护。那么，这位统计学家是如何得出这一看似不够符合常识的结论的呢？沃德教授的基本出发点基于三个事实：

第 1，统计的样本只是平安返回的战机。

第 2，被多次击中机翼的飞机，似乎还是能够安全返航。

第 3，在机身和机尾的位置，很少发现弹孔的原因并非真的不会中弹，而是一旦中弹，其安全返航的机率极小，即返回的飞机是幸存者，仅仅依靠幸存者作出判断是不科学的，那些被忽视了的非幸存者才是关键，他们根本没有回来！

军方采用了教授的建议，加强了机身和机尾的防护。后来证实该决策是非常正确的，盟军战机被击落的几率大大降低，这就是“幸存者偏差”故事的来源。

二、习惯思维定势的成因

造成习惯思维定势的原因很多，其主要原因包括关系固定化、性质固定化、思维方式静态化和思维方向固定化。

（一）关系固定化

由于日常生活工作经验常常使人们习惯地把一事物与另一事物的关系固定下来，久而久之，思考时会认为这一事物只与那一事物有关系、有联系，而忽略这一事物与其他事物的关系和联系，从而影响、阻碍问题的解决。

例如，你能否把 4 枚硬币放入同样的三个杯子中，使得每个杯子中硬币的个数都是奇数？如果你在头脑中习惯地认为三个杯子是并列放置的固定关系的话，那么不可能使得每个杯子中硬币的个数都是奇数。事实上，三个杯子中有两个是重叠放置的，这样在重叠放置的杯子中投放 3 枚硬币，单独的杯子中投放 1 枚硬币即可。

有一天，牛津大学的几何学大师道奇森和三个小女孩在泰晤士河里划船，他认为和小女孩们交流最好的办法是讲故事。于是，他发挥出色的想象力，编了一个童话。后来他把这个童话写成了经典童话小说《艾丽丝漫游奇景记》，维多利亚女王被深深地吸引并希望看到他的全部作品。不久，道奇森亲自送去了几卷自己的著作，令维多利亚女王面红耳赤，因为他送去的全是关于几何学的学术著作。女王掉进了关系固定化的习惯思维定势，她按照常识认为童话杰作的作者的其他作品也应该是童话小说。

(二)性质固定化

事物的性质是多样化的,但由于在生活中大多数时候只接触到某种事物的一种性质,而其他的性质被掩盖了。于是,人们头脑中形成这样的定势:一提到某事物,马上想到该事物的这种性质,固执地认为该事物只有这种性质,影响和阻碍问题的解决。

案例 3.4 水上行走

查理宣称,他将在某一天的某一时刻创造一个伟大的奇迹:他在哈得逊河水面上行走 20 分钟而不沉入水里。一大群人聚在一起想目睹这一情景。果然,查理像他说的那样,在河面上行走了 20 分钟,并没有沉入河底。他是怎么做到的?一些没有目睹的人断言这是不可能的。让我们来分析一下,就会大象真白。

把认为不可理解的东西用一句话表述出来:“某一天查理在水面行走了 20 分钟。”分析出这句话的构成元素(词),例如:“有一天”“查理”“水”“行走”等。其次,针对这句话和构成元素提出几个问题进行发散思维。发散思维的问题:

1. 尽可能多地说出这一天是什么样的天气?
2. 尽可能说出查理是个什么样的人?
3. 尽可能说出水有几种状态?

针对第一个问题,答案有:晴天、阴天、下雨天、雾很大、天气很冷、春天、夏天、秋天、冬天等。

针对第二个问题,答案有:平常的人、男人、会轻功、会气功、脚板很大、无轻重的人等。

针对第三个问题,答案有:气态、液态、固态、湖水、海水、淡水、盐水等。

最后,把各种发散思维的结果联系起来,看是否能解决问题。例如,晴天,不能解决问题;下雨天,不能解决问题;冬天,水面结冰,问题解决了。从而认为不可能的人们掉进了习惯思维陷阱——性质固定化,认为河水一直是液态的,忽略了在寒冷的冬季有可能会结上一层厚厚的冰,河水就固态化了,人在河面上行走自然不会沉入水里。

(三)思维方式静态化

任何事物的存在、发生、发展变化过程总是与周围环境紧密联系的,是发展变化的。但人们思考问题时,常常把问题孤立起来,不与其他事物发生联系,或者使之处于静止状态,不用发展的观点来思考问题,结果问题很难得到理想有效的解决。寓言故事“刻舟求剑”就是思维方式静态化的典型事例。

例如,一名逃犯沿着一条乡间公路前行,这时他看见一辆警车迎面驶来。在他逃入森林之前,他径直向逼近他的汽车跑了 10 米。他这么做是为了向警察表示蔑视呢,还是有更好的理由?当你思考不出正当的理由时,请把自己想象成那个逃犯,然后设身处地地重复一下你(逃犯)逃跑时的整个过程。这时,你会想象到你所处的环境是怎样的环境,就能较容易地解决该问题。或者,将你感到有疑问的问题用一句话表述出来:“为什么逃犯要迎着警车跑 10 米才逃入森林?”逃跑方案的形成显然是根据当时逃犯所处的环境而定,由此提出了一个发散思维的问题:“尽可能多地说出逃犯可能处在的地方、周围环境是什么样的?以此为发散点,进行情节发散。这将帮助你解决问题。逃犯这样做的理由一定是,当他发现警车时不可能马上逃入森林,观察前后环境,最好的办法是唯有向前跑几步再拐入森林。所以,逃犯这时可能是在桥上、海堤上,或者一些不能马上拐进森林只有前进 10 米才能拐进森林的路段上。

再如,远洋客轮停泊时,史密斯夫人病得无法离开客轮。中午时分,她床位旁边的舷窗正好在水线上方 7 米。涨潮使水线以每小时一米的速度上升。假设水线的升高速度每小时翻一倍,那么,多长时间水线将与舷窗齐平?如果解答不出该问题,关键就在于你忘记了事物变化的动态过程,以及船与其他事物的关系,忘记了"水涨船高"的道理。

(四)思维方向固定化

人的思维过程常常有一定的习惯性思维方向,接触到一个问题,立刻从习惯的方向去考虑它,这样往往限制问题的解决。

如,两辆汽车相向而行。一辆汽车的速度为每分钟 1 公里,另一辆汽车每分钟 2 公里。假设相距 100 公里,请问相遇前一分钟,它们之间的距离是多少?有人在解决这个问题时其思路是,要计算出它们相遇前一分钟之间的距离,首先要计算出在相遇前一分钟之前时间段内,两辆汽车共同行驶的路程之和,然后用总距离减去它,就等于相遇前一分钟两辆汽车之间的距离。用这种方法要得到答案需要花一定的时间,而且还不一定能得到正确答案。如果改变一下思维的方向,就变得容易多了。要求出相遇前一分钟两辆汽车相距的距离,不就等于一分钟两车行驶的路程之和吗?想到这里,答案就不解自明了:1 + 2 = 3(公里)。由此可见,在解决问题时,如果感觉到用习惯性思维方式解决问题繁琐、复杂且不容易得出答案,就要思考自己的思维方向是否合理,是否可以换一个思维方向来思考。

【思考与训练 3-2】

1. 一位公安局长与一位老头下棋。正下到难分难解之时,跑来了一位小孩,小孩着急地对公安局长说:"你爸爸和我爸爸吵起来了。"老头问:"这孩子是你的什么人?"公安局长答道:"是我的儿子。"请问:这两个吵架的人与公安局长是什么关系?

2. 篮子里有四个苹果,平均分给四个小孩,分到最后,篮子里还有一个苹果。请问,他们是怎么分的?

第三节　线性思维定势

一、线性思维定势的概念

线性思维是指思维沿着一定的线型或类线型(无论线型还是类线型,既可以是直线也可以是曲线)的轨迹寻求问题的解决方案的一种思维方法。线性思维在一定意义上属于静态思维。线性思维是片面、直线、直观的思维方式。而非线性思维是指一切不属于线性思维的思维类型,如系统思维、模糊思维等。

案例 3.5　国王赏不起的米

在古印度有个叫锡塔的大臣，发明了一种棋子，国王百玩不厌，于是决定重赏他。锡塔说："陛下，我只要一点麦子。请您让人将麦子放在我发明的棋盘的六十四个格子内：第一格放 1 粒，第二格放 2 粒，第三格放 4 粒，第四格放 8 粒，第五格放 16 粒……照这样放下去，也就是每格比前一格多放一倍麦粒，直到把六十四个棋格放满就行了。"国王听了哈哈大笑，他觉得锡塔这个人真是有趣，放着金银财宝不要，反而提出这样一个"笨"要求，谷仓里的麦子多着呢，填完六十四个棋格太容易了。于是便传令粮食大臣："答应锡塔的要求，现在就从粮库把麦子拉过来。"在场的每一个人都认为一小袋麦子就能填满棋盘上的十几个方格，一些人甚至忍不住笑了起来。

麦子被拉来后，粮食大臣一粒一粒地填了起来。一粒、两粒、四粒、八粒……一开始，前面的几个方格很快就被填满了，而此时还没有用完一小碗麦子。慢慢地，所用的麦子开始明显多了起来，三十二粒、六十四粒、一百二十八粒、二百五十六粒、五百一十二粒、一千零二十四粒……

随着放置麦粒的方格不断增多，搬运麦粒的工具也由碗换成盆，又由盆换成箩筐。即使到这个时候，大臣们还是笑声不断，甚至有人提议不必如此费事了，干脆装满一马车麦子给锡塔好了！

可不知从哪一刻起，喧闹的人们突然安静下来。因为往第十六个方格内放麦粒时，就需要拿出一公斤的麦子，而到了第二十方格时，则需要满满一手推车的麦粒。如此看来，国王根本无法提供足够的麦子放在棋盘上的第六十四格内。大臣们和国王都惊诧得张大了嘴：即使倾全国所有，也填不满下一个格子啊。

我们虽不知道国王最后怎么收场，但有一点是可以肯定的，锡塔的这一要求，国王是无法满足的。而聪明的锡塔的这一要求，其实就是数学中的几何倍增原理。这个数学模型的可怕之处在于，如果一个数字大于或等于 2，那么按几何级数增加时，其倍增的速率是十分惊人的。

假设把第一个格子的一粒麦子写成 2 的 0 次方，第二个格子写成 2 的 1 次方，第三个格子写成 2 的 2 次方，那么第 N 个格子就可以写成 2 的 N—1 次方。棋盘一共 64 个格子，到了第 64 个格子的时候，需要放的麦粒数就是 2 的 63 次方，即 9223372036854775808 粒，这还只是这一个格子的容量，如果全部累计，则为 18446744073709551615 粒。如果 1000 粒麦子有一克重，那么折算一下，第 64 格就需要放 9223372036 吨麦子，全部装满需要 3600 亿吨麦子，竟然会是一个巨大的天文数字，看来这位国王只有把国家交出来了事。国王按照简单的线性思维，想象出来的结果与事实是严重不符的。

二、线性思维的分类

（一）正向线性思维

正向线性思维是由开始端向结果端做直线性推理的思维方式。我们创造新的事物需要正向思维方式，正向线性思维方式犹如想象搜集利用创造组合新事物的过程，正向线性思维方式增加了搜集利用创造组合新事物的能力。如果你要创造新事物，除了要学习并具备相关的专业知识外，还需要拥有强大的正向线性思维能力。因此，我们有必要在日常的生活中强化自身的正向线性思维能力。

正向线性思维的特点是思维从某一个点开始，沿着正向向前的方向，以线性的方式拓展，经过一个或是几个点，最终达到思维的正确结果。在答题中，也就是最终得到正确的答案。

比如：春意甚浓了，但在北方还是五风十雨，春寒料峭，一阵暖人心意的春风刚刚吹过，又来了一片沁人心脾的冷雨。我在草地上走着，忽然，在鲜嫩的春草上看到一只雪白的蝴蝶。蝴蝶给雨水打落在地面上，沾湿的翅膀轻微地簌簌颤动着，张不开来。它奄奄一息，即将逝去。但它白得像一片小雪花，轻柔纤细，楚楚动人，多么可怜呀！它从哪儿来？要飞向哪儿去？我痴痴望着它，忽然像有一滴圣洁的水滴落在灵魂深处，我的心灵给一道白闪闪的柔软而又强烈的光照亮了。（节选自刘白羽《白蝴蝶之恋》）

请问："一滴圣洁的水滴落在灵魂深处"比喻什么？

这个问题涉及到比喻的修辞手法和句子的含义。要获得最终的答案，就必须从寻找"一滴圣洁的水滴"的本体开始，其本体是指白蝴蝶，再沿着正向的方向向前思考，白蝴蝶的圣洁实际上是指白蝴蝶的洁白之美。继续向前思考，就得搞清楚白蝴蝶的洁白之美与"落在灵魂深处"之间的关系。不难看出，正是因为白蝴蝶的洁白而又坚韧，才打动了"我"的心，从而使我心生珍爱之情。概括起来，就可以得到"由惊叹白蝴蝶的美丽而产生的珍爱之情"，这正是此句的含义，也是整个问题的最终答案。整个思维过程是由比喻的修辞方法开始，到句子的含义结束，始终沿着正向线性发展。如果用图示来表达，就是下面的正向线性思维图：

一滴圣洁的水滴→白蝴蝶→白蝴蝶的洁白之美→落在灵魂深处→打动"我"的心→珍爱之情

（二）逆向线性思维

逆向线性思维是由结果端向开始端做直线性推理的思维模式，我们还原已知事物的产生过程，需要逆向线性思维方式。逆向线性思维犹如拆解分析解读理解还原物品的过程，它增加了拆解分析解读理解还原物品的能力。同时，提高搜集利用创造组合物品的能力，所以有了逆向线性思维的经验，有助于提升自己的正向线性思维能力。如果想要学习先进的技术，进而创造出先进科技的物品，那么就需要拥有强大的逆向线性思维能力。因此，在日常的学习工作中要不断增强自身的逆向思维能力。

逆向线性思维的特点是思维从某一个点开始，如果沿着正向向前以线性方式拓展，无论经过多少个点，最终都难以达到思维的正确结果，那么就朝着相反的方向思考，经过一个或是几个点，从而最终得到正确的思维结果。在答题中，也就是最终得到了正确的答案。

比如：在那段日子里——那是好几年前的一段日子，我想我一定使母亲作过了最坏的准备了，但她从来没有对我说过："你为我想想。"事实上我也真的没为她想过。那时她的儿子，还太年轻，还来不及为母亲想，他被命运击昏了头，一心以为自己是世上最不幸的一个，不知道儿子的不幸在母亲那儿总是要加倍的。她有一个长到二十岁时忽然截瘫了的儿子，这是她唯一的儿子；她情愿截瘫的是自己而不是儿子，可这事无法代替；她想，只要儿子能活下去哪怕自己去死呢也行，可她又确信一个人不能仅仅是活着，儿子得有一条路走向自己的幸福；而这条路呢，没有谁能保证她的儿子最终能找到。——这样一个母亲，注定是活得最苦的母亲。(节选自史铁生《我与地坛》)

这段文字重点写母亲给作者的生存启迪。请问：作者得到怎样的生存启迪？

这个问题考查的是对段落的思想内容的概括。在这个思维过程中，思维的起点应该是作者的境遇，即自己的残疾。如果沿着正向向前思考，只能是由自己的残疾，到自己的不幸，到自己的痛苦，无休止地思考下去，最终也离不开自己，离不开自己的痛苦、不幸、生命没有价值和死亡等等，因而得不到正确的思维结果。既然正向走不通，不妨沿着逆向试一试。要逆向思考，就得由自己而想到别人，在这里与作者最近的别人就是自己的母亲了。自己的痛苦和不幸，带给母亲的又是什么呢？儿子的痛苦和不幸带给母亲的也只能是痛苦和不幸。母亲为什么会因为儿子的痛苦和不幸而痛苦和不幸呢？只因为母亲对儿子有着无私的关爱。如何回报母亲的无私的关爱呢？这就还得回到自己，只有自己不沉溺于自己的痛苦中，从残疾的阴影中走出来，“好好的活着”，以生命的顽强来面对自己的不幸，才能给母亲以宽慰，从而解除母亲的痛苦和不幸。概括起来，得到的启迪就是“不要沉溺于自己的痛苦中，残疾是生命自己的阴影，生命的顽强可以从阴影中走出来”。如果用图示来表达，就是下面的逆向线性思维图：

顽强地生存←回报母亲的无私关爱←母亲的无私关爱

←母亲的痛苦和不幸←自己的残疾、痛苦和不幸

三、突破线性思维定势

(一)多角度迂回思考问题

要突破线性思维定势，需要记住自然界有很多不同的曲线形状，不要做直线假设，要多角度迂回思考问题。很多事物的发展并不是遵循直线规律，而是遵循 S 型曲线、指数曲线、驼峰曲线或者 U 型曲线的规律。没有一个孩子是按照直线的规律长高的，而且也没有父母会认为孩子的身高会无限增长。

(二)善于用系统思维解决问题

系统思维是一种逻辑抽象能力，也可以称为整体观、全局观。简单来说，就是对事情进行全面思考，不只就事论事，是把想要达到的结果、实现该结果的过程、过程优化以及对未来的影响等一系列问题作为一个整体系统进行研究。系统思维是原则性与灵活性有机结合的基本思维方式。系统具有鲜明的整体性、关联性、层次结构性、动态平衡性、开放性和时序性等特征。因此，我们在学习工作中，要善于运用系统思维解决问题。在解决问题时，将面对的事物或问题作为一个整体，作为一个系统加以思考分析，从而获得对事物整体的认识，或找到解决问题的恰当办法。学会系统思维，有助于跳出局限的视野，“站得高，看得远”，系统思考就是在搭建解决问题的框架，奠定一个足够坚实的基础。当你站在一个足够高的基础上，自然可以看得足够的远。

例如，在宋代符详年间，皇宫发生了火灾，需要重新修建皇宫。当时面临的问题主要有三个：在哪里取土？外地材料通过什么方式运送到皇宫？被烧坏皇宫的瓦砾怎么处理？当时宋朝大臣丁渭负责这项工程。为了解决这些问题，丁渭绞尽脑汁，最后想出了一个好办法：在皇宫前面的大街上挖沟取土，这样可以避免到很远的地方取土，效率低并

且成本高。很快，路就被挖成了一条大沟。然后，让汴河决口，将水引进壕沟。于是，各地运来的材料都通过这条水路送进施工现场。皇宫修复后，他又让工匠将瓦砾都填进沟里，重新修成大路。经过这样处理，不仅节约了时间，还节省了经费。正是因为丁渭认真梳理各种关系，系统思考，才取得了最终的成功。

【思考与训练 3—3】

世界之初，“是先有鸡还是先有蛋”这一个让人百思不得其解的古老争论谜题，之所以争论不休，是因为人们常常陷入了线性思维定势。请你尝试给出合理的解释。

第四节　从众思维定势

一、从众思维定势的概念

从众是指个人行为受到外界人群行为的影响，而在自己的知觉、判断和认识上表现出符合公众舆论和多数人的行为方式。

从众思维定势是指人们在行为、感情、态度、思想、价值观等方面不假思索地跟随或服从众人的认知与行为，一切随大流的心理状态。

2011 年，日本核电站发生泄漏事故，引发了韩国海盐的抢购风波。当时在韩国京畿道水原市的一家知名传统市场，海盐已经热卖到脱销。一位店主告诉记者，近期大批韩国主妇都前来抢购海盐，他们几度卖光库存。从社会心理学上分析，这就是典型的“社会惊遁”现象。简单地说，就是看见别人跑自己也跟着跑的非理智的从众行为。

再比如，偶尔在交通十字路口会出现行人集体闯红灯过马路的乱象。闯红灯的人群中，有人是有意闯红灯，而还有一些人闯红灯是受了周围闯红灯人的影响。本来这些人在路口耐心等红灯，一看到有人闯了红灯，便紧跟而上。甚至还会出现一人闯红灯带动一群人跟着闯的现象。很多人并未意识到闯红灯行为背后隐藏的危险，以及对其他交通参与者可能造成的严重危害，仅仅是法不责众和从众心理在作祟。

案例 3.6　天下乌鸦一般黑？

出自《红楼梦》的语句“天下乌鸦一般黑”，或许没有人怀疑它的真实性，事实果真如此吗？据报道，日本琦玉县秩父郡长静汀鸡肉店经理大泽实义的邻居，1987 年 5 月 25 日外出散步时，在路旁的草丛中发现了一只白乌鸦，捉住了它并送给了大泽实义。这只乌鸦的体型和人们通常所见的黑乌鸦没什么两样，只是它全身羽毛雪白，眼睛、嘴巴和两只爪子均呈粉红色，样子非常可爱。它喜欢吃生鱼，喜欢玩水，大泽实义把它当作宝贝养在家里，经常有一些好奇的人前去参观，一睹这只“白乌鸦”的风采。据鸟类专家说，这只乌鸦之所以“与众不同”，可能是由于它的遗传基因发生变异而造成的。无独有偶，据报道在我国的新疆阿尔泰山和湖北神农架也有这种全身雪白的乌鸦。

案例 3.7　毛毛虫实验

法国昆虫学家法布尔曾经做过一个著名的实验，称之为“毛毛虫实验”。把许多毛毛虫放在一个花盆的边缘上，使其首尾相接，围成一圈，在花盆周围不远的地方，撒了一些毛毛虫喜欢吃的松叶。毛毛虫开始一个跟着一个，绕着花盆的边缘一圈一圈地走，一小时过去了，一天过去了，又一天过去了，这些毛毛虫还是夜以继日地绕着花盆的边缘在转圈，一连走了七天七夜，它们最终因为饥饿和精疲力竭而相继死去。法布尔在做这个实验前曾经设想，毛毛虫会很快厌倦这种毫无意义的绕圈而转向它们比较爱吃的食物，遗憾的是毛毛虫并没有这样做。后来，科学家把这种喜欢跟着前面的路线走的习惯称之为“跟随者”的习惯，把因跟随而导致失败的现象称为“毛毛虫效应”。导致这种悲剧的原因就在于毛毛虫的从众思维定势。因此，我们在日常的学习生活中要摆脱毛毛虫效应，不做悲剧的“跟随者”。

案例 3.8　天蝎座一统 IT 业？

曾几何，网络上流传着一个关于天蝎座的传说，天蝎座一统 IT 界：百度李彦宏、腾讯马化腾、联想杨元庆、360 周鸿祎、网易丁磊、搜狐张朝阳、雅虎杨致远、新浪曹国伟等人都是天蝎座。一石激起千层浪，随便打开一本星座指南，基本上对天蝎座的描述都跑不了“坚持、腹黑、求胜”等词汇。看过这个传说之后，令人不禁好奇那些 IT 界风险投资者在选择是不是投资创业公司时，会不会去调查一下创始人或管理团队有多少天蝎座？

仅仅是这样的传说，我们就深信不疑了呢？用数据来验证一下。根据 2011 年统计年鉴推测出星座出生人口数，关于天蝎座的神话就可以用上面数据来解释了。天蝎座数量人数所占比重最大，平均分的话，不论统计哪种情况占比，都应该比其他星座的人数多。

二、从众思维定势的成因

(一)社会学角度——群体的稳定性

作为社会群体的一员，当个体之间存在差异或发生冲突时，为维持群体的相对稳定，要么服从群体中的权威，要么是少数服从多数，与多数人保持一致。因此，这一生存的行为准则，在长期的社会生活中逐步泛化和内化为普遍的社会实践准则和个人行为准则，从而个体普遍表现出从众倾向。

(二)心理学角度——个人的安全感

个人内心都需要归属感和安全感，对孤独的恐惧是普遍的心理。如果与他人不一致，意味着没有归属感和认同感，容易被孤立。因此随大流，以众人的是非为是非，人云亦云，这种同化行为能消去恐惧和孤独的心理，同时也可以保护自己，个人不承担责任。

三、突破从众思维定势

在环境不变的条件下，从众思维定势可以高效选择最具代表性的方法迅速解决问题。但是，在情境发生变化时，它会妨碍人采用新的或特殊的方法处置问题，破坏个体的思维创造性，需要突破从众思维定势。

第一，提高辨别好坏的能力。在创新性思考时，不必过多顾及多数人意见，应当有光荣被孤立的心理准备，在思维和观念上要明白孤立并非坏事。

第二，要养成独立思考的习惯。消除自身主观因素的影响，勇于创新，坚持创新，避免盲从。

【思考与训练 3－4】

一个人走在马路上，突然停下脚步，仰起脸，望着天。后面的人见他如此，便以为天上出了奇怪的事情，于是站在他身后，也跟他一样，仰起脸望天。再后面的人走过来见有两个人在望天，也便停下来一起望天。就这样，望天的人越来越多。望了一会儿，没发现天上有什么异常，有人便问身旁的人："你望什么呢？"那人说："我也不知道。"

"啊嚏！"第一个望天的人打了一个喷嚏，走了。众人恍然大悟，悻悻而去。请问，你在现实生活中，是否遭遇过类似的尴尬，请分享。然后，讨论应该如何克服？

第五节　权威思维定势

一、权威思维定势的概念

权威思维定势就是处理一切问题时，都必须以权威作为判断是非唯一标准的思维习惯、程式，是思维惰性的表现，是对权威的迷信、崇拜与夸大，属于权威的泛化。权威思维定势不是人类先天固有的，而是在后天社会中经历了一个长期过程逐渐建立起来的，是外界权威对人类思维过程的一种制约。

《文学文摘》是 20 世纪 30 年代美国一本著名杂志。从 1916 年到 1932 年，通过抽样连续五届准确地预测了美国总统大选的结果。甚至有人说，与其大费力气投票选举总统，不如直接问《文学文摘》谁当总统就行了！可见，《文学文摘》已成为人们心中的权威。1936 年的选举，《文学文摘》以铺天盖地之势发出了 1000 万份问卷，覆盖了美国 1/4 的选民人口。如此之高的样本量至今都实属罕见。经过认真的统计，《文学文摘》宣布，兰登将以 57%对 43%的比例获胜，当选总统！万万没想到，实际的选举结果与预测大相径庭：罗斯福以 62%对 38%的巨大优势获胜！从此《文学文摘》杂志社一蹶不振，不久只得关门停刊。这也成了史上知名度最高的统计错误。

《文学文摘》出现这样的错误是因为人们在进行抽样时犯了两类错误——选择性偏差和参与性偏差。

科学史上也有不少由于权威思维定势造成与科学发现和发明失之交臂的例子。20 世纪 50 年代初，美籍华裔生物学家徐道觉的助手将错配的低渗溶液倒进胚胎组织，结果发现胚胎在显微镜下，染色体的数目清晰可见。这本是他发现人类染色体准确数目的良机，然而盲目地相信美国著名遗传学家潘特在其著作中提到的既然大猩猩、黑猩猩的染色体都是 48 条，可以推断人类的染色体也是 48 条的错误理论，错失了一次本该属于他的重大发现的机会。

几年后，另一位美籍华裔科学家蒋有兴也采用了低渗技术，终于发现了人类的染色体是 46 条。

盲目相信权威只会带来不良后果，因为权威并非圣贤，他们也会出错。如果盲目相信权威，而不经过自己的思考和判断，那只会把错误扩大化。从创新思维培养的角度来说，人们需要突破旧权威的思维束缚，不需要沿用权威的思路。

二、权威思维定势的成因

权威定势不是人类先天固有的，而是在后天社会中，经历了一个长期过程逐渐建立起来的，是外界权威对人类思维过程的一种制约。

(一)不当的教育方式

在青少年接受教育的过程中，如果家长和老师把固化的知识、泛化的权威观点采取灌输的教育方式传授下去，缺少对孩子进行有效启发，那么就会使教育对象形成了盲目接受知识、盲目崇拜权威的习惯。

(二)权威的强化、泛化

社会上的权威泛化甚至个人崇拜现象广泛存在，在生活、学习、工作中潜移默化地影响着人们。特别是受到的奖励和惩罚，不仅强化着接受来的权威定势，甚至还可以产生一些新的权威定势。

案例 3.9 罗素讲学

1920 年，梁启超邀请英国著名哲学家、数学家罗素来中国讲学。在一次讲学中，听讲的大多数是研究部门的学者。哲学家罗素登上讲台，首先在黑板上写了一个问题“2 + 2 = ?”，接着向听讲者寻求答案。会场上鸦雀无声，他们心里暗暗琢磨：黑板上写的绝不是简单的算术题，大哲学家可能发现了鲜为人知的哲学新观点。尽管罗素一再希望有人将答案告诉他，但是无人贸然回答。当罗素邀请台下一位先生谈谈自己的答案时，这位先生竟面红耳赤、支支吾吾地说尚未考虑成熟。罗素见状笑着说：“2 + 2 就是等于 4 嘛！”。崇尚创新的大哲学家罗素并非在故弄玄虚，而是幽默地告诫人们：过于崇拜权威会使人失于迷信，会束缚人的思想，扼杀人的智慧，在权威面前连简单的事实都分不清楚。

三、突破权威思维定势

在某些情况下，权威思维定势在解决实际问题时可能会获取一定的成功，节省时间和精力。其前提是所立足的权威符合客观实际，遵守客观规律，能够如实地反映客观世界本来的面貌。如果我们不加任何辩证分析，不进行任何实践验证，一味服从权威，就丧失了自信，迷失了自我，阻碍了创新，失去了独立思考的能力。英国皇家学会会徽上铭文写到：“不迷信权威，不人云亦云。”

（一）正确区分权威与权威定势

权威是人类社会不可或缺的，权威是自然形成的，不是人为树立的，破除权威思维定势，不等于全盘否定权威。

日本的小泽征尔是世界著名的音乐指挥家。在他成名之前，有一次去欧洲参加音乐指挥家大赛，决赛前他被安排在最后一位出场。小泽征尔拿到评委给他的乐谱后，稍作准备，便开始全神贯注地指挥起来。

忽然，他发现乐曲中有一点不和谐，开始以为是演奏错了，就让乐队停下来重新演奏，但仍觉得不和谐。

于是，小泽征尔认为乐谱有问题，可是在场的作曲家和评委们却郑重声明，乐谱不会有问题，是他的错觉。

面对几百名国际音乐界的权威人士，小泽征尔也对自己的判断产生了怀疑，但他考虑再三，坚信自己的判断是正确的。于是他斩钉截铁地说："乐谱肯定错了。"话音刚落，评委们立即站起来，报以热烈的掌声，祝贺他大赛夺冠。

原来这是评委们精心设计的一个圈套，以试探指挥家们在发现错误而权威人士又不承认的情况下，是否能坚持自己的正确判断，因为只有具备这种素质的人，才真正称得上是世界一流的音乐指挥家。

小泽征尔突破了权威定势，获得了成功。当然，这种成功还要源于自己的自信心。

（二）正确审视权威

任何权威都是相对的，都只是一定领域、一定阶段的权威，实用性受到时空的限制，没有放之四海而皆准的绝对权威。因此，要敢于大胆怀疑，该权威是不是当下本专业、本领域的权威。

从时间上看，任何权威都只是一定时间阶段的权威，没有永恒的权威。随着时间的推移，过去的权威不断被新的权威取代，今天的权威取代了昨天的权威，而明天的权威又将取代今天的权威。

爱因斯坦曾经说过，正是对经典牛顿力学的质疑精神，才促使他去探索新的时空观，创立了举世瞩目的相对论。

（三）坚持"实践是检验真理的唯一标准"的原理

实践是检验真理的唯一标准，是非对错不是权威或者权威人士决定的。1845 年，马克思就提出了检验真理的标准问题："人的思维是否具有客观的真理性，这并不是一个理论的问题，而是一个实践的问题。人应该在实践中证明自己思维的真理性，即自己思维的现实性和力量，亦即自己思维的此岸性。实践不仅是检验真理的标准，而且是唯一标准。

莱特兄弟研制飞机时，遭到了当时一些权威专家的强烈反对。法国数学家、天文学家勒让德认为，要制造一种比空气重的装置去进行飞行是不可能的。德国发明家西门子也有类似的看法。能量守恒定律发现者之一的德国物理学家赫尔姆霍茨，从物理学的角度论证了飞机要飞上天纯属空想。美国天文学家纽康又根据各种数据做了大量计算，证明飞机甚至根本无法离开地面。但是，莱特兄弟坚持向权威挑战，最终研制出飞机并试飞成功。

【思考与训练 3—5】

1. 如何正确区分权威和权威思维定势?

2. 美籍华裔生物学家徐道觉与发现人类染色体是46条的事实失之交臂,这件事情给你带来了什么启发?

3. 请讨论,在学习、工作和生活中需不需权威?

第六节 经验思维定势

一、经验思维定势的概念

经验是宝贵的,是我们日常学习、生活和工作的好帮手,给我们的生活带来了方便。如果没有经验的积累,人类社会的进步是难以想象的。成功的经验可以帮助人们战胜困难,走出困境。

案例 3.10 老马识途

大家都听说过老马识途的寓言故事,出自《韩非子·说林上》。据记载:管仲、隰朋从于桓公而伐孤竹,春往冬返,迷惑失道。管仲曰:"老马之智可用也。"乃放老马而随之,遂得道。行山中无水,隰朋曰:"蚁冬居山之阳,夏居山之阴,蚁壤一寸而仞有水。"乃掘之,遂得水。以管仲之圣而隰朋之智,至其所不知,不难师于老马、老蚁,今人不知以其愚心而师圣人之智,不亦过乎?

其具体含义是,春秋时期,有一次管仲和隰朋跟随齐桓公出征孤竹国,春天去,冬天回,归途中迷失了道路。管仲说:"可以让老马发挥作用了。"于是让几匹老马在前面走,队伍跟在后面,终于找到了回家的路。走在山里,队伍找不到水喝。隰朋说:"蚂蚁冬天住在山南,夏天住在山北,只要顺着蚂蚁窝向下挖就会找到水源。"果然挖到了水。

像管仲这样能干、隰朋这样聪明的人,也知道要向老马和蚂蚁学习。这个故事告诉人们一个事实,老马是根据以往的经验找到了归途,说明宝贵的经验可以帮助我们找到解决问题的方法。

值得注意的是,经验又有局限性,常常妨碍创新思考,成为创新的枷锁。如果一个人过分依赖经验,并形成固定的思维模式,就会弄巧成拙。

首先,经验具有时空狭隘性。任何经验总是在一定的时间范围内产生的,而且往往也只适应于一定的时空范围,一旦超出这个范围,某种经验是否有效,就要打上一个问号。中国古代的晏子曾说:"橘生于南则为橘,生于淮则为枳。"两者结出的果实相似,但味道却相差甚远,那是由于水土即时空差异造成的。

其次,经验具有主体狭隘性。每一个思维主体,不管经验多么丰富,从数量上看总是有限的,他没有经历过的事物事情总是无穷多的。当他面临自己从没遇到过的事物或者问题的时候,如果单凭已有的经验推断,其结果大多情况下是不对的。而且,有一些问题是不可能亲身经历一番的,如果用已有的经验来分析,往往会导致错误。鲁迅曾在《故乡》中写到,"地上本没有路,走的人多了,也就变成了路。"请问:有人走过的道路真的安全吗？

从前，一个人来到一片沼泽地，犹豫着要不要过去时，他看到了一行脚印，“有脚印，说明有人走过，别人能走，我当然也能走。”于是，他毫不迟疑地顺着那串脚印走进了沼泽。但是，却再也没有走出来。紧接着，第二天又有一个人来到了这片沼泽，他的选择和第一天的那个人一样，结果也没有走出沼泽。然后，第三个、第四个……就这样，脚印引导着一个又一个的人走进沼泽，沼泽吞噬着一个又一个鲜活的生命。

再举一个例子。你手里有一张厚度为 1 厘米足够大的纸张，将它从正中对折一次，纸的面积减少一半，而厚度增加一倍。如果再从正中对折第二次，纸的面积又减少一半，而厚度又增加一倍。这样连续对折 60 次，你能想象一下纸张的厚度吗？

如果你以前从来没有想过或计算过类似的问题，那么，你根本无法想象这张纸对折 60 次之后所达到的令人吃惊的厚度。也许，你能够根据日常经验，随便估猜一个厚度，像一座摩天大楼那样高，或者像珠穆朗玛峰那样高。但是你的“经验性”估猜肯定与真实答案相距千里之外。事实上，真实的厚度大约是 214748 米，是 24 座珠穆朗玛峰的高度。同时，说明事物在变化中积少成多，由量变到质变；任何事情，切忘凭借个人经验，主观臆断。

经验思维定势是指人运用生活的亲身感受、活动的直接体验以及习惯传统观念而进行的非规范化、非模式化的思维活动。其功能主要是认识和把握具体的事物、现象及其外部联系。

案例 3.11　经验主义害死驴

《伊索寓言》中有这样一个故事。一天，一头驴驮着一袋盐，累得气喘吁吁，过河时，驴不小心摔了一跤，跌倒在河里，挣扎了很久才站起来。这时，它非常高兴，因为盐遇水后融化一些，背上的重量轻了。后来，它又驮着棉花过河，根据上次成功的经验，心想再摔一跤，爬起来一定也会轻松许多。于是，驴就故意摔倒在河里，过去了很长时间才准备站起来。结果，由于棉花吸足了水分变得非常重，驴再也站不起来了，结果淹死了。驴悲剧的原因就在于经验。这个例子告诉我们，不要把过去的成功经验直接用于解决当前变化了的问题。经验要因时因事因地制宜，不可生搬硬套。

随着我国城市化进程的加快，交通拥堵已成为制约城市发展的一大顽疾。比如，人们抱怨今天北京又堵车了，北京为什么会堵车，很多人首先想到的是北京车多，这个想法符合我们的经验，听起来也符合逻辑，但是缺乏实际调查论证。

从实际论证的角度来看，我们要研究两个问题：什么是堵车，堵车为什么是因为车多造成的？从表 3.1 中我们可以得到 2018 年八大城市相关数据，计算拥堵指数同其他变量间的相关系数，结果如表 3.2 所示。结果表明：汽车保有量与拥堵指数只有 0.13 的相关性。从而，“堵车因为车多”的经验值得商榷。

表 3.1 2018 年八大城市相关数据

序号	城市	常住人口（万人）	城市面积（平方公里）	汽车保有量（万辆）	拥堵指数
1	北京市	2154.2	16411	307.1	1.917
2	上海市	2423.8	6341	302.2	1.818
3	天津市	1559.6	11917	250.1	1.588
4	重庆市	3101.8	82269	363.2	1.824
5	深圳市	1302.7	1997	265.5	1.467
6	广州市	1490.4	7434	266	1.569
7	武汉市	1108.1	8494	259.2	1.607
8	成都市	1633	14335	420.3	1.503

表 3.2 皮尔逊相关性检验表

指标		拥堵指数
常住人口	皮尔逊相关性	0.779*
	显著性(双尾)	0.023
城市面积	皮尔逊相关性	0.453
	显著性(双尾)	0.260
汽车保有量	皮尔逊相关性	0.130
	显著性(双尾)	0.759
拥堵指数	皮尔逊相关性	1
	显著性(双尾)	

注：表 3.1 中前三列数据来源于 2019 年武汉统计年鉴、2019 年广州统计年鉴和 2019 年成都统计年鉴，第四列数据来源于百度地图。

二、突破经验思维定势

(一)突破时空的狭隘性

任何经验总是在一定时空范围内产生，往往也只适用于特定的时空范围，一旦超出这个范围，这种经验是否有效，需要打上一个问号，三思而后行。面对具有问题要具体对待，在解决问题时，如果用到经验，务必要注意该经验只是在一定时间段内有效。当具体问题出现的时间已经超出该经验的适用时间范围，要慎重选择它。

(二)突破主体的狭隘性

每个思维主体，不管经验多么丰富，从数量上讲一定是有限的，没有经历的事情总是无穷多的。当他面临自己从未经历过的事情或问题时，如果单凭已有的经验去推断，结果大多数是不对的。要认真深入研究古今中外因为经验思维定势的禁锢而影响创新思维的典型案例，逐渐认清机理、规律，从而提高认识和警惕，并为破除经验思维定势的束缚积累必要的资料和经验教训。

(三)没有纯粹的必然性

辩证唯物主义认为,现实世界中的任何事物、任何关系、任何过程都具有必然和偶然的双重属性。必然性总是要通过大量的偶然性表现出来,没有纯粹的必然性。个人的经验在内容上仅仅抓住了常见的东西,忽略了偶然出现的东西。如果仍然用以往的经验来处理,就不可避免地产生偏离和误差。

【思考与训练 3-6】

你在学习生活中,是否存在凭经验做事的经历,应该如何克服?

第七节　书本思维定势

莎士比亚认为,书籍是全世界的营养品。高尔基说:"书籍是人类进步的阶梯。"培根说:"书籍是横渡时间大海的航船。"书本知识对人类所起的积极作用确实是巨大的。书籍是人类知识的总结,引导我们走进人类知识的广阔领域。一本新书像一艘船,带领我们从狭隘的地方,驶向无限广阔的生活海洋。同时,我们也要清醒地看到许多书本知识是具有时效性的,随着社会的发展,有些书本知识会过时,需要更新。所以当书本知识与客观事实之间出现差异时,受到书本知识的束缚,死抱住书本知识不放,就会成为思维障碍,失去获得重大新成果的机会。

经典力学不能解释高速运动的物理现象和微观物理现象,从而出现了量子物理学,其中爱因斯坦提出了相对论。

一、书本思维定势的概念

书本思维定势是指认为一切书本知识都是正确的,必须严格按照书本上所说的去做,不能有任何怀疑或违反的思维模式,这是一种把书本知识扩大化、绝对化、片面化的有害观点。

(一)书本思维定势的表现形式

书本思维定势的表现形式多种多样。通常,主要有认为书本知识是永恒的绝对真理;认为书本知识放之四海而皆准;绝对相信书本知识的著作人等三种形式。

1. 认为书本知识是永恒的绝对真理

书本知识都只是相对真理,而不是绝对真理,都只是人类认识发展到一定阶段的产物,都有时代的局限性。我们对书本知识是否是永恒的绝对真理,需要时刻保持高度警惕。

18 世纪 50、60 十年代,英国的天文工作者勒莫尼亚曾经先后 12 次观察到天王星,但是因为受当时人类认知水平的局限,天文著作中都说土星是太阳系中最外边缘的一颗星,勒莫尼亚受这种观点的禁锢,没有认识到它也是太阳系内的一颗新行星。直到十几年以后的 1781 年,才由英国天文学家赫歇尔突破了这种局限,发现了天王星,这不仅使勒莫尼亚失去了天王星的发现权,也使天王星的发现推迟了近 20 年。两者的差别就在于后者突破了书本思维定势。

2. 认为书本知识放之四海而皆准

书本知识是对客观事物内在本质和一般规律的概括,抽象度高,适用范围广,因此在实践中必须结合具体的情况和条件，具体问题具体分析。如果把它当成教条，一切照搬书本，势必要失败。

案例 3.12　纸上谈兵

纸上谈兵这个故事出自《史记·廉颇蔺相如列传》。战国时期，赵国名将赵奢的儿子赵括，在年轻的时候，读过不少兵书，常常在人们面前谈论作战用兵的事情，即使父亲赵奢也难不住他。很多人认为他很有才能，但是他父亲却认为他夸夸其谈，不能承担重任。长平之战中，之初赵国大将廉颇采用了修筑壁垒坚守的方法。后来，赵王听信了秦国散布的流言，认为廉颇年老懦弱，不能抵挡敌军，就改派赵括代替廉颇。赵括到了前线，死搬兵书上的教条，完全改变了廉颇持久抗战的计划。秦国听到这个消息，换上名将白起，白起先截断了赵军的运粮后路，然后把赵军团团包围。赵军粮绝，多次突围未果，在最后一次突围中，赵括被秦军射死，40 多万赵军尽被歼灭。

案例 3.13　爱迪生测量灯泡容积

有一天，爱迪生将一只破了一个小孔的玻璃灯泡交给了毕业于普林斯顿大学数学系的高才生助手阿普拉，请他算算灯泡体积是多少。阿普拉拿出尺子上下量了又量，并依照灯泡的式样画了草图，然后列出密密麻麻的计算式。几个小时过去了，他也没有计算出来。爱迪生不耐烦了，他拿过玻璃灯泡，沉在洗脸池的水中灌满了水，接着将灯泡内的水咕嘟咕嘟地倒在量杯里，一看量杯读数，对阿普拉说，就是这么多毫升，问题解决了。

由此可见，解决问题要选择正确的方法，方法的选择要根据对问题的具体分析。

3. 绝对相信书本知识的著作人

任何书本的著作者都是具体的人，其生活、实践和认识都有很大的局限，如果认识不到这种局限，以为书本知识都是对的，是不可取的。

案例 3.14　自由落体

最先研究自由落体的是古希腊科学家亚里士多德。他提出：物体下落的快慢由物体本身的重量决定，即物体越重，下落得越快；反之下落得越慢。1800 多年以来，人们一直把这个违背自然规律的学说当成不可怀疑的真理。年仅 25 岁的伽利略根据自己的经验推理，大胆地对亚里士多德的学说提出了疑问。经过深思熟虑，他决定亲自动手做一次实验。他选择了比萨斜塔作为实验场。这一天，他带了两个大小一样但重量不等的铁球，一个重 10 磅，是实心的；另一个重 1 磅，是空心的。伽利略站在比萨斜塔上面，望着塔下。塔下面站满了前来观看的人，大家议论纷纷。有人讽刺说：“这个小伙子的神经一定是有病了！亚里士多德的理论不会有错的！”实验开始了，伽利略两手各拿一个铁球，大声喊道：“下面的人们，你们看清楚，铁球就要落下去了。”说完，他把两手同时张开。人们看到，两个铁球平行下落，几乎同时落到了地面上。所有的人都目瞪口呆了。

这个被科学界誉为比萨斜塔实验的美谈佳话，用事实证明，轻重不同的物体，从同一高度坠落，加速度一样，它们将同时着地，从而推翻了亚里士多德的错误论断。这就是被伽利略所证明的自由落体定律。比萨斜塔试验作为自然科学实例，为实践是检验真理的唯一标准提供了一个生动的例证。

二、突破书本思维定势

孟子说："尽信书，则不如无书。"陆游曾说："纸上得来终觉浅，绝知此事要躬行"说明书本知识正确与否，必须经过实践的检验。突破书本思维定势的基本方法有：

（一）任何科学定理、定律都是一般原理，必须与具体实践相结合，具体问题具体分析，把实践当成检验真理的唯一标准。

（二）对于专业知识既要学习、理解，又要从中跳出来，站在一个更高的层次看清其在现代科学技术体系中所处的地位与作用，避免片面化。

（三）对待任何问题，都应该了解与之相关的各种观点，以便通过比较进行鉴别。

【思考与训练 3—7】

1. 如何理解"知识就是力量"？

2. 我们说的"秃头"，究竟秃到什么程度才叫秃头？一根头发没有固然可以叫秃头，有 10 根算不算？有 100 根算不算？有 500 根算不算？有 1001 根又算不算？请给出"秃头"合理的定义。

第八节　自我中心思维定势

一、自我中心思维定势的概念

自我中心思维定势是指人们想问题、做事情完全从自己的利益与好恶出发，主观武断地不顾他人的存在和感受的一种思维方式。

心理学上，自我中心是指我所看到的一切，也应该是别人看到的一切；我所感受到的一切，也应该是别人所感受到的一切；我的视角，也应该是别人的视角，我就是这个宇宙的中心。

自我中心思维定势形成的原因：在日常的思维活动中，人们自觉或不自觉地按照自己的观念、用自己的目光、站在自己的立场上去思考别人乃至整个世界，由此产生了自我中心的思维定势。

我们人类之所以会有这样的思维方式，从进化的角度来看，在我们的大脑里，思维的中枢叫作前额叶。前额叶是一个进化的器官，在几百万年里，人从动物进化为智人，大脑的体积增加了三倍，而体积增加的主要部分就是大脑的前额叶。但目前其还有进步的空间，还存在很多不成熟的地方。第二个原因和我们所接受的教育、观点有关，作为一个小朋友，总是会被各种人教导，什么是错的，什么是对的，什么好什么坏，这种非黑即白的教导让我们觉得自己认识的世界就是一个单一的世界，我们对它的认知是正确的、客观的，认为心理世界是物质世界的一个镜像。其实，不是这样的，越长大越明白这样的教导是有问题的，但其早已根深蒂固，很难连根拔掉。

（一）自我中心思维定势的的优点

自我中心思维的优点是可以增强自信。不自信的人往往不能或者不敢表达自己的观点和主张。在面对这一情况时，老师或者朋友通常会给这类人群出主意，要勇于表达自己的想法，尤其是在公开场合，比如演讲。通过这样特殊表达自我主张的强化训练，人的自信都会得到极大的提高。

现实生活中如何利用自我中心思维为我们的生产和生活服务呢？但凡有自我中心思维且知识经验丰富者一定是某一个领域的专家，这种特征的人容易成为好的产品经理。比如乔布斯，他对产品性能追求到了极致，超出了苹果绝大多数工程师的忍受极限，这样他才做出了好的产品。

（二）自我中心思维定势的缺点

自我中心思维的缺点是太自我。自我中心思维作出的决策和行为，往往只关注自己的立场，不考虑他人的立场和感受，这样的做法很容易给人留下自我和自私的印象。例如一代枭雄曹操就秉承“宁可我负他人，也不让他人负我”的想法。

自我中心思维的缺点是不利于组织团结。在现代社会中，无论是工作还是生活，都需要各成员相互配合完成共同的使命。在家庭或单位，如果有自我中心太强的人，尤其是自我中心太强的人身居领导位置时，其组织内部往往不团结，其成员的热情被压制，其成员的个性得不到张扬。

有人做过这样的实验：他找来一些人分成 3 组，每组的人由他指定两个两个地传递信息，每两个人得到一套骨牌，其中 A 的骨牌很有规律地排列，B 的骨牌则是乱的，要求 A 告诉 B 如何把他手中的骨牌排成像 A 手中骨牌的顺序，其中各组有不同的规则和限制条件。第 1 组中的 A 可以对 B 说话，但不许 B 回答。实验结束时，小组中的 B 没有一人把排列顺序做对。第 2 组的 B 也不能同 A 说话，但可以按电铃示意 A 重复他的指示，实验结束时，有些小组的 B 把顺序做对了。第 3 组的 A 和 B 可以自由交流，实验结束后，每个 B 把顺序做对了。这组实验说明由于人们的自我中心思维定势极其容易造成人们误解所研究的客观对象。

如果被自我中心思维定势所困，容易造成人与人之间沟通困难，不能勇于承认自己的错误。

二、突破自我中心思维定势

突破自我中心思维定势，既要换位思考，又不能把问题归咎于他人。西方经常有人根据预测在中国、印度和其他发展中国家，二氧化碳的排放量正在增加，就想当然地认为，这些发展中国家的快速发展造成了气候变暖，他们的人民应当降低生活水平来解决这个问题。

2020 年 9 月，习近平主席在第 75 届联合国大会上提出我国 2030 年前碳达峰、2060 年前碳中和目标。同年 12 月在气候雄心峰会进一步宣布提升国家自主贡献的一系列新举措，得到国际社会高度赞誉和广泛响应。2020 年中央经济工作会议明确将做好碳达峰、碳中和工作列为本年度八项重点任务之一。习近平总书记系列重要讲话和党中央决策部署为推动气候环境治理和可持续发展擘画宏伟蓝图、指明道路方向，彰显了我国坚持绿色低碳发展的战略定力和积极应对气候变化、推动构建人类命运共同体的大国担当。

比尔·盖茨的新书《气候经济与人类未来》一书中写到：在解决气候变化和实现"碳中和"问题上，必须践行"共同但有区别的责任"原则，即发达国家先行、新兴国家紧随其后、广大发展中国家跟上。发达国家"一视同仁"地要求发展中国家在同一时间实现"净零"，不科学、也是不公平的。正如盖茨在本书的末尾强调的："富裕国家在2050年之前实现零排放，中等收入国家在2050年之后尽快实现零排放。"

突破自我中心思维定势，需要做到以下三点：

一是觉察意识。人贵有自知之明，学习的好处就是发现自己无知。智力低下者是不知道自己智力低下的，这叫无知。从无知到自知之明，这是知道自己不知道，从而保持谦卑和敬畏。知道自己知道这是觉察，意识就是觉察状态下的觉知，这属于心理状态。从觉察自己到习惯成自然，习惯就是不知道自己知道，其实就是习惯思维定势。这四个阶段，学习非常重要，知道有自我中心思维定势，试着去觉察，觉察那些可以调整的，就是最大的意义。

二是体验记录。心理特点就是要体验，道理则是讲理论或者讲体验，这对于个体来说永远隔着一层，只有心理的体验才是有益的。自我中心思维定势并非不可调控，而是需要加深体验，在体验的基础上取舍，反思"我可以不同意你的观点，但是我誓死捍卫你讲话的权利"。体验的意义在于，自我中心思维来自生活，也必须消除在生活体验中。与此同时，好记忆不如烂笔头，把体验记录下来，可以经常对照，由此发现不同点，方有益处。

三是接纳升华。觉察是基础，体验是途径，只有心理体验才能获得改进的机会。我们都是普通人，自我中心思维定势不可怕，也难以避免，但是能够体验这种模式对于自己的影响，从而先接纳再调适。具体来说，自我意识会产生自利，也会出现自信，从而导致自尊水平的提高。这些都是必然的，适合自己的才是最好的，保持觉察，意识到，体验着，把自我中心主义和他我中心主义结合起来，换位思考，就会柳暗花明。

第九节　突破思维定势的基本方法

一、扩展思维视角

（一）思维视角的概念

人的思维活动不仅有方向、次序，还有起点。在起点上，就有切入的角度，我们把思维开始时的切入角度称为思维视角。

（二）思维视角的重要性

思维视角对创新活动来说非常重要。

1. 事物本身都有不同的侧面，多角度考察就能更加全面地了解事物本身，接近事物的本质。

2. 世界上的各种事物都不是孤立存在的，它们与周围的其他事物有着千丝万缕的联系。观察研究某一未显露本质的事物，可以从与它有联系的另一事物中找到切入点。

3. 事物是发展变化的，发展变化的趋势也有多种可能性。对于某个领域的一些事物，特别是社会生活或专业技术领域里的常见事物，许多人都观察思考过了，所以当重新观察时，要有新的思维视角。

二、扩展思维视角的方法

（一）肯定—否定—存疑

思维的肯定视角是指当头脑思考一种具体的事物或观念的时候，首先设定它是正确的、好的、有益的、有价值的，然后沿着这种视角，寻找这种事物或观念的优点和价值。肯定视角并不新奇，我们天天都在使用。但是，我们往往只对那些公认的"好的""对的""有价值的"东西采用肯定视角。在创新活动中，要对所有的东西先进行一番"肯定视角"地思考。

思维中的否定视角与肯定视角恰好相反。否定也可以理解为"反向"的意思，就是从反面和对立面来思考一个事物或一种观念，把事物或观念认定为错误的、坏的、有害的、无价值的，并在这种视角的支配下寻找这个事物或观念的错误、危害、失败、缺少之类的负面价值。

把事情从反面来考虑或者颠倒过来考虑，会促使我们产生意想不到的创意。比如，吸尘器就是受吹尘器的启发而发明的，就是把吹尘器加以否定的结果。

孟晚舟事件是百年未有之大变局的一个集中缩影，实质是美国试图阻挠甚至打断中国发展进程。美国政府炮制孟晚舟事件，不是出于什么法律原因，其真正目的是要打压中国高科技企业、阻挠中国科技发展，加拿大政府的所作所为就是帮凶。近年来，美国主导的"五眼联盟情报共享体系"异常活跃，这个由美、英、加、澳、新五国建立的情报共享机制，通过秘密合作方式，长期违反国际法和国际关系基本准则，对外国政府、企业和个人实施大规模、有组织、无差别的网络窃密与监听。

面对美国的倒行逆施，我们不仅要敢于斗争，更要善于斗争，特别是要善于运用国际规则维护国家主权、安全和发展利益。在获悉孟晚舟被无理拘押相关情况后，中国政府第一时间提出严正交涉、表明严正立场，并第一时间向孟晚舟提供领事协助，此后，中国政府一直强烈敦促加方释放孟晚舟，切实保障其正当合法权益。中国所作的努力，维护的不仅是一位公民的权利、一家企业的权益，更是在维护中国人民过上更美好生活、国家实现现代化的权利。透过孟晚舟事件，中国人民更加清晰地看到，越是接近民族复兴越不会一帆风顺，越充满风险挑战乃至惊涛骇浪。面对世界百年未有之大变局，我们必须坚定不移走自己的路，百折不挠办好自己的事，实现高水平科技自立自强，把伟大祖国建设得更加强大。

今天，实现中华民族伟大复兴进入了不可逆转的历史进程。未来我们必将在一个更加不稳定不确定的世界中谋求发展。始终站在历史正确的一边，始终站在人类进步的一边，不畏风浪、直面挑战，风雨无阻向前进，就没有任何力量能够撼动我们伟大祖国的地位，没有任何力量能够阻挡中国前进的步伐！

思维的存疑视角是指对于某些事物或者问题，也许一时难以判定，就不应该勉强地"肯定"或者"否定"，不妨放下问题，让头脑冷静一下，过一段时间再进行判定。

(二)自我—他人—群体

1. 从自我视角看,我们观察和思考外界的事物,总是习惯以自我为中心,用我的目的、需要、态度、价值观念、情感偏好、审美情趣等作为“标准尺度”去衡量外来的事物和观念。凡与这个标准尺度相符合的,我们便称之为对的、好的、美的、有用的;凡与这个标准尺度相违背的,我们便称之为错的、坏的、丑的、无用的。

2. 从他人视角看,在思维过程中尽力摆脱“自我”的狭小天地,走出围城,从他人的角度,站在城外,对同一事物或观念进行一番思考,就有可能得出不同的结论,发现创意的苗头。

案例 3.15 请勿用自己的眼光看待别人的幸福

1924 年,20 世纪最具影响力的英国思想家罗素来到中国四川。那时候的中国,正逢军阀割据的时代,战乱频频,山河破碎,民不聊生。当时正值夏天,四川的天气非常闷热,罗素和陪同他的几个人坐着竹轿上峨眉山。山路陡峭险峻,几位轿夫累得大汗淋漓。作为一个思想家和文学家的罗素,此情此景,没有了心情观赏峨眉山的壮美景观,而是思考起几位轿夫的心情来。他想,轿夫们一定痛恨他们几位坐轿的人,这样热的天气,还要他们抬着上山。甚至他们或许正在思考,为什么自己是抬轿的人而不是坐轿的人?

到了山腰的一个小平台,陪同的人让轿夫停下来休息。罗素下了竹轿,认真地观察轿夫的表情。他看到轿夫们坐成行,拿出烟斗,又说又笑,讲着很开心的事情,丝毫没有抱怨天气和坐轿人的意思,也丝毫没有对自己的命运感到悲苦的意思。他们还饶有趣味地给罗素讲自己家乡的笑话,很好奇地问罗素一些外国的事情。他们在交谈中不时发出高兴的笑声。

后来,罗素在《中国人的性格》一文中讲到了这个故事。而且,他得出了一个著名的人生观点:用自以为是的眼光看待别人的幸福是错误的。幸福就是如此,坐轿的人是幸福的,抬轿的人未必不幸福。这个故事也说明凡事不能只是站在自己的立场上想问题,应该转换角色,站在他人的角度去思考。

下面,从庄子与惠子的对话去体会扩展思维视角的重要性。

庄子与惠子游于濠梁之上,庄子曰:儵鱼出游从容,是鱼之乐也,惠子曰:子非鱼,安知鱼之乐?庄子曰:子非我,安知我不知鱼之乐?惠子曰:我非子,固不知子矣,子固非鱼也,子之不知鱼之乐,全矣。庄子曰:请循其本,子曰汝安知鱼乐云者,既已知吾知之而问我,我知之濠上也。

大致意思是,庄子与惠子在濠水桥上游玩。庄子说:“儵鱼在河水中游得多么悠闲自得,这是鱼的快乐。”惠子说:“你不是鱼,怎么知道鱼是快乐的呢?”庄子道:“你不是我,怎么知道我不知道鱼的快乐?”惠子道:“我不是你,所以不了解你;你也不是鱼,本来也不了解鱼。”庄子又道:“请你从最初的话题说起。你说:‘你哪里知道鱼儿的快乐?’你这么问,说明你已经承认我知道鱼的快乐,所以才会问我怎么知道的。我是在濠水岸边,知道鱼是快乐的。”

从这个故事中我们得到的启示是不要总是以自己的眼光去看待他人。

3. 从大我视角看，个体与群体是一个矛盾的统一体，从个体的角度看问题和从群体的角度来问题，最后得出的结论是不完全相同的。摆脱个体“小我”的束缚，站在群体乃至于整个人类的角度来思考，这就是“大我”的视角。它使得我们的视野更加开阔，对当前的事物产生更加深入的理解。

案例 3.16　人类命运共同体

人类命运共同体是中国人站在全球问题和全人类共同命运的视角来提供的中国方案。“建设一个什么样的世界、如何建设这个世界”是人类社会永恒的命题。2015 年 9 月，习近平主席在第七十届联合国大会的讲话中，强调各国携手构建合作共赢新伙伴，同心打造人类命运共同体。2017 年 1 月，习近平主席在联合国日内瓦总部发表演讲，倡导各国共同构建人类命运共同体，坚持对话协商、共建共享、合作共赢、交流互鉴、绿色低碳，建设持久和平、普遍安全、共同繁荣、开放包容、清洁美丽的世界。在世界百年未有之大变局背景下，构建人类命运共同体重大倡议，深刻回答了世界向何处去、人类应怎么办的重大命题，在历史转折关头彰显出璀璨的真理光芒，指引着中国和世界前进的正确方向。构建人类命运共同体，是习近平新时代中国特色社会主义思想特别是习近平外交思想的重要组成部分。

（三）无序—有序—可行

1. 无序视角是指在思维的初期阶段，应该尽可能地打破头脑中的所有条条框框，如法则、规律、定理、守则、常识之类的东西，进行一番“混沌型”的无序思考。

2. 有序视角是指我们的头脑在思考某种事物或者观念的时候，按照严格的逻辑来进行，透过现象，看到本质，排除偶然性，认识必然性。

3. 可行视角是指我们必须实事求是地对观念和方案进行可行性论证，从而保证头脑中的新创意，能够在实践中获得成功。

我们的头脑在思考事物的时候，总要给这个事物下一个定性的判断，并以此来表明我们对它的基本态度。问题在于，我们一旦下了某种判断之后，便把这个判断推展到整个事物的各个方面，而忘记了世界上并没有“纯而又纯”的事物。

（四）今日—往日—来日

所谓往日视角就是考察事物的起源、历史和以往的发展，把握了事物的过去，才能更好地思索事物的当今。这是历史主义的基本原则。今天的事物总是从以往的事物发展而来的，但是，今天和昨天之间的差别有时大到使人难以相信的地步，很难找到两者还是同一种事物的痕迹。

来日视角就是思索事物或观念的未来发展，预测它们的发展方向和发展道路；并用预测的结果来指导我们当今对待它们的态度。在时间无情的流逝过程中，今天将要变为明天，但是它们之间的差别，有时却令人瞠目结舌。

二、超越自我

超越是一种思维方式，这种思维方式就是站在时代的制高点，超越时空的限制，根据对客观规律的正确认识，对事物的发展趋势进行正确的判断，从而作出科学的决策。只有超越才能创新，超越既不能拘泥于现实的墨守成规，也不能脱离实际的凭空想象。超越自我的方法包括:超越理论、超越习惯、超越经验、超越自满和超越现实。

(一)超越理论、习惯

理论是非常重要的,没有理论的实践是盲目实践。但是,任何理论都是一定时代的产物,再正确、再伟大的理论也需要在实践中丰富和发展。

习惯成自然。习惯一旦形成是很难改变的。特别是思维上的习惯,让你不知不觉地就按老一套去办事,思维上的老习惯对于创新是无形的阻力。我们实现思维创新的过程,实际上就是破除和超越习惯的过程。

(二)超越经验、自满、现实

经验是以往阅历与感性认识的积淀和凝结,无疑是很宝贵的。在总结经验的基础上实现创新,是许多有成就的创新者的必由之路。所以,我们应当善于总结自己的经验,也应当善于学习他人的经验。而经验又有时空的局限性,要创新,就要突破这种局限性的束缚。超越经验,实际上就是解放思想、实事求是,打破常规与时俱进。

自满是成功的大敌,也是创新的大敌。超越自满才能知道山外有山、天外有天、强中更有强中手,才能克服自身的缺点和劣势,不断学习、不断实践、不断创新。

创新思维,既要立足现实,又要超越现实。我们需要一种"超前思维方式",不能满足于"应急式"的思维方式。超前思维就是超越现实的思维。

【思考与训练 3-8】

1. 广场上有一匹马,马头朝东站立着,后来又向左转了 270 度。请问,这时它的尾巴指向哪个方向?

2. 有一棵树,树下面有一头牛被一根 2 米长的绳子牢牢地栓住鼻子,牛的主人把饲料放在离树恰好 5 米之外就离开了,牛很快就将饲料吃了个精光。请问牛是怎么吃到饲料的?

3. 有 10 只玻璃杯排成一行,左边 5 只内装有汽水,右边 5 只是空杯。现规定只能挪动两只杯子,使这排杯子变成装有汽水的杯与空杯交替排列。如何移动两只杯子?

4. 有一位推销梳子的推销员来到一座寺庙,看到一位老和尚正聚精会神地练习书法。这时,推销员萌生出试着把梳子推销给和尚的想法。于是,上前对和尚说:"拜佛是不是要心诚?"和尚说:"是的。""心诚是不是需要心存敬意?"和尚说道,要敬。

推销员说:"您看,很多香客从很远的地方来到这里,他们十分虔诚。但是,却风尘仆仆,蓬头垢面,如何对佛尊敬?如果庙里买些梳子,给这些香客把头发梳整齐了,把脸洗干净了,不是对佛的尊敬。你是得道高僧,书法甚是有造诣,如果把您的字刻在梳子上,刻一些平安梳、积善梳送给香客,是不是既弘扬了佛法,又弘扬了书法?"老和尚微微一笑,善哉!就买了 1000 把梳子。

这是一则典型的成功推销案例。请思考,推销员在推销梳子的过程中,进行了怎样的思维视角扩展?

5. 如何从"今日—昨日—明日"的视角扩展思维视角?

6. 为什么说用自己的眼光看待别人的幸福是错误的?

7."子非鱼,安知鱼之乐"给你带来了什么启发?

第四章　创新思维方法

第一节　发散思维

一、发散思维的定义

1967年，美国心理学家吉尔福特在研究智力的三维结构模型时，对创造力所涉及的思维能力进行了研究，指出发散思维是创新思维的核心。他认为，人的创造力主要依靠发散思维。

《龟兔赛跑》是一则耐人寻味的寓言故事，故事中塑造了一只骄傲自满的兔子和一只坚持不懈的乌龟。这个故事告诉大家一个道理：虚心使人进步，骄傲使人落后，只有踏实认真地做事情，不要半途而废，才会取得成功。跑得快的兔子最终却输了比赛，人们一直认为是因为它骄傲自满、过度自信。现在，让我们脑洞大开，想象一下，会不会是其他原因导致兔子输了比赛呢？比如说，会不会因为乌龟使用高科技所以才赢得了比赛呢？或者是因为乌龟带上了老虎，恐吓兔子从而赢得了胜利？或者是因为乌龟用胡萝卜诱惑兔子，使兔子放弃比赛？或者是因为兔子太贪吃，吃了特别多的胡萝卜导致体重增加而跑不过乌龟？或者是乌龟这次比赛的对象是一只年老衰弱、脚力不好的老年兔子？或者是兔子在比赛的过程中被老鹰盯上，为了逃命而被迫出局？亦或者是因为这只兔子的孩子比较多，在比赛中要分心照顾孩子？

发散思维又称辐射思维、放射思维、扩散思维或求异思维，是大脑在思维过程中，以某一问题（信息）为中心，沿着不同方向、不同角度、不同方式向外扩散，充分发挥想象力，重组眼前和记忆中的信息，产生出多种设想或答案的一种思维方法。

从本质上看，发散思维就是从一到多，犹如光源向四面八方辐射光线一样或洒水壶喷水类似的思维方式。如“一题多解”“一事多写”“一物多用”等都属于发散思维方式。

宋代苏轼所写的《题西林壁》：“横看成岭侧成峰，远近高低各不同。不识庐山真面目，只缘身在此山中”就是发散思维的真实写照。

二、发散思维的特征

发散思维具有流畅性、灵活性、独特性三个特征。

（一）流畅性

哲学家查提尔曾说：“当你只有一个主意时，这个主意就太危险了。”流畅性是指在尽可能短的时间内生成尽可能多的思维火花，产生尽可能多的方式和方法，表达出尽可能多的思想和观念。流畅性反映的是发散思维的速度，即单位时间内的量。流畅性也可以看作是发散思维“量”的指标，衡量发散思维的数量特征，也是基础。发散思维的流畅性主要包括字词流畅性、图形流畅性、观念流畅性、联想流畅性、表达流畅性等。

1. 字的流畅性

如，请问在“十”字上最多加三笔可以构成哪些新字，构成的新字越多越好？加一笔可以得到干、千、土、士等字；加两笔可以得到王、木、于、午等字；加三笔可以得到本、禾、术、玉、主、末、未、甘等字。

2. 词的流畅性

请尽可能多地写出含有“马”字的成语。例如，可以写出如下的成语：

马到成功	马不停蹄	马首是瞻	马马虎虎
信马由缰	一马当先	天马行空	万马奔腾
龙马精神	走马观花	一马平川	汗马功劳
车水马龙	蛛丝马迹	人仰马翻	牛头马面
兵荒马乱	猴年马月	车尘马迹	人强马壮
塞翁失马	厉兵秣马	害群之马	金戈铁马
悬崖勒马	招兵买马	心猿意马	指鹿为马

3. 观念的流畅性

问：什么“狗”不是狗？　　什么“虎”不是虎？

什么“虫”不是虫？　　什么“书”不是书？

什么“鱼”不是鱼？　　什么“池”不是池？

答：热狗不是狗　　马虎不是虎

懒虫不是虫　　秘书不是书

木鱼不是鱼　　电池不是池

（二）灵活性

灵活性就是克服个体已有的思维框架和思维定势，按照某种新视角、新观念、新途径来思索问题的思维特征，是发散思维“质”的指标，也是思维发散的关键。灵活性也指知识运用上的灵活性，观察问题的多层次、多视角。

灵活性需要借助横向类比、触类旁通等方法，使思维沿着不同的方面和方向扩散，从而表现出思维的多样性和多面性。

哥伦布是一个伟大的航海家，发现了美洲大陆，他还有个相比于航海家的成就而算不上成就的小成就——竖起了生鸡蛋。传说在一次宴会上，哥伦布把一枚生鸡蛋放在桌子上，问谁能把它竖起来？许多人都尝试把鸡蛋竖起来，但没有一个人成功，鸡蛋最后又转回到哥伦布手中。这时，他把鸡蛋的一端轻轻磕了一下，鸡蛋就竖起来了。哥伦布竖立鸡蛋的方法着实很简单，无非是磕了个小口而已，但是很多人却没想到。为什么？因为这不是常规思维，而是一种创新思维——发散思维。那么，请问还能用什么方法竖起生鸡蛋？

1. 高度集中注意力，如果手法精准，徒手就可以将鸡蛋竖立在桌子上。

2. 用力摇晃，把蛋黄摇散，鸡蛋的重心会下移，由物理学知识知鸡蛋也可以竖立起来。

3. 选择合适的时机。据史料记载早在4000年前，中国就有了春分立蛋的传统，当时是为了庆祝春天来临。天文学家介绍说,首先春分这一天最容易把鸡蛋竖起来,其中蕴合着一些科学道理。因为春分是南北半球昼夜均等的日子,呈 66.5 度倾斜的地球地轴与地球绕太阳公转的轨道平面刚好处于一种力的相对平衡状态,有利于竖立鸡蛋。其次,春分正值春季的中间,不冷不热、花红草绿、人心舒畅、思维敏捷、动作利索,也易于成功竖立鸡蛋。

4. 找合适的支持面。由于鸡蛋在玻璃、光滑的金属或塑胶片上是不容易竖立起来的,尝试用一小撮盐增加摩擦力,然后对着吸管吹起,将鸡蛋四周的盐轻轻地吹走,鸡蛋就立起来了。

5. 挑选一头大一头小的鸡蛋,将大头朝下,这样重心会比较低,就像不倒翁一样,容易保持平衡,也可以竖立起来。

(三)独特性

独特性也称为独创性、求异性,是指人们在思维过程中作出不同寻常的新奇反应的能力,形成自己与众不同的独特见解。独特性是发散思维的最高目标,是在流畅性和灵活性基础上形成的发散思维的高级层次。没有发散思维的流畅性和灵活性,就没有它的独特性。实际上,要达到思维的流畅和灵活,就需要广博的知识以及多方面的生活经验,知识和经验为发散思维的独特性创造了条件。实践也证明,凡在历史上作出独特贡献的人都具有思维的流畅性和灵活性的特点。试想,遇事不能变通、不能从多方面去考察,人的思维就会褊狭、固执,何谈独特性;而没有独特性,常规思维下的行为,也不会有大作为。

思维的流畅性、灵活性、独特性是发散思维必须具备的特点,是事业有成者必须具备的素质。由流畅性到灵活性再到独特性,思维活动就进入了创新的高级阶段。

案例 4.1 “惩罚”也可以美丽动人

英国皮亚丹博物馆收藏了两幅画,一幅是人体骨骼图,另一幅是人体血液循环图。说起这两幅画,背后还有一个动人的故事。原来,这两幅图画是当年一个叫麦克劳德的小学生创作的。麦克劳德上小学时是学校出名的调皮捣蛋鬼。一天,他正和小伙伴们玩耍,偶然发现校长那只心爱的小狗正摇头摆尾地溜达过来。看着这只灵巧可爱的小狗,麦克劳德突发奇想,想看看动物的内脏究竟是什么样子的。于是,几个天不怕地不怕的孩子一起把狗杀了。校长得知后很生气,把麦克劳德叫来,问道:“你为什么要杀那只可爱的小狗?”“我想看看它的内脏是什么样子”,麦克劳德小心地说道。看着麦克劳德低下的头,校长想知道这孩子真是想看看狗的心脏是什么样子,还是在骗他。“那你一定用心看了?好,你就画一幅狗的骨骼图和血液循环图给我吧”。麦克劳德自知罪责难逃,他只好找来了许多画狗和介绍狗的书籍,认真研究起来,狗的心脏在哪里?它的胃又是怎样的?它有几组肋骨?……看着看着,他对解剖产生了兴趣,真的画好两张图样交给校长。校长见他认错态度诚恳,图形画得认真、出色,决定不再追究杀狗事件。麦克劳德后来成了有名的解剖学家。校长这种意味深长的“惩罚”体现了思维的灵活性和独特性,恰如黑夜中的一盏明灯,给麦克劳德指明了前进的方向。

流畅性、灵活性、独特性三个特征彼此相互关联。思维的流畅性是产生其他两个特征的前提,灵活性是提出具体独特性新设想的关键。而独特性是发散思维的最高目标,是在流畅性和灵活性基础上形成的,没有发散思维的流畅性和灵活性,也就没有其独特性。

我们来做一个发散思维小测试,请问下列等式在什么情况下成立?

1 + 1 = 1　　　2 + 1 = 1　　　3 + 4 = 1

4 + 6 = 1　　　5 + 7 = 1　　　6 + 18 = 1

其实,我们可以在数字后面添加适当的量词,就能使得等式成立。

1(里) + 1(里) = 1(公里)

2(月) + 1(月) = 1(季度)

3(天) + 4(天) = 1(星期)

4(两) + 6(两) = 1(斤)

5(月) + 7(月) = 1(年)

6(小时) + 18(小时) = 1(天)

三、发散思维的要点

(一)充分发挥想象力

发散思维和想象思维是密不可分的,向四面八方任意地展开想象,就是发散思维。要想培养发散思维,就要提供一个能充分发挥想象力的空间与契机,有机会"异想天开",心驰神往。奇思妙想是产生创造力的不竭源泉,如妈妈不停地追问女儿关于"鱼"的吃法,就是发散思维训练的典型实例。

(二)跳出逻辑思维圈

思维定势往往会成为开拓创新的"思维枷锁",阻碍新思路、新方法的构建和新知识的吸收,故思维定势与创造性思维是互相矛盾的。跳出逻辑思维圈是进行发散思维的首要行动。

(三)大胆质疑

明代哲学家陈献章说:"前辈谓学贵有疑,小疑则小进,大疑则大进。"质疑能力的培养对启发思维发展和创新意识具有重要作用,质疑常常是培养创新思维的突破口。大胆怀疑权威、书本,勇于发表独特见解,是提升发散思维能力的重要环节。

四、发散思维的训练

发散性思维是一种生成性思维或产出性思维,当一个任务或问题需要产生出创意的时候,如针对曲别针的用途,首先要做以下三件事:你能想出多少种(表现思维的流畅性)?还有其他不同的想法吗(表现思维的灵活性)?能想到别人想不到的吗(表现思维的独特性)?

发散思维使人思路活跃、思维敏捷,办法多而新颖,考虑问题周全,能提出许多可供选择的方案、办法以及建议。特别能提出一些别出心裁甚至出乎意料的见解,使问题奇迹般地得到解决。为了提高发散思维的能力,人们可以从材料发散、形态发散、结构发散、关系发散、功能发散、方法发散、因果发散、规则发散等八个方面进行训练。

（一）材料发散

材料发散是指以某种物品作为“材料”，以该“材料”为发散点，尽可能多地设想它的多种用途。材料发散方法的焦点在于发散对象的材料，通过该材料的常见用途，思考其他不同用途，达到发散的目的。比如，请尽可能多地列举砖头的用途？考虑建筑材料，可以用于盖房子、铺路面；从砖头的重量思考，可以用来压纸，做砝码或者当作哑铃；从砖头的固定形状来看，可以当成尺子、多米诺骨牌；从砖头的颜色方面想，可以在水泥地上画画、压碎成红粉做指示牌；从砖的硬度思考，可以用作支书架、磨刀。

最原始的镜子，自然就要算水面了。中国有一句俗语：“水平如镜”，说的就是清澈的水域，如果没有风吹动它时，水面平坦如镜。后来，我们的祖先开始使用青铜镜，人们先将青铜铸成一面圆盘，然后再经过打磨，把它磨得又平整又光洁，可照出人影来。现在，人们使用的镜子，早已是平整、明亮、又不会生锈的玻璃镜子。从镜子的发展过程来看，就是对制作镜子的材料不断进行思维发散的结果。

案例 4.2　曲别针的用途

在一次创造力开发研讨会上，面对台下诸多创造思维能力很强的同仁，应邀参会的日本创造力研究专家村上幸雄，捧来一把曲别针（回形针），说自己知道曲别针有300多种用途。人们听了不由得对村上的敏捷思维表示敬佩，但也有人不信，向村上投来质疑的目光。

轮到许国泰发言时，他一张嘴四座皆惊：“昨天，大家和村上讲的用途可用四个字概括，这就是钩、挂、别、联。要启发思路，使思维突破这种格局，最好的办法是借助于简单的形式思维工具——信息标与信息反应场。他把曲别针的总体信息分解成重量、体积、长度、截面、弹性、直线、银白色等10多个不同要素，再把这些要素，用根标线连接起来，形成一根信息标。然后，再把与曲别针有关的人类实践活动要素相分析，连成信息标，最后形成信息反应场。这时，现代思维之光射入的这枚平常的曲别针，马上变成了孙悟空手中神奇变幻的金箍棒。他从容地将信息反应场的坐标，不停地组合变化，通过两轴推出一系列曲别针在数学中的用途。如，把曲别针分别做成1、2、3、4、5、6、7、8、9、0，再做成加、减、乘和除的符号，用来进行四则运算，运算出数量，就有1000万、1万万……

（二）形态发散

形态发散是以某种事物的形态，如形状、颜色、音响、味道、气味、明暗等为发散点，设想出利用某种形态的各种可能性。人们通常通过五官，眼睛看到的形状、颜色，耳朵听到的声音，舌头尝到的味道，鼻子闻到的气味对事物的形态加以判断，设想出该形态的新用途。请尽可能多地列举出红颜色的物品？如，红灯、红墨水、红印泥、红围巾、红星等。

（三）结构发散

结构发散是以某种事物的结构为发散点，设想出利用该结构的各种可能性。请尽可能多地列举出“立方体”结构的物体？如，工具箱、行李箱、收纳盒、收纳凳、包装盒、水立方、火柴盒、集装箱、保鲜盒等。

(四)关系发散

关系发散是以某种事物为发散点,尽可能多地设想这种事物与其他事物之间的各种联系。请尽可能多地列举出自然界的哪些事物与太阳有关系?如,花、草、树、木、鸟、兽、虫、鱼等一切生物,水、火、土、石等一切大自然物质,风、云、雨、雪、春、夏、秋、冬等一切大自然现象都与太阳有关系。

例如,西汉时期的孙宝担任京兆尹,一次在路上遇见一位进城的农民撞碎小商贩的油馓子,一筐油馓子全掉在地上。农民只认赔 50 个,小商贩坚持要索赔 300 个,双方争得不可开交,围观的众人束手无策。孙宝叫人买来一个油馓子,称好重量,然后再称出地上碎馓子的重量,计算出馓子的准确数字,让农民赔偿。双方接受,众人佩服。孙宝正是发现个体与整体之间存在某种数量关系,公正地解决了纷争。

中国文字博大精深,即使是相同的文字,改变它们的顺序关系,表达的意思却截然不同。例如,我们从"一切为了孩子、为了孩子一切、为了一切孩子""给生命以时间、给时间以生命"就可见一斑。

(五)功能发散

功能发散是以某种事物的功能为发散点,设想出实现该功能的各种可能性。功能发散的关注点在于事物的功能运用,在事物的原有功能范围之外进行拓展,增加其使用性。可以这样思考:怎样才能达到取暖的目的?怎样才能达到降温的目的?怎样才能使脏衣服去污?怎样才能达到休息的目的?怎样才能达到锻炼身体的目的等?

1930 年末,"高斯号"探险船来到了南极。这时正好下了一场特大的暴风雪,气温下降到零下 60 度左右,船被冻结在一望无际的冰原上,无法挪动一步。船员们先用铁锤、锯子去砸冰、锯冰,后来又用炸药去炸冰,但都无法打开一条通道来。

这时一个船员向船长建议,把黑炭、煤屑、垃圾撒到船周围的冰上,让它们吸收阳光,温度升高把冰融化。船长听后觉得有道理,就发动全体船员把所有的黑炭、煤屑、垃圾都运到冰上,足足铺了 2000 米长,一直延伸到只结了一些薄冰的海面上。

南极从 9 月就开始没有黑夜了,太阳始终悬挂在天空。这 2000 米的冰带吸收了太阳的热量就逐渐地化掉,从而开辟了一条通道,"高斯号"顺利脱险。

(六)方法发散

方法发散是以人们解决问题或制造物品的某种方法为发散点,设想出利用该种方法的各种可能性。如,说出用"吹"的方法可能做的事情或解决的问题:吹气球,吹蜡烛,吹口哨,吹笛子等。再如,请尽可能多地列举出用"摩擦"的方法可以做哪些事情或解决哪些问题:生火,起电,打磨,去污等。

日本有一厂家生产瓶装味精,质量好,瓶子内盖上有四个孔,顾客使用时只需甩几下,很方便,可是销售量一直徘徊不前。全体职工费尽心机,销售量还是不能大增。后来一位家庭主妇提了一条小建议,厂方采纳后,很快销售量提高了近四分之一。那位主妇的小建议是:在味精瓶的内盖上多钻一个孔。由于一般顾客放味精时只是大致甩个两三下,四个孔时是这样甩,五个孔时也是这样甩,结果在不知不觉中多用了近 25%。

再比如,一根绳子从头烧到尾,需要 1 小时。现在,有若干条材质相同的绳子,如何用烧绳的方法来计时 1 小时 15 分钟呢?可以这样思考:一根绳头尾同时燃烧需 30 分钟。同时燃烧两根绳,一根烧一头,一根烧两头。当烧两头的绳燃尽时,将烧一头的绳的另一头也点燃，那么15分钟燃尽。同时，再燃烧一根绳，头尾同时点燃，燃尽需30分钟。这样耗时1小时15分钟。

有一条水很深、河面很宽的河，要设法到河的对面去，运用发散思维，你能想出哪些办法？如，游过去；乘船过去；架桥过去；沿河向上或向下找河面窄、水浅的地方涉水过去；骑在牛一类的动物的身上过去；乘竹筏、木桶之类的东西划过去；乘气球过去；乘直升机过去；修水下隧道过去等等方法。

（七）因果发散

因果发散是以某种事物发展的结果为发散点，推测造成该结果的各种原因，或以某种事物发展的起因为发散点，推测可能发生的各种结果。如，请尽可能多地列出语文学习成绩好的各种可能的原因。可以是勤奋、感兴趣、爱阅读、重视、爱写作、老师好、提高其他学科成绩、提高自己的表达能力等原因。

有句话叫“老鼠过街，人人喊打”，可见人们对老鼠的痛恨。那么，老鼠真的对人只有危害吗？其实不然，老鼠对人类作出了许多贡献。全世界每年医学研究需要4亿多只动物，老鼠占90%。近年来在老鼠身上试验并发明了一种新药，使心脏和肝脏移植手术成功率大幅度提高，挽救了千万人的生命。

1999年9月我国台湾中部的医生发现，人群中出现了许多脱发症患者，这是为什么呢？医生百思不得其解。后来细心的心理学家发现了隐蔽的因果关系。脱发是一种生理反应，其直接原因是失眠、心悸、恶心、厌食等心理反应，引起心理反应的原因是悲痛。为什么会悲痛呢？因为失去了亲人，导致失去亲人的原因是9月份在附近发生了7.6级的地震。

（八）规则发散

规则发散是以某种既定的规则为发散点，跳出常规，使用新的规则想问题。请问“1＋1”等于几？按照十进制加法，结果等于2；按照二进制加法，结果等于10；按照社会规则，其结果可能等于0（两个和尚没水吃），还有可能大于2（合作共赢，互惠互利）。

【思考与训练4－1】

1. 在我们身边有没有运用发散思维成功跨界的企业案例或个人成长的跨界英雄？请思考并举例。

2. 习近平总书记在党的二十大上作报告，郑重概括了“十年来，我们经历了对党和人民事业具有重大现实意义和深远历史意义的三件大事：一是迎来中国共产党成立一百周年，二是中国特色社会主义进入新时代，三是完成脱贫攻坚、全面建成小康社会的历史任务，实现第一个百年奋斗目标。请你用发散思维的方法来分析一些贫困村、贫困县是如何通过创新的方法成功摘掉贫困帽子的。

3. 左边3支铅笔，右边5支铅笔。你能想出什么办法，使左右两边的铅笔同样多？

4. 你希望学校的“一卡通”具有哪些功能？

5. 请在15分钟以内完成下列题目：

（1）太阳有什么缺点？说得越多越好。

（2）椅子具有哪些用途？说得越多越好。

（3）汽车和自行车在哪些方面是相似的？说得越多越好。

(4)请用 4 根火柴拼图,拼出的图形越多越好。

(5)用黑颜色涂料可以做什么?答案越多越好。

6. 请在 15 分钟以内完成下列题目:

(1)什么东西是三角形的?答案越多越好。

(2)哪些地方有香味?答案越多越好。

(3)用胡椒粉可以做什么?答案越多越好。

(4)水有哪些什么缺点?说得越多越好。

(5)船有哪些什么缺点?说得越多越好。

(6)报纸有哪些用途?答案越多越好。

(7)订书机有哪些用途?答案越多越好。

7. 写出与下列事例相类似的事物:

(1)闸门可以控制水流。

(2)剪刀能够分割布料。

(3)洗洁精能够清除油污。

(4)雪可以掩盖足迹。

8. 阅读下列材料,按要求训练。

"对手是什么?有人说,对手是要战胜的对象,要想尽办法击垮他或她;有人说,对手是竞争的伙伴,要在竞争中共同发展;有人说,对手是要攀登的高山,山越高,征服它就越能体现自身的价值;有人说,对手是论坛上的辩友,失去了一方,另一方也会失去意义……"请以"对手"为话题,进行多个不同思维角度的立意,试写出一篇不少于 800 字的文章。

第二节　收敛思维

一、收敛思维的概念

(一)收敛思维的定义

收敛思维也称集中思维、辐合思维、求同思维或聚敛思维,指人们为了解决某一问题而调动已有的知识、经验和条件去寻找唯一可能的答案。为获得正确答案,要求每一思考步骤都指向这一答案,从不同的方面集中指向同一个目标去思考。其着眼点是由现有信息产生直接的、独有的、为已有信息和习俗所接受的最好结果。

(二)收敛思维的作用

收敛思维主要具有四个方面的作用。第一,训练分类能力。按不同的标准将事物分门别类,并训练从不同角度,按不同标准作多种划分。第二,训练鉴赏能力。学习鉴别、分析、比较、欣赏某些事物,并逐步提高自身的鉴别与欣赏能力。第三,训练判断能力。培养主体意识,养成独立思考、独立判断和自己下结论的好习惯。第四,训练选择能力。培养主体在多种可供选择的对象中,根据实际情况,作出合理的选择。

二、收敛思维的特征

收敛思维重视理论的逻辑推理和实践的检验,要求实事求是,符合客观事实。它具有概括性、方向性、合理性等特征。

（一）概括性

收敛思维的概括性体现在两个方面。一方面，对某个事物进行观察、分析、整理。删除一些表面的、细枝末节的信息，从整体上把握事物，概括出事物的本质特征，换一句话讲，就是“去粗取精，去伪存真”。另一方面，对彼此有关联的不同事物进行归纳、综合、总结，从事物的联系中抽取共性，概括出同类事物的本质特征，也就是“去异取同，去毛存皮”。如，从飞机、汽车、摩托车、电车中找出与其他事物不同的一类。因为电车消耗的是清洁能源电能，飞机、汽车和摩托车都是消耗不可再生能源汽油，从而答案是电车。

再比如，奥运圣火女祭司的服装是从古希腊时期多立安人和爱奥尼亚人的服饰，经过收敛思维概括处理后设计、加工出来的直筒、高腰，自然的白色，垂直的褶皱，斜向交叉的胸带的服装。

（二）方向性

如果说发散思维的思考方向是以问题为中心指向四面八方，具有开放性。那么，收敛思维则把许多发散思维的结果由四面八方集合起来，选择一个合理的答案，具有封闭性。

（三）合理性

合理性是收敛思维的宗旨。收敛思维要求寻找最满意的答案，办法、方案必须符合客观真理。从客观实际出发，搜集大量的事实材料，进行分析、综合、抽象、概括，揭示客观事物的本质及其规律，然后对得出的结论进行实践检验，一旦发现同检验的事实不相符，即返回到问题的起点重新进行认识。它要求实事求是，杜绝想象、联想等各种非逻辑方法。

案例 4.3　林肯智擒伪证人

亚伯拉罕·林肯是美国的第十六位总统，他在就任总统前，当过律师。阿姆斯特朗是林肯的一位已故好友的儿子，为人正直、善良，却被诬陷为谋财害命的罪犯。全案的关键在于原告方的证人福尔逊，他在法庭上发誓说：10 月 18 日晚，他在草堆后面，在明亮的月光下，清清楚楚地看见阿姆斯特朗躲在大树后面向被害人开枪射击，打死了被害者。林肯坚信阿姆斯特朗是无辜的，他在查阅了有关档案后，又实地考察了被害者遇难现场，然后以被告律师的身份要求法院开庭复审。

经过询问，林肯微微一笑，不慌不忙地说：“你的证人福尔逊先生口口声声说他在明亮的月光下清清楚楚地看到了阿姆斯特朗的脸，可是，请不要忘记，10 月 18 日那一天是上弦月，在十一点的时候，它早已下山了，福尔逊先生是如何看到明亮的月光和阿姆斯特朗的脸的呢？退一步来说，即使是福尔逊先生把时间记错了，月亮还在天上，但在那个时候，月亮是在西天上，月光是从西照射向东的，大树在西面，草堆在东面，被告阿姆斯特朗如果真的是在大树后面，面向草堆，他的脸上是不可能有月光的，福尔逊先生怎么能看到月光照在被告的脸上并认出被告呢？”

林肯凭借聪明才智，揭穿伪证人的卑鄙行径，为无辜的阿姆斯特朗洗去了耻辱，也为自己赢得了声誉。这个案例也充分体现了收敛思维的三大特征。

三、收敛思维与发散思维的关系

从一个相对完整的思考过程的角度看，发散思维与收敛思维是创新过程中相辅相成的统一体，既有区别，又存在着密不可分的联系。

（一）思维方向相反

收敛思维是由四面八方指向问题的中心，发散思维是由问题的中心指向四面八方。

（二）作用不同

收敛思维是一种求同思维，要集中各种想法的精华，对问题进行系统全面地考察，为寻求一种最有实际应用价值的结果把多种想法理顺、筛选、综合、统一。发散思维是一种求异思维，为在更加广阔的范围内搜索，要尽可能地放开，把各种不同的可能性都设想到，使人的思维极限尽量放宽，更利于在空间上的拓广和时间上的延伸。

（三）辩证统一

没有发散思维的广泛收集资料、方法、设想，收敛思维就没有了加工对象。反过来，没有收敛思维的认真整理，精心加工，发散思维的结果再多，也不能形成有意义的创新结果，就成了废料。只有两者协同动作，交替运用，一个创新过程才能圆满完成。

收敛思维与发散思维各有优缺点，在创新思维中相辅相成，互相补充。只有发散，没有收敛，必然导致混乱。只有收敛，没有发散，必然导致呆板僵化。因此，在创新思维中一般先发散后收敛。

四、收敛思维的训练

收敛思维的方法是综合运用分析、比较、概括、论证、判断、归纳等各种思维方式，从而得出最合理的答案。常见的收敛思维方法主要有目标确定法、间接注意法、分析综合法和聚焦法。

（一）目标确定法

目标确定法是指通过搜寻的目标，进行认真观察和思考，发现事实，提出看法，并作出判断。找出其中关键的因素，围绕目标进行收敛思考。目标确定关键在于从众多影响因素中，找到关键目标。学者德波诺认为，这个方法就是要求“搜寻思维的某些现象和模式”，其要点是，确定搜寻目标，进行观察并作出判断。通过不断地训练，促进思维识别能力的提高。

目标的确定越具体越有效，不要确定那些各方面条件尚不具备的目标，这就要求人们对主客观条件有一个全面、正确、清醒的估计和认识。目标也可以分为近期的、远期的、大的、小的目标。刚开始运用时，可以先选小的、近期的，熟练后再逐渐扩大。

时间回溯到一战期间，当时的法国和德国作为交战双方每天都在进行着激战，双方一直以来都相持不下，一时陷入了僵局，两国都曾试图用炮火轰炸对方阵地从而打开局面，遗憾的是双方修筑的防御工事都十分坚固，阵地上的炮火声一响，士兵们就躲进了工事里。因此，并没有取得什么实质性的进展。就在这个时候，德军队伍中一个名叫福克基尔的士官奉命去往前线阵地支援，来到阵地之后，他先是拿着望远镜远眺敌方阵地，搜寻目标，但并没有看到什么有用的信息，于是之后的几天里，双方阵营像是较上劲了一般，虽然都不知道彼此的队伍具体在哪里，但是他们的炮火却一刻也没有停歇，漫无目的地朝着对方的阵地轰去。而福克基尔这些天却一直在拿着望远镜打量着对面的一切。一天,他看到敌方阵地上有一只波斯猫走来走去,起初,他并没有把这件事当回事。可到了第二天,他再观察的时候,恰巧又看到了这只猫,他的心中难免有些疑惑,在之后第三天、第四天的观察中,这只猫仍在那座山头上晃悠,于是他将目标锁定在这只猫身上。经过一段时间的观察后,他冷静下来仔细考虑一番,养猫的主人应离猫不远,应该也在远处的那个山上,而且能养得起波斯猫的主人身份一定不一般,于是他马上命令 300 多门重炮朝着这支有波斯猫的山头开展轰炸。霎时间,几百发炮弹从空中划过,接下来那个山头上便是火光一片,不一会儿变成了一片平地。几天过后,传来消息说是法军的一个指挥部被尽数全歼,而立下这一大功的功臣便是那只可怜的小猫。这就是目标确定法的具体应用。

(二)间接注意法

间接注意法是指通过一种拐了弯的间接手段,去寻找关键技术或目标,从而达到真正的目的。也就是说,要求把东西分门别类,在分类的过程中导致另一个结果,对被分类的东西进行仔细观察,评估每一种有关的价值,这才是间接注意法的真实意图。在我国军事史上,有许多典型的案例,如围魏救赵、欲擒故纵、声东击西等等。

这里讲一个狐狸骗乌鸦的故事。森林里有一棵好大的树,树上住着乌鸦,树下有个洞,洞里住着一只狐狸。一天,乌鸦叼一块肉,站在树上休息,被狐狸看到了。狐狸馋涎欲滴,很想从乌鸦嘴里得到那块肉,便对乌鸦说:“您的嗓子真好,谁都爱听您唱歌,您就唱几句吧!”乌鸦听了非常得意:说我嗓子好,爱听我唱歌只有你狐狸,就高兴地唱了起来。刚一张嘴,肉就从嘴里掉了下去。狐狸叼起肉就钻到洞里去了,只留下乌鸦在那里“歌唱”。狐狸利用间接注意法,成功地将乌鸦的注意力从肉转移到唱歌上,从而得到了想要的食物。

(三)分析综合法

分析综合法也称为层层剥笋法,是指跳过问题的表面,通过层层分析,由浅入深、由简单到复杂、由表象到本质,向问题的核心一步步逼近,抛弃那些非本质的特征,揭示隐藏在事物表面现象内的深层次本质。在解决问题时,最主要的是能够运用推理的方法,一层层地回溯,寻找事物的本质和真相。

人们经常听到一句话:“话说三遍淡如水”,意思是指,同样一件事物不要重复讲,听多了,就没有新鲜感,会招人厌烦。话说三遍真的淡如水?有些情况下,未必是这样的。有些话,需要讲三遍,通过逐层分析才能从中寻找到答案。如,一天三个聪明诚实的小孩一起在外玩耍。当家长来叫他们回家的时候,发现他们的额头都沾满了泥。每个小孩只能看到其他小孩额头是否有泥,且不会直接说出。这时,家长问道:“你们有人额头上有泥,额头有泥的小孩请举手”,三个小孩你看看我,我看看你,都没有举手。家长又重复地问道,还是没有小孩举手。当家长第三次问相同的问题时,三个小孩同时举起了手。请分析每个小孩如何运用层层剥笋法,断定自己额头有泥的。

现在,我们来分析一下,当家长第一次提问时,如果只有一个小孩额头上有泥,这个小孩看到其他两个小孩额头上无泥,推断自己额头上一定有泥,就会将手举起来。如果两个小孩额头上有泥,就不会有小孩举手,因为他们无法判断自己额头上是否有泥。但当家长第二次提出相同问题时,额头上有泥的两个小孩会同时举手,因为额头有泥的小孩会这样想:我看到另一个小孩额头有泥,第一次他没有举手,说明他看到其他小孩额头也有泥,而第三个小孩额头无泥,那么我自己额头一定也有泥。如果三个小孩额头都有泥,当家长第三次重复同一个问题时,他们才会同时举手。因为每一个小孩心想,如果自己额头上没有泥,在家长第二次提问时,其他额头上有泥的两个小孩都会举手。为什么他们没有举手呢,说明他们看到我的额头有泥,从而推断自己额头上一定也有泥,于是不约而同地举起了手。

(四)聚焦法

聚焦法也就是人们经常说的"沉思、再思、三思",是指在思考问题时,有意识、有目的地将思维过程停顿下来,并将前后思维领域浓缩和聚拢起来,以便更有效地解决问题。

托斯卡尼尼八十岁时,他儿子问这位举世闻名的指挥家,一生中最重要的成就是什么?他回答说:"我此刻正在做的事,就是我一生中最大的事,不管是在指挥交响乐团还是在剥橘子。"他的成功在于能够时刻将精力聚焦在要做的事情上。

1583 年的一天,伽利略参加比萨大教堂的聚会,一位修理工人不经意触动了教堂中的大吊灯,使它来回摆动。摆动着的大吊灯引起他的注意。伽利略将思维聚焦在摆动的吊钟上,聚精会神地观察着,发现吊灯摆动的幅度慢慢变小了,但来回摆动一次需要的时间不变。之后,他带着这一问题,进一步"聚焦",观察了不同材质做成不同形状的钟摆,得出相同的结论。从而钟摆摆动等时性由此"聚焦"出来了。

隐形飞机的制造是多目标聚焦的结果。要制造一种敌方雷达探测不到、红外及热辐射仪追踪不到飞机,需要分别做到雷达隐身、红外隐身、可见光隐身和声波隐身等四个目标。每一个目标还包括许多小目标,通过具体地解决一个个小目标、分目标,最终制造隐形飞机。

【思考与训练 4—2】

1. 请说出家里既能发光又能发热的东西,找出它们的共同点。

2. 鸽子、蝴蝶、蜜蜂与苍蝇有何共同之处?

3. 请运用收敛思维方法,列出大学期间要完成的 5 个左右的目标,并且聚焦当下,找出这几个目标之间的共同点,确定大学期间自身发展的方向。

4. 假如你是一个钟表商店的经理,门前要挂两个大的钟表模型,你认为时针和分针摆在什么位置上最好?

5. 根据"物必先腐:而后虫生",从下列选项中选择正确的一项。

(A)古木无人径:深山何处钟

(B)水落鱼梁浅:天寒梦泽深

(C)少壮不努力:老大徒伤悲

(D)欲投人处宿:隔水问樵夫

第三节　逆向思维

一、逆向思维的概念

一位年仅 20 岁的埃及青年,捕捉到了人类最崇高、最善良的淳朴童心,并制作出了这部4分钟的微电影《另一只鞋子》，讲述了两个小男孩和一双崭新的黑色皮鞋的故事，剧中没有一句台词却感动了世界上无数不同种族、不同文化的人，荣获埃及卢克索电影节大奖。《另一只鞋子》中讲述在一条人来人往的街道上，一个穿着破旧的小男孩儿正坐在角落不停地摆弄着一只已经坏的鞋子，可是这只鞋子却怎么也恢复不了原状，他用渴望的眼神看着来来往往的行人都穿着的鞋很是羡慕，人群中突然出现了一双黑得发亮的皮鞋，小男孩顿时眼前一亮：这双皮鞋是多么地漂亮呀！眼神中透露着无限的羡慕与渴求，这时皮鞋的主人坐在长凳上等火车，还不忘用纸巾轻轻地擦拭着那双皮鞋。

火车进站了，皮鞋的主人和他的父亲费力地挤进了火车里，可是一只皮鞋却被人群挤了出来。站台上的小男孩急忙跑过去把鞋捡了起来，用双手捧着，就如手里捧着一件宝物，舍不得扔掉。火车开动了，小男孩想把皮鞋还给它的主人，他光着脚丫跑了好久，可尽管他已经追得精疲力尽了也没有追上。最后，他使出全身力气将皮鞋扔了过去，皮鞋还是没有被火车上的小男孩接住。这时这个小男孩觉得自己非常对不起皮鞋的主人，沮丧地低下了头。就在此时，令人惊讶的一幕发生了，皮鞋的主人竟然把他的另一只皮鞋也脱掉，扔给了这个小男孩，并朝他挥一挥手，冲他笑了，小男孩小心翼翼地捧起地上的皮鞋，这皮鞋多么漂亮啊！

在这部微电影中，两位小孩的举动都体现了逆向思维，即如果不是我的，我会把我得到的，还给你；如果我无法得到，我会把我拥有的，送给你。他们成全了鞋子，温暖了他人，感动了世界。同时，这部微电影告诫我们：贫苦时要坚守底线，富有时要学会给予和成全。没有一句说教，却胜过无数句说教！当善良遇见善良，就会开出世界上最美的花朵。

(一)逆向思维的定义

逆向思维也称为反向思维，是指从反面提出问题和思考问题的思维过程，是违背常规、常理的思维方式。

如，司马光砸缸、草船借箭、曹冲称象的故事都体现了逆向思维。再如，“春暖花开”的意思是指春天气候温暖，适合百花盛开，景色优美，难道所有的花都在春天盛开吗？“梅花香自苦寒来”的诗句就表明梅花却在寒冷的冬季怒放，别有一番景象。“近朱者赤近墨者黑”的意思是靠着朱砂的变红，靠着墨的变黑。比喻接近好人可以使人变好，接近坏人可以使人变坏，指外部环境、客观因素对人的性格有很大影响。近墨者真的会黑？答案是否定的，近墨者未必黑。例如，荷花出淤泥而不染。

二、逆向思维的特征

逆向思维善于打破传统，突破经验和习惯的束缚，具有普遍性、反叛性、动态性和新颖性的特点。

(一)普遍性

逆向思维在各个领域、各种活动中广泛使用。由于对立统一规律是普遍适用的，其形式多种多样，一种对立统一的形式，相应地就有一种逆向思维的角度，从而逆向思维也有无限多种形式。例如，上与下、方与圆、高与低、大与小、白天与夜晚等，不论哪种方式，只要两者是对立的，都可以使用逆向思维方法。

（二）反叛性

逆向思维与正向思维是相对的，正向思维是指常规的、常识的、公认的或习惯的想法与做法。逆向思维恰恰相反，是对传统、惯例、常识的反叛，是对常规的挑战。它能够使人们克服思维定势，破除由经验和习惯造成的僵化的认识模式。

案例 4.4 王永志与“东风二号”导弹发射

1964 年 6 月，王永志首次走进位于戈壁滩的酒泉卫星发射中心，执行我国自行研制的首枚近程导弹“东风二号”的发射任务。由于当时天气格外炎热，推进剂温度升高汽化严重，最终造成推力不够，导弹打不到预定落点。按照正向思维，最好的办法是增加推进剂。可是导弹的燃料储备箱容量有限，根本加不进去。研究人员为此开会讨论，争论异常热烈。“我有解决的办法，”王永志站起来提议，“既然加不进燃料，我们何不卸掉 600 公斤燃料，按逆向思维是可以命中目标的。”会议室一下安静下来，继而发出反对之声，认为他违背常识，简直是“天方夜谭”。王永志再三思量，鼓起勇气，找到近程导弹发射技术总指挥钱学森。王永志讲，导弹燃料减少后，推进剂的温度降低，密度变大，从而使发动机的节流特性发生变化，这样更有利于命中目标。钱学森眼睛一亮，说：“有道理，我看行！”接着便在第二天的会上力排众议，对王永志大胆的逆向思维给予肯定。但当时的总设计师对这个方案还是有些担心，迟迟不肯签字。现场总指挥、军委副总参谋长张爱萍只好出来说话了，“我看还是打吧，如果成功了，算你们的，失败了，算在我的头上，我向中央作检查！”总设计师这才签字。果然导弹卸掉一些推进剂后射程变远，连续三发都成功了。

这也成就了钱老和王永志总设计师一生的航天伯乐情！王永志这个名字从此深深留在了钱学森的脑海里。80 年代，钱老退居二线之际，国家征询钱老关于我国的第二代载人航天器总设计师人选的时候，钱老坚定地说，王永志同志善于逆向思维，思路开阔，做事谨慎、认真，可以作为我国第二代载人航天器的总设计师！不久，王永志被国家正式任命为中国载人航天工程的首任总设计师。三十年从事导弹、火箭研制，二十余年从事载人航天，王永志院士一生干成了三件大事：研制战略导弹、研发运载火箭、送中国人上太空，他将毕生的心血都投入到国家国防科研和载人航天事业中，“两弹一星”精神和“载人航天”精神是他一生的写照。

（三）动态性

逆向思维是一种比较特殊的思维方式，它的思维方向与常规的思维方向相反。比如，人舍我取、人退我进。没有绝对的逆向思维模式，当一种公认的逆向思维模式被大多数人掌握并广泛应用时，它就变成了正向思维模式。例如，以前的工厂效率低下，人围着机器和零件转，每个工人既辛劳，效率还不高。后来有人改善了工序，让人不动零件动，这样逐渐就发展成流水线的概念，效率大大提高了。

（四）新颖性

任何事物都具有多方面属性。由于受过去经验的影响，人们容易看到熟悉的一面，对陌生的另一面却视而不见。逆向思维刚好能克服这一障碍，往往是出人意料，给人以耳目一新的感觉。

三、逆向思维的训练

逆向思维的方法很多，主要有结构逆向、功能逆向、原理逆向、方位逆向、因果逆向等。

（一）结构逆向

结构逆向就是从已有事物的结构形式出发所进行的逆向思维，通过结构位置的颠倒、置换等技巧，使该事物产生新的性能。

日本索尼公司的总工程师井深大，有一天去理发，一边理发，一边在玻璃镜子里看电视。但是他看到的电视图像正好与电视画面相反，眼睛不舒服，心里很别扭。突然，他计上心来：如果设计一种反向画面电视机，那么就能在镜子里看到正面画面。于是，他回到公司，利用既有的设计、生产、经营正面电视的独家优势，设计、生产、经营反向画面索尼电视机，生意还非常兴隆。

（二）功能逆向

功能逆向是指从原有事物功能上进行逆向思维，以寻求解决问题，获得新的创造发明的思维方法。

“竹篮打水一场空”是我们常说的一句歇后语，表明正是因为竹篮漏水的缺点，人们是不能借助竹篮来取水。其实，人们巧妙地利用这个缺点，生产出淘米器、筷子篓，漏勺等生活必需品，方便了我们的生活。

（三）原理逆向

原理逆向是指从相反的方面或相反的途径对事物的基本原理进行思考的思维方法。

原理逆向要在自己已经熟悉的事物上进行，对逆向的结果必须做全面的分析和必要的实验或试验。还要与逆向之前的事物进行各种对比，客观地论证逆向原理的创造性、科学性和可行性。

1800 年，意大利物理学家伏特发明了伏打电池，第一次将化学能转换成电能。1807 年，英国化学家戴维思考既然化学能可以转化成电能，那么反过来电能是否也可以转化成化学能呢？他做了电解化学的试验并获得了成功，接连发现了钾、钠、钙、镁、锶、钡、硼一共 7 种化学元素，就是运用原理逆向思维而取得重大发现的。

再如，在地球的两端，一边是北极，拥有一片浩瀚的冰封海洋；另一边则是南极，周围布满浮冰的大陆。这两个冰封极地对于全世界人们来说，都是神秘的，无数人想要前往一探究竟。但想要踏上这样的神秘之地并不容易，一般的船舶能带你接近它们，但无法在厚厚的冰面上继续航行。这个时候，破冰船就孕育而生了。众所周知，传统的破冰船不论用柴油做动力，还是用核能做动力，破冰的原理都一样：船在冰面上，靠自身重量将冰块压碎，因此，破冰船的头部都采用坚硬的材料，而且设计得笨重，能源消耗大。苏联科学家想到了逆向破冰的原理，即从冰下破冰，船潜入水中，依靠浮力，用强大坚实的“巨齿背脊”顶冰，遇到较厚的冰层，破冰船就像海豚那样，上下起伏，不断撞击冰层。这种水下破冰船具有自身重量轻、体积小、速度快的特点，被认为是最有前途的破冰船，改利用重力压冰的传统“冰上破冰”船为利用海水浮力破冰的新型“冰下破冰”船效率更高。

（四）序位逆向

序位是指顺序和方位。顺序又指时序或程序，方位又指方向和位置。序位逆向是指对事物的顺序和方位逆向变动，以产生新的较佳效果的思维，可以分成时间上、程序上、方向上和方位上进行逆向思维。

1. 时间上逆向

温室大棚就是利用时间上逆向思维的典型产物。我国日光温室的雏形始于20世纪20年代，最先在海城市感王镇和瓦房店市复州城镇开始利用土温室生产冬春韭菜等蔬菜。30年代后期传到鞍山市旧堡昂村一带，50年代形成了鞍山式单屋面温室；同期，北京开始发展暖窖和纸窗温室，并于50年代形成北京改良式温室。这一时期主要采用土木结构玻璃温室，山墙和北墙为土坯墙或用草泥垛成，后屋面用柁和檩构成屋架，柁下用柱支撑，3米一柁，即米一开间；屋架用秫秸和草泥覆盖；前屋面用玻璃覆盖，晚间用纸被、草苫保温。这类温室一直沿用到20世纪80年代初期。

20世纪80年代初期，为解决冬(淡)季蔬菜供应问题，辽宁首先在瓦房店市和海城市等地区的农家庭院探索塑料薄膜日光温室冬春茬蔬菜不加温生产，获得成功后逐渐在大田中大面积发展。这一时期的日光温室主要采用竹木结构，拱圆形或一坡一立式，前屋面覆盖材料为塑料薄膜。典型的日光温室结构有海城感王式和瓦房店琴弦式，其中，海城感王式日光温室称为第一代普通型日光温室。

20世纪90年代初期，我国北纬32以北的地区开始大面积推广以海城式、瓦房店琴弦式和鞍Ⅱ型为典型代表的第一代节能日光温室，包括黄瓜和番茄等主要果菜配套栽培技术的推广应用，实现了室外空气温度低达−20℃地区的不加温日光温室年产番茄和黄瓜22.5千克/平方米的高产纪录。90年代中期，第二代节能日光温室——辽沈1型日光温室推出并在我国北方地区推广，此后各地也研制出多种适合当地气候条件的第二代节能日光温室。21世纪初，第二代节能日光温室蔬菜高产优质安全栽培技术得到进一步推广，实现了室外空气温度低达−23℃地区不加温日光温室年产番茄、黄瓜、茄子30千克/平方米的高产纪录。这一时期我国日光温室蔬菜生产面积达50万公顷。日光温室蔬菜产业的快速发展，解决了长期困扰我国北方地区冬季蔬菜供应问题，大幅增加了农民收入，成为许多地区的支柱产业。

现代化发展期始于21世纪初，随着现代科技的高速发展，农业现代化已成为必然趋势，日光温室建筑结构优化，环境控制自动化，日光温室建造标准化，显著提高日光温室低碳、高效、绿色生产，将成为这一时期的重要发展目标。

2. 方位上逆向

方向逆反是指同一个事物，从不同的方向上看，呈现出的景象是不同的。

四、逆向思维的作用

面临新事物、新问题，我们应该学会从事物的不同方面、不同角度分析研究新事物、解决新问题。逆向思维最宝贵的价值是它对人们认识的挑战，是对事物认识的不断深化，并且由此产生“原子弹爆炸”般的威力。我们应当自觉地运用逆向思维方法，创造更多的奇迹。逆向思维具有以下作用：

第一，在日常生活中，常规思维难以解决的问题，通过逆向思维可能被轻松破解；

第二，逆向思维会使你独辟蹊径，在别人没有注意到的地方有所发现，有所建树，从而制胜于出人意料；

第三,逆向思维会使你在多种解决问题的方法中获得最佳方法和途径;

第四,生活中自觉运用逆向思维,会将复杂问题简单化,从而使办事效率和效果成倍提高;

第五,逆向思维也有助于人类的发明和创造。使用逆向思维思考问题,常常会助你在"山重水复疑无路"时,进入"柳暗花明又一村"的境界,促进新产品的开发、新技术的发明。

如,英国科学家法拉第,他在研究中注意到:既然线圈中有电流通过时线圈就会受力而运动,那么线圈在磁场中受外力作用时是否会产生电流呢?经过反复地研究和实验,终于在1831年发现了电磁感应原理,并建造了第一台发电机原型。

爱迪生在改进电话机的过程中,因为右耳听力不好,就用一根钢针代替右耳来检验传话膜片的震动。当他用钢针触动膜片时,随着讲话声调的高低,送话器发出了有规律的颤音。爱迪生灵机一动,不由得想到:如果反过来,使短针颤动,能不能复原出声音呢?经过废寝忘食地研究,他终于发明了留声机。

1901年,伦敦举行了吹尘器的表演,它用强大的气流将灰尘吹走。吹尘器除尘后,地面是干净了,可吹起的灰尘却呛得使人透不过气来。一位设计师由此联想到,如果反过来吸尘是否可行呢?不久,一个简易利用负压的吸尘器诞生了。我们今天使用的真空吸尘器,还是根据这一原理设计的。

【思考与训练4—3】

1. 请你结合自己的成长经历,说说是否遇到什么"坏事"通过转变思维,逆向思考变成"好事"的故事。

2. 想一想用过的纸张可以做什么?

3. 随着科学技术的快速发展,电子产品的更新换代速度非常快,如计算机大约在18个月或更短的时间内就会被淘汰。请运用逆向思维,想出一些切实可行的办法处理这些"计算机垃圾"。

4. 在公务员考试中,行测部分都是选择题,大家在解决数量关系问题时,会采用带入排除的方法,进行解题。其实这是采用了一种逆向思维的方式。请判断下列说法是否正确?

(1)3816.3÷(1+18%)超过了3000;(2)5591超过1547的4倍。

第四节　水平思维

一、水平思维的概念

人们在日常生活中,常用垂直思维解决问题,即严格按照逻辑步骤分析问题,确保每一步都正确,逐步推导,最终得出唯一解决方案或创新方案的思维方式。水平思维是一种横向思维方式,更加强调数量众多的平行的可能性,更强调创造力,不必绝对正确,不必逻辑严谨,可以跳跃,可以随机。

水平思维也称为横向思维,是一种通过非常规的、明显不合乎逻辑的方法和原理去寻求解决疑难问题的思维方式。如，看到电脑，你会想到什么？如果你想到以下的东西就是水平思维的结果。比尔·盖茨、盗版、广告、交易、上司等。

很多年前，只要欠了别人钱，就会被送进监狱。一个伦敦商人欠了放高利贷者一大笔钱。这个放高利贷的人提出了一个交易：只要让自己得到伦敦商人的女儿，其债务一笔勾销。他告诉可怜的伦敦商人和少女，他会把一颗黑色和一颗白色的鹅卵石放进一个空着的钱袋里，然后让少女挑选出其中一颗。

如果她选中的是黑色鹅卵石，那么她将嫁给放高利贷的人，她父亲的债务也会被勾销。如果她选中的是白色鹅卵石，那么她可以继续留在她父亲身边，而债务也将被勾销。如果她拒绝挑选鹅卵石，那么她父亲将会被送进监狱，而她也会开始挨饿。

伦敦商人很不情愿地接受了这一提议。他们当时正站在放高利贷的人的后花园里，脚下正好是一条由鹅卵石铺成的黑白相间的小路。于是，放高利贷的人弯腰拾起了两颗鹅卵石。正当他拾起鹅卵石的时候，眼尖的少女吃惊地发现他拾起了两颗黑色鹅卵石，并把它们分别放进了钱袋。接着，放高利贷的人要求少女选出一颗决定着她和她父亲命运的鹅卵石。

如果按照垂直思考方式，可能想到的方案无非是以下三种。

第一种可能：少女拒绝挑选石头。

第二种可能：少女应该指出钱袋里装着的是两颗黑色鹅卵石，从而揭穿放高利贷人的骗局。

第三种可能：为了使父亲免受牢狱之苦，少女挑选出一颗黑色鹅卵石并牺牲自己。

以上任何一条建议都无济于事。因为，只要少女拒绝选择，她父亲就会被送进监狱，而她只要作出选择，她就不得不嫁给那个放高利贷的老头儿。

换一个角度，既关注钱袋里的鹅卵石，同时关注地上黑白鹅卵石，这样结局就完全不同。故事里的少女将她的手伸进钱袋并拿出了一颗鹅卵石并迅速丢在一堆鹅卵石里，然后让放高利贷的人看剩余的石头的颜色，自然就知道少女挑选石头的颜色。

就这样，通过运用水平思维，少女奇迹般地把一个看起来完全不可能解决的问题转换成了对她极为有利的情况。

二、水平思维与垂直思维的区别

垂直思维法是以逻辑与数学为代表的传统思维模式。最根本的特点是：根据前提一步步地推导，既不能逾越，也不允许出现步骤上的错误。它当然有合理之处，但如果一个人只会运用垂直思考一种方法，他就不可能有创造性。垂直思维是选择性的、分析性的、连续的，垂直思维的过程是确定的，垂直思维专注排他，垂直思维是有了行动方向再行动。而水平思维是创造性的、启发性的，水平思维可以跳跃，水平思维的过程不确定，水平思维不排除随机干扰，水平思维是先行动再找方向。

爱德华·德·波诺举了一个有意思的例子。有一次，他给一批小朋友出了一个题目：如何测量一幢高楼的高度？小朋友纷纷举手发言，有的说可以从最高一层放下一根绳子着地，再量一下绳子的长度就知道了；有的说只要量一层的高度，再乘以层数；还有的说可以用几何方法等等。这时，一个小朋友忽然说，可以把房子推倒在地上量。大家一听都笑了起来，爱德华·德·波诺却肯定了这个想法，认为这才是别出心裁，而别的方法都没超出常规。当然，房子是用不着推倒的，只要稍加修改测定方法就行。在距房子10米处的地上画一个白点，然后把房子和白点拍在一张照片上，在照片上用尺一量，马上就可以算出房子的高度。这不就产生了一种新的测高方法吗？所以，水平思考法提倡从常规思路中走出来，寻找新的思路。水平思维是一种既非逻辑性又非因果性，而是属于超越性的思考方法。它可从答案出发来对问题进行思维。水平思维的一种重要形态是逆向思维。

三、水平思维的实施步骤

（一）选择和定义问题焦点

如果方向走错了，再努力也是徒劳。因此，解决问题的一开始，要找准思考的位置和方向。水平思维的“焦点”，就是让我们首先找准问题的要害。在日常解决问题时，我们习惯凭直觉定义问题，从而在后期的思考过程中很容易走偏方向。水平思维要求我们在一开始的时候就通过定义问题的方法把问题找准，再进一步地思考。

（二）运用水平思维想出各种主意

水平思维中有三大创造性思考工具，可以根据需要选择其中一个或两个工具，帮助我们针对焦点问题产生尽可能多的主意。在这个阶段，主要任务是思考出不同的解决方案，并不急于找到认为最好的方法。思考工具是质疑假设、暂缓评判和随机刺激。

1. 质疑假设

我们经常认为基本假设没有任何问题，并在这一假设基础上将不同想法组合在一起，形成不同的模式。实际上，基本假设本身也是可供重构的模式。水平思维的目的，就是挑战所有假设，因为这种思维方式的意义在于尝试并重构模式，以帮助我们突破陈旧模式、僵化思想和教条主义。

1901年，意大利一位年轻的无线电先驱古列尔莫·马可尼来到英国对他的理论进行试验，即无线电波可以通过大西洋传播。无数的专家嘲笑和质疑这个想法，因为一直以来人们认为，无线电波是直线传播的。地球是一个球体，所以这些专家理所当然的认为，直直地发射出去的无线电信号将进入到无限的太空中去。马可尼坚持要做他的试验，他在英国的康沃尔设立了发射机，在美国的纽芬兰设立了接收机。令人惊讶的是，他成功地将无线电信号发送到了大西洋彼岸。事实上，地球周围有一层带电荷的电离层，它能反射无线电信号。而专家们根据自己的基本假设作出的判断和推理是错误的！

2. 暂缓评判

水平思维允许过程中的错误，只要求最终结果正确。其要求不是每一步都正确，而是每一步都有效。水平思维也允许利用不正确的信息编排方式来启发正确的重组方式。所以，水平思维中暂缓评判是重要的技巧之一。不急于判断或评估想法，即使一眼看去就是错误的想法或一定会被抛弃的想法，也不要纠结于其错误，而是最大限度地发掘它的潜在用处。不主动评判一个想法，只将评判作为参考。

3. 随机刺激

水平思维中随机刺激是一个重要的技巧。随机刺激中我们会不加选择地使用信息，迫使我们从新的视角开始思考。我们的大脑为了节省能量，它会自动地选择熟悉的模式，用一贯的方式去看待和解决问题。当引入随机刺激时，大脑会强迫在信息间产生联系，从而形成新的模式。

（三）收获、加工和处理

在第二个步骤中，我们得出了很多想法。有些想法看起来似乎可以实施，有的只是一个方向，还有的只是雏形。我们可以首先对它们进行分类，之后对那些概念型想法和雏形想法进行再加工，使之具体化。

（四）选择最佳方案

有了众多可选方案之后，要对它们进行筛选，选择最突出的几个方案，然后对它们进行比较，并按照特定的要素进行评价。如对需求、价值、资源、成本、可行性等因素进行综合评价，最终挑选出最佳方案。

四、运用水平思维的注意事项

水平思维和垂直思维各有优缺点，把两种思维方式结合起来使用，能扬长避短，变成新的思维模式。在实践中，可以先从水平思维着手，再进行垂直分析。具体步骤为：

（一）运用水平思维多个角度看待问题，尽可能多地罗列出视角和点子；

（二）对罗列的点子进行排序，找到最重要的点子；

（三）对最重要的点子，利用垂直思维进行分析。

【思考与训练 4－4】

简述水平思维是如何突破传统思维模式的？

第五节　直觉思维

一、直觉思维的概念

钱学森认为，直觉是一种人们没有意识到的对信息进行加工活动，是在潜意识中酝酿问题，然后与显意识突然沟通，于是一下子得到了问题的答案。

庞加莱说："所谓发明，实际上就是鉴别。简单说来，也就是抉择，怎样从多种可能中作出优化的抉择呢？经验表明，单单运用逻辑思维，按逻辑规则进行推理是没法完成的，而必须依靠直觉。"爱因斯坦曾说："我相信直觉和灵感。"培根说："一般情况下，年轻人富于直觉。"伊恩·斯图加特说："直觉是真正的数学家赖以生存的东西"。

许多重大的发现都是基于直觉。欧几里得几何学的五个公设都是基于直觉，从而建立起欧几里得几何学这栋辉煌的大厦；哈密尔顿在散步的路上迸发了构造四元素的火花；阿基米德在浴室里找到了辨别王冠真假的方法。

直觉思维与逻辑思维同等重要，偏离任何一方都会制约一个人思维能力的发展，伊思·斯图尔特曾经说过这样一句话，"数学的全部力量就在于直觉和严格性巧妙地结合在一起，受控制的精神和富有灵感的逻辑。"受控制的精神和富有美感的逻辑正是数学的魅力所在，也是数学教育者努力的方向。

直觉思维是指人在现有知识、经验的基础上，凭感觉直观地把握事物的本质和规律，迅速解决问题或对问题作出某种猜想或判断的思维活动，是一种无意识、非逻辑的思维活动。

二、直觉思维的基本内容

根据周义澄在《科学创造与直觉》中提出的观点，直觉思维的基本内容包括：直觉的判断、直觉的想象和直觉的启发三个方面。

（一）直觉的判断

直觉判断是指人脑对客观存在的客体、对象、词语符号及其相互关系的一种迅速的识别、直接的理解和综合的判断。人的这种能力，就是常说的思维的洞察力。

例如，两位陌生人推销相同的产品，通常我们下意识地觉得更相信某个人，就会购买那个人的产品，这就是直觉的判断。

案例 4.5 天狼星的伴星

月朗星稀的夜晚，在深邃高远的天幕上，人们很容易看见一颗明亮耀眼的恒星，它就是天狼星。人们很早就知道天狼星，但在 19 世纪上半叶之前，却无人知道它是双星——它还有一颗奇特的伴星。1834 年，德国有位天文学家叫贝塞尔，在观察中发现天狼星的运动有些与众不同。绝大部分星体的运动都是沿着大圆的弧，但天狼星的运动轨迹却是呈波浪形的曲线。根据天体力学理论，在正常情况下，星体运动呈弧线，从弧线变为波浪形的曲线，必定是受到某种外力作用的结果，他凭直觉推测天狼星可能有一颗看不见的伴星。尽管贝塞尔全神贯注地在天狼星附近搜寻，但他的天文望远镜中始终没有出现那颗紧挨着的星球。有人劝道："那颗星球也许并不存在，要不然怎么会发现不了呢？"贝塞尔充满自信地说："不，它一定存在，也许它正巧被天狼星挡住了。只要坚持观察，总有一天我会看见的。"然而，让贝塞尔失望的是，他始终未能发现这颗预想中的伴星。但贝塞尔并没有因此而改变自己的看法，他认定那颗伴星一定存在。为了证实自己的观点，贝塞尔又另辟路径——从理论上进行详细地论证和计算。贝塞尔计算的结果，从理论上再次证实了自己的想法。临终前，他不无遗憾地说："天狼伴星一定存在，可惜我不能亲眼看见。"

贝塞尔并不知道，他之所以未能发现天狼伴星，是因为当时的天文观测设备落后的缘故——天狼伴星可不像天狼星那样巨大显眼，它是一颗很小很小的星体，只能发出微弱的光芒。

16 年过去了，天文观测设备日益先进，连口径达 18 英寸的大型天文望远镜也出现了，天狼伴星的发现已指日可待。天哪！在巨大耀眼的天狼星旁边，果然看见了一颗暗红色的小星体在运动。"这就是贝塞尔所说的天狼伴星！"克拉克兴奋地说。进一步观察研究之后，克拉克惊奇地发现这颗伴星体积很小，它的核能枯竭，已经收缩到不能再小的地步了。天狼伴星属于恒星演化到最后阶段的天体，这种天体被天文学家们称作"白矮星"。据观测，伴星的发光量仅及主星的万分之一，其质量却与太阳相当。

（二）直觉的想象

直觉的想象就是当外界提供的信息不充分时，单凭这些有限的信息很难作出判断，需要借助想象和猜测，才能形成一个大致的判断。

爱因斯坦在创建狭义相对论的过程中，想象过人以光速运行，在建立广义相对论时又设想光线穿过升降机发生弯曲。闵可夫斯基的丰富想象力，使他把三维空间和一维时间联系在一起，提出了四维时空的表达式。

（三）直觉的启发

直觉的启发是指当直觉判断和直觉想象都未能解决问题的前提下，偶然从思考问题之外的信息中受到启发，使问题得到解决。

对于生物为什么会进化，达尔文百思不得其解。某天晚饭后，他随手拿起一本书来消遣，翻开马尔萨斯的《人口论》。马尔萨斯在《人口论》中提到，任何一个国家的人口，如果没有经过自然灾害和饥饿，将会指数级增长；而土地能够产生的能量是有限的，当人口密集到一定程度时，人口必然会因为饥饿、疾病以及各种灾害而减少。于是，达尔文茅塞顿开，得出了在自然环境中，有利的变异被保存下来，而无利的变异则被消灭的解释。

三、直觉思维的特征

（一）直接性

直觉思维不依赖逻辑推理，往往是对问题从总体上把握，从问题的已知信息入手，直接触及问题的本质和结论，提出解决问题的方法，这是直觉思维最根本的特征。

（二）敏感性

直觉是瞬间的感觉，这种感觉通常具有很强的敏感性。

（三）跳跃性

直觉思维一旦出现，将充分调动已有的知识和经验，通过丰富的想象作出敏锐而迅速的假设、猜想、判断，省去中间推理环节，从而产生认知过程的急速飞跃和渐进性的中断。

（四）坚信性

主体以直觉的方式得出结论时，意识清醒、头脑理智，这使得直觉有别于冲动性。主体对直觉结果的正确性或真理性具有本能的信念，但并不意味着取消进一步的分析和验证的必要性。

（五）内隐性

直觉思维的智力操作是内隐的，思维的过程往往是思维者不能言表的，而且不能对思维结果作出评论。

（六）不确定性

直觉思维的成果往往只是一种建立在经验基础上的猜测，其正确性有待于实践进一步地检验和证明。

直觉思维与逻辑思维的关系：1. 逻辑思维是直觉思维的基础；2. 直觉思维是逻辑思维的内化；3. 直觉思维的结果需要逻辑思维的分析与检验。

四、直觉思维的作用

直觉出现的时机，是在大脑功能处于最佳状态的时候，形成大脑皮层的优势兴奋中心，使出现的种种自然联想顺利而迅速地接通，因此，直觉在创造活动中有着非常积极的作用。

(一)有助于创造者进行优化选择

在创新过程中,常常会遇到许多复杂的情况,往往需要我们从许多种方案中选择最优方案,怎样选择呢?实践证明,仅仅依靠逻辑思维是无法完成的,有时候必须依靠直觉。

创造都要从问题开始,而问题的解决,往往有许多种可能性,能否从中作出正确的抉择就成了解决问题的关键。法国数学家庞加莱说:"所谓发明,实际上就是鉴别,简单说来,也就是抉择,怎样从多种可能中作出优化的抉择呢?经验表明,单单运用逻辑思维是没法完成的,必须依靠直觉。"

直觉偏爱知识渊博、经验丰富的人,只有他们才能够在很难分清各种可能性优劣的情况下作出优化抉择。例如,当普朗克提出能量子假说以后,物理学就出现了问题,究竟是通过修改来维护经典物理理论,还是进行革命,另创新的量子物理呢?爱因斯坦凭借他非凡的直觉能力,选择了一条革命的道路,创立"光量子假说",对量子论作出了重大贡献。

平行公设,也称为欧几里得第五公设,因是《几何原本》五条公设的第五条而得名,比前四条公设复杂,其内容为:如果一条直线与两条直线相交,在某一侧的内角和小于两直角,那么这两条直线在不断延伸后,会在内角和小于两直角的一侧相交。后来,苏格兰数学家约翰·普莱费尔给出了第五公设的等价形式:过平面上直线外一点,有且仅有一条直线与之平行。前四条公设是不证自明的,为了给出第五公设的证明,自公元前 3 世纪起到 19 世纪初,数学家们投入了无穷无尽的精力,几乎尝试了各种可能的方法,但都失败了。罗巴切夫斯基从 1815 年着手研究平行线理论。开始他也是循着前人的思路,试图给出第五公设的证明。很快,直觉告诉他可能根本就不存在第五公设的证明。于是,他便调转思路,着手寻求第五公设不可证的解答。这是一个全新的,也是与传统思路完全相反的探索途径。罗巴切夫斯基正是沿着这个途径,在试证第五公设不可证的过程中发现了一个崭新的几何世界——非欧氏几何。罗巴切夫斯基几何与欧几里得几何的主要区别在于:将欧式几何第五公设改成了其否定命题。过平面上直线外一点,至少可以引两条直线与已知直线不相交。

(二)有助于创造者作出创造性的预见

有渊博知识和丰富经验的创造者,凭借卓越的直觉思维能力,常常能够在纷繁复杂的科学研究中,敏锐、直观地觉察到某一科学现象背后隐藏的科学奥秘,从而创造性地预见到将来在这方面很有可能会产生新思想、新理论或新成果。

英国物理学家卢瑟福在其非凡的直觉帮助下,在原子物理学和原子核物理学方面作出了一系列重大的开创性贡献。他曾非常诚挚地表示,让他感到大惑不解的是,为什么其他物理学家没有发现应当去研究原子核。他凭借直觉发现原子核的存在,提出了原子结构的行星模型,并沿着这条道路,在最短时间内得到了大量重要的发现。

一天,居里夫人想到矿物是否具有放射性?经测量,她发现沥青铀矿的放射强度比预计强得多,直觉告诉她,这是一种比铀和钍的放射性强得多的新元素。1898 年 7 月,她宣布发现了新元素——钋,其放射性是纯铀的 400 倍。同年的 12 月,她又发现了放射性更强的镭元素。1903 年,居里夫妇和贝克勒尔由于对放射性的研究而共同获得诺贝尔物理学奖。1911 年,因发现元素钋和镭再次获得诺贝尔化学奖,因而成为世界上第一个两次获得诺贝尔奖的人。

(三)有助于创造者获得新发现、新发明、新创造

直觉对科学创造和发现具有直接的推动和促进作用。著名物理学家杨正宁曾说"最重要的科学发现并不是通过逻辑推理得出的。"爱因斯坦认为,直觉能抓住事物的联系,从而导致科学的发现。由于直觉思维根植于以往科学认识成果的肥沃土壤之中,科学家时常通过直觉的启发为契机,去猜测、想象,从而形成种种孕育着开拓和创造性的新思想,导致科学上的新发现、新突破。

1972年,丁肇中感到很可能存在许多有光的而又比较重的粒子,然而理论上并没有预言这些粒子的存在。他直观上感到没有理由认为这种较重的发光的粒子(简称重光子)也一定比质子轻。正是在这种直觉的驱使下丁肇中决定研究重光子,终于发现了"J"粒子,并因此获得诺贝尔物理学奖。

五、直觉思维的训练

直觉思维在科学创造中有着重要的意义。面对错综复杂的事物现象,那种反应迟钝、缺乏直觉思维能力的人是很难有什么发现、发明和创造的。怎样使直觉思维所提供的判断比较可靠,提高自己的直觉思维能力呢?要达到这一目的,可以从以下几个方面着手。

(一)获取广博的知识和积累丰富的生活经验

在前面已经指出,直觉的产生不是无缘无故、毫无根基的,它是凭借人们已有的知识和经验才得以出现的,因此,直觉往往比较偏爱知识渊博、经验丰富的人。从这种意义上说,获取广博的知识和积累丰富的生活经验是直觉强化的基础。

(二)真诚、客观地对待直觉

直觉思维凭的是"直接的感觉",但又不是感性认识。人们平常说的"跟着感觉走",其中除去表面的成分以外,剩下的就是直觉的因素。直觉需要你去细心体会、领悟,去倾听它的信息、呼声。当直觉出现时,你不必迟疑,更不能压抑,要顺其自然,顺水推舟,作出判断、得出结论。直觉常常会受到客观环境的影响及个人情感的干扰。特别是后者,当一个人处在某种情感例如猜忌、埋怨、愤怒等的困扰时,直觉的判断就有可能失去客观性。因此,我们要真诚地对待直觉,产生直觉的过程要尽量排除各种因素影响和干扰。出现直觉以后,还要回过头来冷静地分析其客观性。

(三)换一个视角看问题

常规思维会限制我们的视野,无法摆脱困境,导致思维上的偏差。我们要学会变通,换一种立场和角度看问题,从挫折中不断总结经验,产生创造性的变革,达到"山穷水尽疑无路,柳暗花明又一村"的效果。

变则通,通则灵。

(四)培养敏锐的洞察力

直觉突出的特点是其洞察力及穿透力。因此,直觉与人们的观察力息息相关,观察力敏锐的人直观透视能力强,其直觉出现的几率也会更高,直达事物本质的效果更强。因此,要有意识地培养自己的观察力。特别是提高对那些不太明显的软事实,如印象、感觉、趋势、情绪等无形事物的观察力。学而不思则罔,思而不学则殆。还要做到理论联系实际,在实践中不断反思、领悟,达到触类旁通,融会贯通,让自己的理论和经验日趋完善

和成熟。

（五）提高审美能力

美感意识是直觉的本质。提高审美能力有利于培养事物间所有存在着的和谐关系及秩序的直觉意识。审美能力越强，直觉能力就越强。

【思考与训练 4—5】

1. 有一艘船要通过一座桥，由于船舱的顶部只比桥底高 1 厘米无法通过。这时，船长要求所有的船员到甲板上集合，没过多久船就顺利通过了桥。请问船长用的是什么方法？

2. 有一根长 1 米的钢管，直径略大于乒乓球，钢管的一端牢牢地固定在地面上。请用最简单的办法将掉进钢管的乒乓球取出来。

3. 有一个游泳爱好者从某一点出发，向南游 1000 米，又向东游 1000 米，再向北游 1000 米，回到了起点。请问他是怎么做到的？

4. 请问地球上，一共有多少个厕所？

5. 直觉是人类思维的一种特殊存在形态。它_____在人类意识深层，超越人类普遍的理性思维和价值判断，在人类自觉的意志和意识控制之外。受到某种特殊的心理诱因或视听感觉_____、诱发，它会突然出现在意识层，_____人类思维，直接对事物、环境状况作出判断。依次填入画横线处最恰当的一项是：

(A)沉积　推动　引导

(B)潜藏　激活　掌控

(C)蛰伏　刺激　掌管

(D)潜伏　触动　主导

6. 直觉思维在创新过程中具有什么作用？

第六节　灵感思维

一、灵感思维的概念

徐利治认为，创造力的决定性因素是创造性思维，创造性思维的主导方面是发散思维，发散思维成功的关键往往在于灵感。列宾曾说：“灵感，不过是顽强地劳动而获得的奖赏。”爱迪生有句名言：天才，是一分灵感加上九十九分汗水。

在创新活动中，往往有一种奇妙的现象：人们对某一问题经过长时间冥思苦想还是束手无策，某个不经意的刹那脑海因某种启发而突然产生出某种新形象、新概念和新思路，思想表现出一种极为活跃的状态，突然找到了悬而未决的问题的解决办法，从纷繁复杂的现象中顿悟到了事情的关键和本质，通常将这种突如其来的顿悟现象称作灵感。

灵感思维，也称顿悟思维，是指经过长期的冥思苦想之后，突然产生新设想，瞬间解决问题的思维活动。灵感思维是突如其来的，瞬间产生的，是一种顿悟，是思维过程中的一种短暂的最佳状态。“山重水复疑无路，柳暗花明又一村”“众里寻他千百度，蓦然回首，那人却在灯火阑珊处”“踏破铁鞋无觅处，得来全不费工夫”“忽似一夜春风来，千树万树梨花开”等诗句都是灵感思维的生动写照。

二、灵感思维的特征

哲学家亚里士多德首创了形式逻辑,揭示了人类抽象思维的基本规律。事实上,他对灵感思维同样进行了研究,只是没有形成系统的理论。他说:“灵感是在微不足道的时间里,通过猜测而抓住事物的本质联系。”刻画了灵感思维的特征。灵感思维具有引发的随机性、出现的瞬时性、目标的专一性和结果的新颖性等特点。

(一)引发的随机性

灵感不是在有意识的逻辑推理之后产生的,通过猜测直接获得新概念、新设想、新模型、新思想等。灵感的产生具有随机性、偶然性,可遇不可求,真所谓“有心栽花花不成,无心插柳柳成荫”。爱因斯坦认为,在科学创造的过程中,“从经验材料”到提出“新思想”的过程,没有“逻辑的桥梁”,必须诉诸直觉和灵感。

引发的随机性是指灵感既不能像具有必然性的逻辑思维那样有意识地导出,也不会如同想象思维那样有能力自觉地进行思维,而是由创新者完全想不到的原因诱发而产生的一种思维。

一次,毕达哥拉斯应邀参加朋友的餐会,这位主人的餐厅铺着正方形大理石地砖。由于大餐迟迟不上桌,这位善于观察的数学家却凝视脚下这些排列规则的方形地砖,他选了一块地砖以它的对角线为边画一个正方形,发现这个正方形面积恰好等于两块地砖的面积之和。他很好奇,于是再以两块地砖拼成的矩形之对角线作另一个正方形,他发现这个正方形之面积等于 5 块地砖的面积,也就是以两股为边作正方形面积之和。至此毕达哥拉斯作了大胆的假设:任何直角三角形,其斜边的平方恰好等于另两边平方之和。

案例 4.6　勾股定理在中国

我国最早的数学著作《周髀算经》中记载着一段周公向商高请教数学知识的对话。周公问:“天没有梯子可以上去,地也没法用尺子去一段一段丈量,那么怎样才能得到关于天地的数据呢?”商高回答说:“数据是根据圆和方的道理得来的,圆从方来,方又从矩来。这里的“矩”原指给直角的作图工具,可能就是一个长方形:当直角三角形‘矩’得到的一条直边‘勾’等于 3,另一条直角边‘股’等于 4 的时候,那么它的斜边‘弦’就必定是 5。”这段文字体现了我国很早便发现和应用了勾股定理,并阐释出了勾股定理是借助于形来解决数的问题。我国发现勾股定理比西方早 500 多年。

三国时期的赵爽在《周髀算经》注中给出的《勾股圆方图注》是勾股定理最早的证明。他画了一张“弦图”,其中每一个直角三角形称为“朱实”,中间的一个小正方形叫“中黄实”,以弦为边的正方形叫“弦实”。由于四个朱实加上一个中黄实就等于弦实,赵爽就是这样利用割补法证明了勾股定理。

经过努力,2002 年第 24 届世界数学家大会在北京胜利召开,这是世界数学家大会历时 100 多年第一次在发展中国家举行,这也是中国数学界的骄傲和光荣。大会的会标是根据中国古代数学家赵爽的弦图设计的。正方形各边相等,表示来宾各国地位平等;正方形外面的三角形紧密相连,表明各国数学家要密切合作,共同完成人类的难题。中国邮政特发行一枚邮资明信片,邮资图就是这次大会的会标。

(二)出现的瞬时性

灵感是在极短的时间里所产生的,来得突然,去得迅猛,如闪电,似火花,稍纵即逝。宋代苏轼所写的诗句"作诗火急追亡逋,清景一失后难摹"即是对灵感这一特征的真实写照。

基于灵感瞬时性这一特征,倘若毫无准备,灵感闪电就会消失得无影无踪,而且在短期内不会重现,有的甚至在很长时间内也难以再现。这就需要我们当灵感出现时,必须抓住它,尽量不要与它失之交臂而留下遗憾。英国科学家贝弗里奇说:"带上一个笔记本,随时记下闪过脑际的有独到之处的念头,不放过任何一个极细小的思维闪光。"

奥地利作曲家施特劳斯是一位记录灵感的高手。有一次,他在优美的环境中休息,突然灵感火花涌现,但当时没有带纸张,他急中生智将闪现于脑际的优美旋律写在身穿的白衬衣的袖子上,这就是后来举世闻名的圆舞曲——蓝色多瑙河。

1621年,法国大数学家费马在阅读丢番图《算术》时,突然萌发灵感,在这本书的页边写下了费马大定理:当 $n>2$ 时,三元方程 $x^n+y^n=z^n$ 没有正整数解。一并写道,关于这个猜想他已发现一种美妙的证法,可惜这里空白的地方太小,写不下。然而,此后的300多年,许多数学家殚精竭力都没有完全证明费马大定理。直到1995年,才被英国的怀尔斯证明。灵感一失300年,由此可见捕捉、记录灵感是多么的重要!

(三)目标的专一性

专一性是创新思维的基本特征,灵感思维也不例外。灵感是创造者处于思维高度专注状态,甚至是经过长期艰苦卓绝的思考达到如痴如醉的程度时出现的。从而,创造者必须把自己的注意力高度集中于要解决的问题上,甚至要到达沉迷的状态。如,贝多芬在灵感到来时,在沙地上用棍子谱写乐谱而没有注意到自己妨碍了一支送葬队伍的通行;陈景润走路撞电线杆;安倍在马路上把黑色的马车车厢当成黑板;爱迪生走进税务局交税,好半天竟答不出自己的名字等等实例,说明创新者的目标的专一性。

有一次,牛顿又在实验室里做实验,早过了吃饭的时间,可他一直没有吃饭。他的助手知道他又把吃饭的事给忘了,就拿了几个鸡蛋送到工作室,附在他的耳边说:"先生,您还没吃饭呢,这里有几个鸡蛋,待会儿您把它煮了吃吧。"牛顿头也没抬,只说了句:"谢谢你,把鸡蛋搁在这儿吧。"不知过了多长时间,牛顿觉得肚子在咕噜咕噜地叫,这才想起来助手刚才的交代,就顺手拿了一个小锅开始煮鸡蛋。他把小锅搁在炉子上,又做起实验。一会儿,他的助手又来到工作室,发现鸡蛋原封不动地放着,而锅里却咕嘟咕嘟冒着热气,煮的是什么呢?他揭开锅盖一看,吓了一大跳,原来锅里煮着一只怀表。牛顿不知什么时候,把怀表当作鸡蛋丢在锅里了,而他却仍在聚精会神地做着实验呢。

(四)结果的新颖性

灵感总是和创新联系在一起,没有创新,就不会有灵感。新颖性是灵感思维最可贵的特征。如,苏联火箭专家库佐寥夫为解决火箭上天的推力问题,而苦恼万分,食不甘味,他的妻问其故后说:"此有何难呢,像吃面包一样,一个不够再加一个,还不够,继续增加。"他一听,茅塞顿开,采用三节火箭捆绑在一起进行接力的办法,终于解决了火箭上天的推力难题。

三、灵感思维的类型

灵感思维通常分成自发灵感、诱发灵感、触发灵感和激发灵感共4种类型。

（一）自发灵感

自发灵感是指在对问题进行长时间思考过程中，所思考问题的答案或启示在头脑中突然自发闪现的思维方法。

1843 年 10 月 16 日，汉密尔顿与妻子步行去都柏林途中来到布鲁厄姆桥，突然幸运女神降临，他想清楚了四元数乘法定义所有关键细节。兴奋不已的汉密尔顿赶紧拿出随身携带的笔记本将细节写下来，四元数便这么诞生了。

（二）诱发灵感

诱发灵感是指受到外部事物或情景的启发获得的灵感。相传我国著名书法家郑板桥，未成名时，成天琢磨前辈书法大家的体势，总想写得与前辈大家一模一样。一天晚上睡觉，手指先在自己身上练字，朦胧之中手指写到妻子身上，妻子被惊醒，生气地说："我有我体，你有你体，你为何写我体。"他从妻子的话中马上得到启示：应该写自己的一体，不能一味学人。在这个思想作用下，他刻苦用功，朝夕揣摩，终于成了自成一家的一代名书法家。

（三）触发灵感

触发灵感是指在对问题已进行较长时间探索的基础上，在接触到相似或相关事物时，瞬间引发出所思考问题的某种答案或启示的思维方法。

从事美术设计的迪斯尼失业了。因付不起房租，夫妇俩被迫搬出了老鼠横行的公寓。一天，二人呆坐在公园的长椅上，正当他们一筹莫展时，突然从迪斯尼的行李包中钻出一只老鼠。望着老鼠机灵滑稽的面孔，夫妻俩感到非常有趣，心情一下子就变得愉快了，忘记了烦恼和苦闷。这时，迪斯尼头脑中突然闪过一个念头。对妻子惊喜地大声说道：好了！我想到好主意了！世界上有很多人像我们一样穷困潦倒，他们肯定都很苦闷。我要把老鼠可爱的面孔画成漫画，让千千万万的人从小老鼠的形象中得到安慰和愉快。风行全球数十年之久的米老鼠就这样诞生了。失业之前，迪斯尼一直住在公寓里，每天从早到晚都同老鼠生活在一起，却并没有产生这样的设想。而在穷途末路、面临绝境的时候出现了这样的灵感，原因何在？其实，米老鼠就是触发了灵感的产物。

（四）激发灵感

激发灵感是指面临紧急情况时，大脑处于高度的积极思维状态，急中生智，所思考问题的答案或启示可能在头脑中突然出现。

案例 4.7　曹植与七步诗

据《世说新语·文学》中记载，曹丕做了皇帝以后，对才华横溢的胞弟曹植（字子建）一直心怀记恨。有一次，他命令曹植在七步之内作诗一首，如做不到就将行以大法（处死）。在危难时刻，灵感闪现，曹植不等其话音落下，便应声吟出：煮豆燃豆萁，豆在釜中泣。本是同根生，相煎何太急。因为限制在七步之内作成，故后人称之为《七步诗》。

南北朝诗人谢灵运曾说："天下才有一石，曹子建独占八斗，我得一斗，天下共分一斗。"刘勰的《文心雕龙·才略》中也说："子建思捷而才俊，诗丽而表逸。"可见前人都指出了曹植才华出众，禀赋异常，有着极高的文学造诣。

四、灵感在创新思维中的作用

(一)灵感是创造性思维的心理背景

灵感是人脑以最优功能加工处理信息的最佳心理状态。人在处于灵感状态时,注意力高度集中,想象极为活跃,思维特别敏捷,情绪高涨,全身心地投入思维活动,这适应了创造性思维的需要。所以,人们的创造性思维经常发生在灵感这种心理背景上。

(二)灵感是创造性思维的激励因素

人在处于灵感状态时,常常有一种迷恋感。这种情感使人欲罢不能,废寝忘食地工作,直到完成创造任务。灵感直接参与认知操作、直接激励创造性思维。

(三)灵感为创造性思维提供新思路

创造性思维的全过程都需要有新思路引导,否则,准备期无法发现问题,酝酿期无法明确问题,豁朗期无法提出新假设,验证期也无法判明正误真伪。而新思路的产生正是灵感到来的结果。

五、灵感产生的条件

灵感是一种非理性现象,费尔巴哈说:"热情和灵感是不为意志所决定的,是不由钟点来调节的,是不会依照预定的日子和钟点迸发出来的"。但是,这并不意味着灵感是一个无从把握、捉摸不透的东西,是有规可循的。灵感是在一定条件下产生的。

(一)强烈的问题意识

在创新活动中,灵感的产生,首先要有迫切需要解决的问题,这是由灵感的专一性所决定的,它是产生灵感的前提。如果一个人在头脑中没有要解决的问题,绝不会产生有关问题的灵感。因此,灵感与要解决的问题有着直接的关系。

(二)足够的知识储备

知识的积累是产生灵感的另一个必要条件。因为丰富的知识和经验有利于获得借鉴,容易受到启发获得新的设想和新的思路。

六、灵感的捕捉

(一)积累

对要解决的问题持有浓厚的兴趣、强烈的愿望和坚定的信心,并对问题及相关资料进行长时间反复探索,持之以恒、坚韧不拔,直到弄清问题的关键所在,这是产生和捕捉灵感的最基本的条件。"得知于顷刻,积之于平日"说明日常生活中知识和经验的积累对激发灵感是非常重要的。

(二)迷恋

在解决问题的过程中,注意力必须高度集中,甚至要达到沉迷的程度,如"衣带渐宽终不悔,为伊消得人憔悴""食不甘味夜不成眠"。

爱因斯坦在回忆他 1905 年 6 月写作狭义相对论论文的情景时,对他的好友贝索说,在这之前,他已经进行了好几年的思考和研究,然而那个决定一切的观念却是突然在脑子里闪现的。一天晚上,他躺在床上,对于那个折磨着他的谜团,心里充满了毫无解答希望的感觉。他的眼前似乎没有一线光明。突然黑暗里透出了光亮,答案出现了,他马上起来执笔工作。五个星期后，论文写成了。他说："这几个星期里，我在自己身上观察到各种精神失常现象。我好像处在狂态里一样。"

（三）松弛

长时间专注于某一问题，或者经常用单一的方法去解决问题，就会形成固定的思维模式，这时思路狭窄，变通性差。一些较有成就的人的经验表明，对问题作了较长时间的思索而不得其解时，最好把问题暂时搁置起来，松弛一下精神，散散步、打打球，或转而考虑其他的问题，这有助于摆脱习惯性思维，开阔思路。灵感常常是在这种情况下到来的。

有人曾对 821 名发明家作过调查，发现在休闲场合产生灵感的比例比较高。

从科学史看，在乘车，坐船，钓鱼，散步或睡梦中都可能会涌现灵感，给人提供新的设想。

（四）触发

人们偶然从其他领域的既有事实中受到启发，激发灵感进行类比、联想、辩证升华而获得成功。日常用品、自然现象、身边的事物、机器、示意图、口头提问、文字描述等都可能对创新活动有启发作用。

1873 年春天的一个夜晚，托尔斯泰在书房里徘徊，他正在苦苦地思索长篇小说《安娜·卡列尼娜》的开头该如何写。这部小说的具体内容和情节，早在一年前就想好了，但是苦于找不到一个好的开头，所以一直没有动笔，现在他仍然苦思无绪。他偶然走进大儿子赛尔该的屋子里。赛尔该正在读普希金的《别尔金小说集》给老姑母听。托尔斯泰拿起这本书，随手翻到一章的第一句："在节日的前夕客人们开始到了。"他兴奋地喊道："真好！就应当这样开头。别的人开头一定要描写客人如何，屋子又如何，可是他马上跳到动作上去了。"托尔斯泰立即走进书房，坐下来写了小说的第一句："奥布浪斯基家里一切都乱了。"

七、灵感产生的因素

（一）知识量

知识量最少要达到阈值，即与创新相关的知识必须掌握，不同的创新有不同的知识量阈值。

爱因斯坦 1905 年创立"狭义相对论"的知识量阈值就不能作为他创立"广义相对论"的知识量阈值。所以，他又重新学习了描述相对论的非欧式几何等有关的数学知识，直到 1916 年，他才创立了"广义相对论"。

案例 4.8　袁隆平的"成功经验"

"有人问我，你成功的秘诀是什么？我想我没有什么秘诀，我的体会是在禾田道路上，我有八个字：知识、汗水、灵感、机遇。"2019 年 9 月 26 日，西南大学农学与生物科技学院的同学们收到了老学长"杂交水稻之父"袁隆平的回信，信中袁隆平分享了自己成功的"秘诀"。

袁隆平说，"知识、汗水、灵感、机遇"这八个字，知识是基础，比如做遗传学的研究，专业方面的知识就要比较深厚；第二是汗水，应用科学研究要实干苦干才能实践出真知；灵感是思想火花，思想火花来了要把它记好。袁隆平还寄语同学们要做有心人，机遇宠爱有心人，好的机遇也不能放过。

可见，创造性思维的产生、灵感的获得是以现有的知识经验为基础的，在具备了这个基础条件之后再进行思考和探索，才能获得有效的创造性思维成果。

(二)心理因素

情绪波动较大，焦虑不安，悲观失望，狂躁狂言都不利于创造活动的正常进行，灵感也难以产生。心境平静，心情舒畅，乐观豁达，情绪稳定而活跃有助于灵感的产生。

21 岁匈牙利青年数学家鲍里埃独辟蹊径，创立了非欧几何，写信给高斯请求指导，高斯否定了他。因得不到他人的理解、支持，他放弃了。相反，俄国年轻的数学家罗巴切夫斯基，通过独立研究抓到新几何学的真理后，不怕别人攻击他为“怪物”，于 1862 年 2 月 11 日不顾多数人的反对，公开了论文，终于使非欧几何得以诞生。

(三)客观因素

必要的客观条件是诱发灵感产生的物质基础。在古代社会，不会产生发明电视机的灵感，因为那时候还没有掌握发电的技术。在现代社会，一个连实验都没有见过的人，也绝不会对产生发现中子、J 粒子的灵感。一个完全没有数学素养的人，绝不会对希尔伯特问题产生灵感。

【思考与训练 4—6】

1. 19 世纪中叶，美国西部的加州出现了一股淘金热，吸引了无数的美国人去碰运气。17 岁的青年亚默尔原是美国一个贫穷的农夫，一天，他在一张报纸上也看到了这则百字新闻——“加州发现了大金矿”。于是，亚默尔也被卷入了这股发财致富的热潮。

他虽然穷得买不起船票但却不怕辛劳，跟着大篷车风餐露宿奔向加州。当亚默尔看到荒山野谷，气候燥热，水源奇缺时，顿时独具慧眼地发现，这里潜伏着一条利用价值极高的“暗”信息。他权衡利弊后，断然放弃了淘金……几年过后，亚默尔成了美国屈指可数的大富翁。请问：亚默尔可能采取什么行动？

2. 你能举出哪些创造发明是受到灵感启发的？

3. 你在现实生活中，是否得到过灵感的启发，请分享。

第七节　想象思维

爱因斯坦曾说：“想象比知识更重要，因为知识是有限的，而想象力概括着世界上的一切，推动着进步，并且是知识进化的源泉，严格地说想象力是科学研究中的实在因素。”巴甫洛夫认为，鸟儿要飞翔必须借助于空气与翅膀，科学家要有所创造则必须占有事实和开展想象。普朗克说过，每一种假设都是想象力发挥作用的产物。

一、想象的概念

(一)想象的定义

想象是指人们在头脑中塑造过去从未感受过的事物的形象，或者将来才有可能实现的事物形象的思维方式。

(二)想象的功能

1. 预见

想象的预见功能,也称超前认知功能,是指想象能对客观现实进行超前的反映,以形象的形式实现对客观事物的超前认知。人类进行实践活动,总是先在大脑中形成未来活动过程和期望结果的形象,并利用它指导和调节自己的活动,实现预定目的和计划。例如,未来社会是什么样子?人们可以用想象思维进行超前认知。科学家进行科学实验时,需要对实验过程和结果进行超前想象,这种想象对实验过程的进行和实验结果的解释都有着重要的指导作用。想象的超前认知功能在日常生活中也十分常见。居安思危、未雨绸缪、不打无准备之仗都离不开想象。

2. 补充

想象的补充功能,又称补充认知的功能,是指弥补人类认知活动在时间和空间上的局限和不足,或者对象信息不足或很难直接感知对象时,想象可以弥补对对象认知的不足。例如,光的速度是30万公里/秒,某些粒子的生命只有1/100000秒,人无法感知它,但可以想象它;宇宙空间的情况、远古时期的事件,人都无法亲身去感知,但可以想象。想象在戏剧、绘画、音乐和文学作品欣赏中也发挥着重要作用,如小说《红楼梦》里描写王熙凤的语言"一双丹凤三角眼,两弯柳叶吊梢眉,丹唇未启笑先闻"体现了想象的补充功能。

3. 替代

想象的替代功能是指现实中当人的某些需求和活动不能得到实际满足或完成时,可以通过想象从心理上得到某种替代和满足,如"望梅止渴""画饼充饥"。但是,想象的代替功能不宜过度使用。大多数情况下人的需需要真正满足,如果过多地通过想象得到虚假的"满足",人就会慢慢脱离现实,并形成自欺欺人的不良人格特征。

《卖火柴的小女孩》的主人公数次擦燃了火柴,感受到了现实中感受不到的温暖和幸福。小女孩把擦燃火柴想象成火炉从心理上得到了生活中所没有的补偿和慰藉,体现了想象的替代功能。

韩信是我国历史上有名的将领。刘邦想试试韩信的智谋,他拿出一块五寸见方的布帛,对韩信说:"给你一天的时间,你在这上面尽量画上士兵。你能画多少,我就给你带多少兵。"站在一旁的萧何想:这一小块布帛,能画几个兵?但韩信毫不迟疑地接过布帛走了。第二天,韩信按时交上布帛,上面虽然画了些东西,但一个士兵也没有,刘邦看后却大吃一惊。那么,韩信在布帛上究竟画了些什么呢?原来,韩信在布帛上画了一座城楼,城门口战马刚露出头来,一面"帅"字旗斜出,虽没见一兵一卒,却可想象到千军万马。韩信正是凭借着出色的想象力,用这种方式替代了千军万马,最终取得了刘邦的信任。

二、想象思维的概念

想象思维是指人脑通过形象化的概括作用,对头脑内已有的记忆表象进行加工、改造或重组的思维活动。想象思维可以说是形象思维的具体化,是人类进行创新活动的重要的思维形式。

想象思维的基本元素是记忆表象。表象是人脑对外界事物通过形象储存下来的信息,是在大脑中保持的客观事物的形象。想象思维是个体对已有表象进行加工、产生新形象的过程。想象以记忆表象为基础，但它又不是记忆表象的简单再现，而是以组织起来的形象系统对客观现实的超前反映。建筑设计师根据自己在建筑方面的知识经验，可以设计出建筑物的形象。在他们的想象中，记忆表象的画面就像过电影一样，在脑中涌现，经过组合、夸张、人格化、典型化等加工，形成了新的有价值的表象，这时一幢新的建筑物就构思出来了。

三、想象思维的特征

（一）形象性

想象思维是借助形象或图像展开的，不是数字、概念或符号。所以，我们可以根据他人的描述，在头脑中塑造出各种各样的形象。我们在读文学作品时可以想象出人物和场景的具体形象。如，元曲四大家之一的马致远所写的《天净沙・秋思》：

枯藤老树昏鸦，
小桥流水人家，
古道西风瘦马。
夕阳西下，
断肠人在天涯。

短短二十八个字勾画出一幅羁旅荒郊图，这种音节和谐、情景交融、妙含无垠的小令曲，故有“枯藤老树写秋思，不许旁人赘一词”之誉。

头两句枯藤老树昏鸦，小桥流水人家，就给人造成一种冷落暗淡的气氛，又显示出一种清新幽静的境界，这里的枯藤，老树给人以凄凉的感觉，“昏”点出时间已是傍晚；小桥流水人家给人感到幽雅闲致。十二个字画出一幅深秋僻静的村野图景。古道西风瘦马，诗人描绘了一幅秋风萧瑟苍凉凄苦的意境，为僻静的村野图又增加一层荒凉感。

夕阳西下使这幅昏暗的画面有了几丝惨淡的光线，更加深了悲凉的气氛。诗人把十种平淡无奇的客观景物，巧妙地连缀起来，通过枯、老、昏、古、西、瘦六个字，将诗人的无限愁思自然地寓于图景中。最后一句，断肠人在天涯是点睛之笔，这时在深秋村野图的画面上，出现了一位漂泊天涯的游子，在残阳夕照的荒凉古道上，牵着一匹瘦马，迎着凄苦的秋风，信步漫游，愁肠寸断，却不知自己的归宿在何方，透露了诗人怀才不遇的悲凉情怀，恰当地表现了主题，这首小令是采取寓情于景的手法来渲染气氛，显示主题，完美地表现了漂泊天涯的旅人的愁思。

（二）概括性

想象思维实质上是一种思维的并行操作，即一方面反映已有的记忆表象，同时把已有的表象变换、组合成新的图像，达到对外部时间的整体把握，从而概括性很强。科学家把原子结构想象成太阳系，太阳是原子核，核外电子是行星，在围绕原子核高速旋转。

（三）超越性

想象的最宝贵特性是可以超越已有的记忆表象的范围而产生许多新的表象，这正是人脑的创造活动最重要的表现。如，一些重大的发明创造，都离不开超越性的想象。

四、想象思维的类型

（一）无意想象

无意想象是事先没有预定目标，在一定外界因素刺激的作用下，自然而然产生的想象。如，抬头仰望天空变幻莫测的浮云时，大脑中就产生起伏的山峦、柔软的棉花、活动的羊群、嘶鸣的奔马等形象；看到冬季玻璃上的冰花时，就会觉得它像梅花，像树叶等。无意想象可以导致灵感的产生，但是无意想象不能直接创造出新东西，必须借助于有意想象。

（二）有意想象

有意想象是事先设定目标，受主体意识支配的思维活动。在这种状态下，思维总是在创新者的目的需要系统的支配下进行。

根据想象内容的新颖性、独立性和创新性的程度不同，可以将想象分成再造型想象、创造型想象和幻想型想象。

1. 再造型想象

再造型想象是根据语言文字的描述或图样的示意，在大脑中随即形成相应的形象的思维过程。言语描述或图像示意越详细，主体的感性经验越丰富，再造想象的形象也越完善。

案例 4.9　一百两银子

传说，有个商人在外地做生意。听说他的同乡要回老家，于是他托同乡带 100 两银子和一封家书给妻子。同乡在路上打开信一看，原来只是一幅画，上面画着一棵大树，树上有 8 只八哥，4 只斑鸠。这时同乡大喜，既然信上没写多少银子，我留下 50 两，她也不知道。于是，同乡将书信和 50 两银子交给商人的妻子。商人妻子拆开信，看过后说："我丈夫让你捎带 100 两银子，怎么成 50 两了？"那个同乡眼看被识破，连忙说道："我是想试试你聪明不聪明。"连忙把那 50 两银子送还给了商人的妻子。

商人的妻子是如何根据画来判断是 100 两银子，而不是 50 两的呢？她运用的正是再造型想象。由八哥想到数字 8，由斑鸠想到数字 9，从而八乘以八再加上四乘以九，结果恰好等于一百。

2. 创造型想象

创造型想象是创造主体有目的地对自己已有的记忆表象进行加工、改造和重组而产生新形象的思维过程。如，在发明创造过程中，那些形成新概念、构思新形象、设计新产品、研制新技术的过程，都是创造型想象。

创造型想象具有首创性、独立性和新颖性等特点。例如作家所创作的艺术形象虽来源于生活，但它又高于生活。工程师发明的新机器，虽然综合了许多机器的特点，但它又具备有前所未有的新性能、新造型。因此创造型想象比再造型想象更加复杂、更困难，需要对已有的感性材料进行深入地分析、综合、加工、改造，在头脑中进行创造性地构思。

案例 4.10　胰岛素的发现

1923 年的诺贝尔生理学或医学奖颁给了加拿大医生班廷，原因是他和助手一起发现了能控制糖尿病的胰岛素。

糖尿病在当时被看作不治之症，许多医学专家对此进行过大量研究，始终都没有找到有效的控制方法。班廷的这个发现源于他的一个假说和想象。他在研究中发现：

糖尿病患者的胰腺暗点比正常人要小得多，胰腺中岛屿状的细胞所起的作用，是把健康身体内部的多余糖分转变成热能，而当这些细胞不再发挥这种作用时，体内的糖分就会成倍增加。于是他想，这会不会是患者体内糖分成倍增长形成糖尿病的原因呢？经过反复试验，班廷成功地发现了治疗糖尿病的有效药物——胰岛素。

正是班廷的不懈追求，才开启了人类了解糖尿病机理，并给人类战胜糖尿病奠定了坚实的科学基础，挽救了上亿人的生命。

3. 幻想型想象

幻想型想象也称幻想思维或幻想，是创造型想象思维的一种极端形式。其特点是以现实世界为出发点，但其范围不受约束，其结果又往往超出现实太远，有的一时难以实现。幻想型想象与个人愿望相联系并指向于未来事物的想象，是创造想象的准备阶段，也是创造想象的特殊形式。对远古时期的人而言，千里眼、顺风耳、上九天揽月都是幻想型想象。

幻想具有"脱离实际"的重要特点，也正是因为这个特点，幻想思维才可以在人脑中驰骋纵横，才可以在毫无现实干扰的理想状态下进行任意方向的发展，构成了创新思维的重要组成部分。

五、想象思维的训练

（一）粘合

粘合是指把不同事物的某些方面和特征在头脑中结合在一起形成新形象的过程。如美人鱼就是将人与鱼的部分结合在一起形成的新形象；飞马也是将马与鸟的局部结合在一起形成的形象，它们都属于粘合。

（二）夸张

夸张是指对客观事物的形象中的某一部分进行改变，突出其特点，从而产生新形象。诗句"飞流直下三千尺"（《望庐山瀑布》）"夜旷天低树"（《宿建德江》）中"三千尺"和"天低树"都是诗人使用了夸张的想象。千手观音也体现了夸张的想象。再比如九头鸟，也是将鸟的头部特征夸大化。它们都改变了事物的正常特点，都是夸张的体现。

（三）拟人

拟人是指对客观事物赋予人的形象和特征从而产生新的形象。例如"雷公""电母"等许多形象都是将人物的特点加载了雷、电等外界事物上，使之人格化，都是拟人化的典型。与粘合不同的是，拟人化重在突出人的性情，塑造的人物是比较有感情、有思想的。

案例 4.11 十四运吉祥物

十四运吉祥物以陕西独有的"秦岭四宝"朱鹮、大熊猫、羚牛和金丝猴为创意原型，通过拟人想象设计的。朱鹮"朱朱"，手举火炬，展翅飞跑；大熊猫"熊熊"，张开双臂，热情奔放；羚牛"羚羚"，健壮憨萌，阔步向前；金丝猴"金金"，聪明智慧、灵动可爱。身着"富裕黄""圣地红""梦想蓝""生态绿"运动装的吉祥物组合，分别寓意奔向新时代、喜迎八方客、同享新生活、共筑中国梦。

（四）典型化

典型化是根据一类事物的共同本质特征来创造新形象，是文学艺术创作的主要方式。装饰图案画中的花瓣树叶等形象、小说中的人物形象的创造等都属于典型化。比如,鲁迅笔下的祥林嫂是封建的旧中国落后时期受残害妇女的典型,很多旧中国的妇女身上或多或少会有她的影子,属于典型化的一种体现。

六、想象思维的作用

(一)技术发明创造中的主导作用

技术发明是在已有知识、经验材料和掌握的事实的基础上,凭借想象和理论思维及逻辑推理的作用,在思维中构思出尚待创造的新物品的形象,即先在头脑中形成新事物的观念。其次,还要借助于想象,进一步将这种观念具体转化为预期产品的设计蓝图,并对之进行反复修改和完善,使技术发明的观念逐步定型化。由此可见,在技术发明过程中,离不开想象。

(二)在科学发现中的重要作用

科学发现的过程一般要经历三个阶段:提出科学问题和科学假说;研究科学问题和验证科学假说;进行科学抽象以揭示研究对象的本质属性和内在规律。在这三个阶段中,始终离不开想象。

在第一个阶段:提出科学问题和科学假说,需要创造想象和再现想象。人们在探索未知事物及其发展规律的过程中,首先要发现科学问题和创立科学假说。这就需要充分发挥想象力,善于从不同的事物和现象中发现共同的东西,在未知的事物和现象中发现新的科学问题和提出科学假说。

在第二个阶段:科学研究实际进行阶段离不开想象。在这个阶段中,包括实际进行试验、观察和验证科学假说以及搜集事实和积累经验材料的过程,每一步都要靠发挥想象力才能完成。

在第三个阶段:进行科学抽象,即对前两个阶段获取的科技信息资料进行概括或总结,把存在于现象中的事物的规律抽取出来,以完成科研任务。进行科学抽象,更要发挥创造想象的作用,才能揭示研究对象的性质和规律。

(三)在文学艺术创作中的灵魂作用

人的精神文化生活丰富多彩,主要靠的是想象思维。作家、艺术家创作出优美的作品,需要发挥想象力,读者、观众欣赏作品时,也需要借助想象力。

文学创作的写作过程,更多的写作素材来自于生活实践中的体验和生活经验记录,然后在记忆中形成画面和记忆。写作过程中,通过对记忆画面的渲染就是艺术想象的体现。在文学创作中,艺术想象就是将表面现象、心思情感、思维变化、内心活动等等心理特点进行相互渗透和融合的过程。艺术想象更能够发挥出文学作品的感染力和渲染性,在此基础上规范表象活动的分解、转换,从创作者的生活素材描述到创造新的文学作品就需要借助艺术想象的手段进行和实现。例如中国南朝文学理论家刘勰创作的《文心雕龙》中有这样一段话:“故寂然凝虑,思接千载;悄焉动容,视通万里;吟咏之间,吐纳珠玉之声;眉睫之前,卷舒风云之色;其思理之致乎?”艺术想象能使作家的创作视野非常开阔,文学思维极为活跃,情感特别丰富,使历史积淀在大脑中迅速结合,构成新的形象,新的情感变得丰富起来,聚精会神,笔如神助,使作品的趣味性、艺术性、情感性大大增强。

【思维与训练 4—7】

1. 相传有一天，诸葛亮把将士们召集在一起，说："你们中间不论谁，从 1 到 1024 中任意选出一个整数，记在心里，我提十个问题，只要求回答'是'或'不是'。十个问题全答完以后，我就会'算'出你心里记的那个数。"诸葛亮刚说完，一个谋士站起来说，他已经选好了一个数。诸葛亮问道："你选的数大于 512?"谋士答："不是。"诸葛亮又接连向这谋士提了九个问题，谋士都一一作了回答。诸葛亮最后说："你记的那个数是 1。"谋士听了极为惊奇，因为这个数果真是他选的数。你知道诸葛亮是怎样妙算的吗？

2. 请充分发挥你的想象力，说出图 4.1 像什么？答案越多越好。

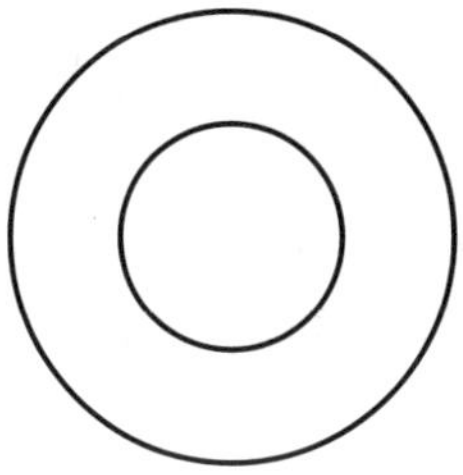

图 4.1 此图是什么？

3. 请思考怎样能一笔画两条直线并把图 4.2 中的四个点通过直线连接起来。

图 4.2 通过两条直线连接的四个点

第八节 联想思维

一、联想思维的概念

日本创造学家高桥浩说，联想是打开沉睡在头脑深处记忆的最简便和最适宜的钥匙。正如牛顿从一个树上掉落的苹果联想到地球引力，又由地球引力联想到万事万物都有引力，从而提出万有引力定律。联想思维就是一种由事物的表象、动作或特征引起相关思考的思维活动。

联想思维是指由此想到彼，并同时发现了它们共同的或类似的规律的思维方式，也指在人脑内记忆表象系统中由于某种诱因使不同表象发生联系的一种思维活动。联想思维和想象思维可以说是一对孪生姐妹，在人的思维活动中都起着基础性的作用。

莫尔斯想制造出能越过大洋的电报信号，开始一筹莫展。一天，他看到拉车的马匹在驿站被换了下来，联想到电报信号的中继站，即每隔一段距离把电报信号放大，便解决了问题。

自古以来,人类架桥是通过修筑桥墩来实现的。当遇到跨度长、地形结构复杂难以打桩架桥时怎么办?发明家布伦特看到蜘蛛吊丝织网,联想到架桥,顿时恍然大悟,从而发明了吊桥。现如今我国建设了一批让世界惊叹的吊桥,向世界展示了“中国建造”的非凡实力。

二、联想思维的特征

联想是一种心理活动的方式,也是一种重要的构思方式。联想思维能够克服两个概念在意义上的差异,并用另外一种意义将它们连接起来,为发明创造灵感的出现产生一些新颖的思想。它主要具有连续性、形象性和概括性的特点。

(一)连续性

联想思维的主要特征是由此及彼,连绵不断地进行,可以是直接的,也可以是迂回曲折地形成闪电般的联想链,而链的首尾两端往往是风马牛不相及的。这个思考过程是从某一事物想到与之有一定联系的另一事物,是连续的。

(二)形象性

联想思维基本的操作单元是表象,是一幅幅画,它又是从整体上把握表象画面,而不是顾及细节如何的思维操作活动。所以,联想思维和想象思维一样十分生动,具有鲜明的形象。联想思维对象是能动的,却不是纯主观性的,是自由的,却不是任意性的。联想思维总是受着客观对象本身的制约和限制,因此它必然地指向一定的方向。

(三)概括性

这里每一组联想、每一幅画面都不是某个具体的形象,而仅仅是带有事物一般特征的形象,具有一定概括的特性。

三、联想思维与想象思维的关系

联想思维与想象思维既有联系,又有区别。共同点主要表现在:呈现非逻辑形式;属于形象思维;都可以借助形象展开;二者可以互为起点。联想思维与想象思维的区别表现在:联想只能在已存入人的记忆系统的表象之间进行;联想不能产生新记忆表象;联想思维的操作过程是一维、线性、单向的;联想思维的活动空间是封闭的、有限的;联想思维的结果不能超越现实。想象可以超出已有的记忆表象范围;想象可以产生新记忆表象;想象思维的操作过程可以是多维、立体、全方位的;想象思维的活跃空间是开放的、无限的;想象思维的结果可以超越现实。

四、联想思维的类型

联想思维可以分成接近联想、相似联想、对比联想、因果联想和强制联想共五种形式。

(一)接近联想

接近联想是根据事物之间在空间或时间、功能或用途、结构或形态上的彼此接近进行联想,进而产生某种新设想的思维方式。比如,看到鲜花就想到春天;看到天安门广场就想到人民大会堂。其中春与雨在时间上是接近的,而天安门广场与人民大会堂在空间上是接近的。

美国雷达工程师斯潘塞在做微波空间分布情况的试验时，发现衣兜内的巧克力被融化了。是什么原因使巧克力融化呢？起初还以为是自己的体温所致。后来经检查发现巧克力的融化原来是雷达装置上的磁控管在起作用，他由此联想到微波能融化巧克力，一定也会使其他食品由于内部分子振荡而温度升高，通过联想发明了微波炉。

接近联想中联想物与刺激物之间只是有关联，并没有什么共同的特征。如，看到儿童就想到幼儿园，六一儿童节等；看到学生，可联想到教室、书本、钢笔等；看到汽车就想到汽油、加油站、红绿灯、斑马线。

（二）相似联想

相似联想是在性质上或形式上相似的事物之间所形成的联想，从而产生某种新设想的思维方式。相似联想就是由某一事物或现象想到与它相似的其他事物或现象，进而产生某种新设想。这种相似可以是事物的形状、结构、功能、性质等某一方面或某几个方面。

根据事物的不同构成和不同属性，相似联想又可以分成原理相似、结构相似、功能相似、色彩相似、声音相似等。

1. 原理相似

对自然界客观存在的事物和人们已经创造出来的事物，从机理或原理上进行对照分析，可以发觉出许多不同类别、不同领域、不同功能甚至不同时代的事物具有十分相似的原理。

案例 4.12 屎壳郎耕作机

1975 年 8 月的一天，炙热的太阳烘烤着大地。四川省汶川县自岩村的青年姚岩松，正坐在一棵树下乘凉。他意外地看到脚旁有一只“屎壳郎”，正推着一团很大的粪球缓缓地向前爬行。

这一十分平常的现象引起了姚岩松的兴趣，他蹲在地上，瞪大两只眼睛观察了半天，似乎悟到了什么，又似乎越来越满头雾水。

第二天他起了个大早，在山坡上又找到一只屎壳郎。为了进一步观察，他用一根白线拴了一小块泥团，套在屎壳郎身上，让它拉着走。

奇怪的是，这块小泥团比昨天的粪球轻得多，可它怎么也拉不动。姚岩松又找了几只屎壳郎来做同样的实验，结果都一样。

这时，姚岩松如梦初醒，原来，拉比推费劲，能够推得动的东西不一定能拉动。

他曾开过几年拖拉机，因为不能行驶在自己家乡狭窄陡峭的山地上而深感遗憾。这时他脑海中忽然闪现出一个想法：能不能学一学屎壳郎推粪球，将拖拉机的犁放在耕作机的前面呢？

根据这一联想，他把从山上采摘来的茅花秆一节一节地切断后，分别制成“把手”“机身”“犁圈”等，经过几天的辛勤忙碌，终于用茅花秆和铁丝做成一台耕作机模型。3 个月后，姚岩松耗资千元制作的耕作机驶入了地里，但它如一头暴躁的小牛，不听使唤。姚岩松为此寝食不安。一天，在岷江河畔，他被一台推土机吸引住，他看出推土机主要是靠履带才具有稳定性强、着地爬动力好的特点。他又联想到，耕作机安上履带不就可以解决同样的问题吗？

经过几个月的辛勤工作，姚岩松终于制成了第一台“履带式耕作机”，但还是没有取得令人满意的效果。后来又经过数百次的改进、试验，直到1992年2月，才成功地推出“屎壳郎耕作机”，它以推动力代替牵引力，突破了耕作机传统的制造方式，具有创造性、新颖性和实用性，在国内属于首创。

2. 结构相似

结构相似联想是指在具有相似结构的事物之间展开的联想。如，一千多年以前，埃及有位音乐家名叫莫可里，在一个盛夏的早晨，他在尼罗河边悠闲地散步。偶然间，他的脚踢到一个什么东西发出一声悦耳的声响，他捡起来一看，原来是一个乌龟壳。莫可里拿着乌龟壳兴高采烈地回到家里，认真观察，反复思考，终于弄清声响的功能和乌龟壳结构之间的联系。于是，他把这种结构用在乐器设计上，研制出世界上第一把小提琴。

3. 功能相似

功能相似联想是指在具有相似功能的事物之间展开的联想。比如，怎样才能达到照明的目的？哪些事物具有照明功能？我们自然可以联想到点油灯、开电灯、点蜡烛、用手电筒等等。

4. 色彩相似

色彩相似联想是指在具有相似色彩的事物之间展开的联想。苏联卫国战争期间，列宁格勒遭到德军的包围，经常受到敌机的轰炸。在这紧急关头，昆虫学家施万维奇从蝴蝶五彩缤纷的花纹能迷惑人的现象中受到启迪，建议对重要目标进行迷彩伪装。这一招果然有效，大大降低了重要目标的损伤率。

5. 声音相似

声音相似联想是由某一事物想到在声音上与之相似的事物。世界上存在各种各样的声音，潺潺的流水声、淙淙的溪水声、哗哗的树叶声、轰隆隆的机器声等等。声音在人类历史长河中具有重要的意义，使得人世间充满了生机和活力传递信息。不同的声音来源于不同的事物，传递着不同的信息，承载着不同的能量。因此，具有不同功能的声音给人们带来了不同的感受。

例如，声响疗法，主要是利用声音的相似性，创造一个良好的多变的音响环境。通过噪声过滤器，发出模拟的春雨声、各种鸟叫声等，使人好像置身于大自然中。

(三)对比联想

对比联想也称相反联想，是指具有相反特征的事物或相互对立的事物之间所形成的联想。如，黑与白、高与矮、大与小、黑暗与光明、温暖与寒冷等。

案例 4.13 “丑陋”的玩具

美国艾士隆公司董事长布希耐一次在郊外散步，偶然看到几个小孩在玩一只异常丑陋的昆虫，爱不释手。布希耐顿时联想到：市面上销售的玩具一般都是形象优美的，假若生产一些丑陋玩具，又将如何？于是，他决定让自己的公司研制一套“丑陋玩具”。如研制的“疯球”就是在一串小球上面，印上许多丑陋不堪的面孔。再如由橡皮做成的粗鲁“陋夫”，长着枯黄的头发，绿色的皮肤和一双鼓胀而带血丝的眼睛，眨眼时又会发出非常难听的声音。这些丑陋玩具一直畅销不衰。

反衬手法是文学艺术创作中经常使用的一种创作手法，就是对比联想的具体运用。比如：

朱门酒肉臭，路有冻死骨。　　一支独秀不是春，百花齐放春满园。

横眉冷对千夫指，俯首甘为孺子牛。　　青山有幸埋忠骨，白铁无辜铸佞臣。

(四)因果联想

因果联想是由两种事物之间存在的因果关系而引起的联想。这种联想往往是双向的，可以由因想到果，也可以由果想到因。

“夜来风雨声，花落知多少”说明了由于在春天的深夜，天公不作美，刮起狂风，下起骤雨，美丽鲜艳的花朵才会凋零飘落。“问渠那得清如许，为有源头活水来”说明了只有源头源源不断地流出水，才能在水渠中见到清澈见底的流水。“不畏浮云遮望眼，只缘身在最高层”说明了因为身处最高层，所以不怕浮云遮挡自己的视野。这些都告诉了我们一种因果关系。

因果联想可以由因想到果，也可以由果想到因。如，人们由冰雪想到冷，由风想到凉爽，由火想到热都是由因想到果。由社会进步想到科技发达，由流鼻涕想到感冒都是由果想到因。

非洲卡拉哈里盆地边缘的草原地带，每逢旱季居民因缺水而惶惶不可终日，但他们发现，生活在此处的狒狒没有因缺水而“搬家”，这说明狒狒能找到水喝。于是，他们给狒狒盐吃，渴急了的狒狒飞奔到一个山洞里，扑向奔流的泉水。这样，当地居民就找到水源。

(五)强制联想

联想可以分成自由联想和强制联想。一般创新活动鼓励自由联想，这样可引起联想的连锁反应，诱发出许多有益的创造发明设想。然而，在思维现实中，有时所提供的两个事物根本就风马牛不相及，但由于实际需要，也得将它们强扭在一起，从中逼出创意。这种维方法，我们将它称为强制联想。

利用强制联想法能促使人们从意义上和概念上缩小不同事物之间的差距，克服惰性意识，荡涤陈旧观念，进行标新立异的思维。这里特别强调，客观事物之间的相互关系从现在看来是无关的，不一定永远无关。多少过去无关的事物，今天已变成了相关的事物，像充气与床垫、机关枪与播种机、帽子与风扇、蛋糕与音乐、房屋与蘑菇、秤与声音、治病与玩具、石头与纸、书与香味等等以往互不相干的事物，被人们联想到一块创造出充气床垫、播种机枪、帽子风扇、音乐蛋糕、蘑菇形房屋、声音秤、医疗玩具、能包火的石头纸、香味书等崭新事物。

强制联想可采用以下两种方法进行：

1. 查阅产品样本法

该法是将两个以上、一般情况下彼此无关的产品(或想法)强行联系在一起，从而产生出独特设想的方法。按照该方法、只需打开产品样本或其他印刷品，随意地将某个项目、某个题目的语句挑选出来，并用同样的方法将第二个项目、题目、语句随意挑出来，将两个合二为一，产生独创性设想。在这种情形下，思维随着两件事的“联系”而产生，跳跃较大，比较容易克服个人经验的束缚、启发人的灵感。比如，深受用户欢迎的保温杯就是将暖水瓶的保温胆与杯子强制联想的结果。又如带电子表的圆珠笔、带小风扇的手电筒等。

2. 二元坐标联想法

众所周知，平面直角坐标系由两条数轴正交组成，横轴和纵轴上的任何一对实数都可以确定平面上的一个点。假如，以不同的事物取代横轴和纵轴上的自然数，那么横轴和纵轴上的任何一对事物，就在平面上形成对应的联想点。这样，即可借助坐标系把人们已知的客观事物都建立起联系，使无数原来不容易或不可能相互联系的事物联系了起来。然后，对创造性的联想点进行预测判断和推理剖析，从中形成前所未有的新形象、新思想。最后经可行性分析确定成熟的技术创造活动的课题。这就是二元坐标联想选题法的基本原理。二元坐标联想法的诞生本身也是联想创造的结晶。

下面举例阐述运用二元坐标联想法探寻和选择创新课题的具体步骤：

第一步，列出联想元素。如玻璃、扇、气、梯、滑行、日历、清凉、照明、手摇、车、纸、流动、座、三角、笔筒、杯等十六个联想元素。列举联想元素时无任何限制条件，可以随心所欲自由列举。联想元素最好取名词、形容词、动词等；

第二步，用联想线沟通所有的元素，编制联想图；

第三步，进行联想和判断，并将联想和判断的结论画在联想线的交点处。联想的时候，要互换组成联想的两个元素的位置。例如"车"和"手摇"构成"手摇车"和"车手摇"的联想，"车手摇"是无意义的联想，"手摇车"是已有的发明。"梯"和"座"也是如此，"梯座"是有疑问的联想，"座梯"是有创新意义的联想；

第四步，从联想图中摘出有意义的联想。如，照明日历（带日历的台灯或夜光日历）、日历扇、清凉扇、照明玻璃（能自行发光或受激发光的玻璃）、照明扇、纸笔筒、三角笔筒、照明车、玻璃座、座梯、清凉纸、照明纸（能发光的纸）、照明笔筒（带笔筒的台灯）、三角日历、玻璃笔筒等；

第五步，对有意义的联想进行可行性分析。可行性分析须从以下五个方面考虑：

（1）有无类似的事物，若有，同它们相比有何不同（从原理、结构、性能、制造工艺、材料、用途、能源、价格、寿命、经济效益等方面对比）；

（2）发明革新或者合理化建议实现和采纳后，对社会的价值和进步的意义；

（3）完成发明和革新需要涉及哪方面的知识和技术，有哪些技术关键；

（4）对于产品的发明和革新，当地现时的生产条件和技术水平是否适应；

（5）确定近期的和长期的研究课题。

二元坐标联想法形式简洁而不单调，富有思想性和娱乐性。运用这种方法不受任何限制。一个学识广博、经验丰富、勇于创新的人，便有可能在二元坐标联想图上涌现无穷无尽的创造性联想。

五、联想思维的训练

（一）类比法

类比法就是通过对一种事物与另一种事物对比进行创新的技法。其特点是以大量联想为基础，以不同事物之间的类比为纽带。在使用类比法进行联想时，需要选择合适的类比对象，也就是说，类比对象的选择应与创新目标具有某种相似性。当然，有的时候根据创新的需要，可以任意选择一个对象进行强制性类比。同时，需要对类比产生的新设想进行验证。

1. 直接类比

直接类比是指根据原型的启发，直接将一类事物的现象或规律用到另一类事物上。白居易《琵琶行》中用直接类比联想的手法描写由琵琶声想到珠玉声："嘈嘈切切错杂弹，大珠小珠落玉盘。"

2. 仿生类比

仿生类比是类比生物结构、功能或原理而产生新成果。如仿鸟类展翅飞翔的姿态，人们制造了具有机翼的飞机；同样发现了鸟类可直接腾空起飞，不需要跑道，又发明了直升飞机；当人们发现蜻蜓的翅膀能承受超过其自身好多倍的重量时，就采用仿生类比制出超轻的高强度材料，广泛用于航空、航海、车辆以及房屋建筑。

3. 因果类比

因果类比是根据某一事物的因果关系推出另一个事物的因果关系，而产生新成果。如，在合成树脂中加入发泡剂，可以得到质轻、隔热和隔音性能良好的泡沫塑料，于是有人就用这种因果关系，在水泥中加入一种发泡剂，结果发明了既质轻又隔热、隔音的气泡混凝土。

4. 对称类比

对称类比是利用对称关系进行类比而产生新成果的思维方式。例如，正电与负电，女用化妆品与男用化妆品等。

（二）移植法

移植法是将某个学科或领域中的原理、技术、方法等应用或渗透到其他学科或领域中，为解决某一问题提供启迪、帮助的创新思维方法。在运用移植法进行联想时，应注意需要从现有的成果出发寻找新载体，从问题出发寻找其他现有成果以解决问题。

原理移植就是将某种科学技术原理转用到新的研究领域。例如，电子语音合成技术使用在贺年卡上、汽车倒车提示器上、公交车上、玩具上。

结构移植就是将某事物的结构形式和结构特征转用到另一个事物上，以产生新的事物。

人们将拉链技术移植到手术中，制造出一种无创、高效、易用的伤口闭合器械，能取代传统缝线、钉合器和闭合胶，可以用在手术切口和裂口中。它的独特之处是不用在身体上打孔，因此几乎不会留下疤痕还可以降低细菌入侵的可能性。

材料移植就是将材料转用到新的载体上，以产生新成果。例：亚硫酸锌（白天吸光，夜间发光）制成电器开关夜光工艺品、航标灯、门牌、钥匙。

方法移植就是将新的方法转用到新的情景中，以产生新成果。

六、联想思维的作用

（一）使两个看上去不相关联的事物建立联系，产生创新设想

通过联想，可以在较短时间内将某些思维对象联系起来，帮助人们找到解决问题的方法。实践证明，人们的联想能力跨度是很大的，两个风马牛不相及的事物，只要在它们之间加上几个环节，就能实现联系起来的意愿。

日本有个叫高井卯吉的大学生，开了一家制造乙烯树脂薄膜的小公司。这种薄膜在

气候寒冷时摸起来会使人感到很冷，因而冬天卖不出去。他想用在薄膜上加一层绒毛的方法来解决这个问题。但是，公司里的五位技术人员一致反对，认为凡是能想到的办法，一定行不通。

高井卯吉并没有放弃。他想，如果在薄膜上植绒毛解决不了问题，那么使薄膜的表面带有小刺，也同样可以达到在冬天手摸起来感觉不到冰冷的效果。此时，他联想到了脚上穿的胶鞋的鞋底一般都有突出来的小块或小刺。

他先在一块木板上钻了许多小孔，然后再把经过加热熔融的乙烯树脂倒上去，冷却以后表面就带有许多小刺，冬天手摸起来就不再感到很冷了。

(二)激活创新思维的活动空间

联想就像风一样扰动人脑的活动空间。由于联想思维具有由此及彼、触类旁通的特征，常常把思维引向深处或更加广阔的天地，导致想象思维的形成，甚至灵感、直觉、顿悟的产生。

【思维与训练4－8】

1. 我们在公共场所经常会看见，不同商场的男女洗手间的标志是不同的，有的用穿裙子和打领结的小人头像表示，有的则用高跟鞋和烟斗表示。请思考，在现实生活中是否存在类似的公厕标志是利用相关联想方式进行设计的呢？

2. 通过自由联想，请在1分钟之内，写出由“杯子”联想到的15个词。

3. 通过接近联想，请在1分钟之内写出与下列词相关的事物。

钢笔　学生　教师　电视机　汽车　红　山　豺狼　钢铁　火焰

4. 通过相似联想，写出下列词语的近义词。

悄悄地　信息　或许　议论　方法　惊讶　培育　快活　渐渐　争辩　黑压压　温暖　诚实　严寒

5. 运用类比思维，根据“争分夺秒：翻山越岭”，在下列选项中选择正确的一项。

(A)深入浅出：前俯后仰

(B)翻云覆雨：想方设法

(C)心服口服：甜言蜜语

(D)以牙还牙：生机勃勃

第五章 创新思维训练

第一节 设问法

或许,大多数人看见绚丽的花朵时会发出“多么美丽的花呀”这样的惊叹。却很少有人会问:“花儿为什么这样红?花儿为什么开在这里?这是什么花?”同时积极寻找答案。

“问题”是一切创新活动的源泉和起点,也是激发思维火花的导火线。无数实践证明能发现问题和提出问题就等于取得了成功的一半。孔子曾说:“疑是思之始,学之端”;教育家陶行知认为:“发明千千万,起点是一问。智者问得巧,愚者问得笨”;科学家爱因斯坦也认为,提出一个问题往往比解决一个问题更重要。可见巧妙地设问对于创新而言是十分必要的,也就是说要创新首先要学会设问,善于设问。

一、设问法的定义

设问法是经常使用的一种推陈出新的创新技法,通过各种假设式的提问探索寻找解决问题的途径。围绕现有的事物,以书面或口头形式提出各种问题,发现现有事物存在的不足之处,找到需要革新的方面,从而发明创造出新的事物。具体地,设问法是指通过有序地提出一些问题,使问题具体化,缩小需要探索和创新的范围,启发人们系统地思考解决问题的可能性,产生创新方案的创新技法。

二、设问法的分类

设问法中最为典型的技法是奥斯本检核表法,较为常用的引申技法有和田十二法、5W2H 分析法、系统提问法等。

(一)奥斯本检核表法

检核表法又称设想提问法或分项检查法。它是由美国创造学家奥斯本发明的,是创造学界最有名、最受欢迎的创新技法。检核表法几乎适用于任何类型与场合的创新活动,因此被称为“创新技法之母”。

检核表法是根据需要解决的问题或者进行创造发明的对象列出有关问题,逐个对它们进行分析,从中获得解决问题的方法和创造发明的设想。

奥斯本检核表法作为启迪思路,开拓思维想象的空间,促进人们产生新设想、新方案的方法。奥斯本检核表法从 9 个不同角度,启发我们提出与思考问题,使思路向正向、侧向、逆向、合向发散开来。主要面对 9 个大问题:有无其他用途、能否借用、能否改变、能否扩大、能否缩小、能否代用、能否调整、能否颠倒和能否组合。

1. 奥斯本检核表法的内容

(1)有无其他用途

现有的事物有无其他用途？保持不变能否扩大用途？稍加改变有无其他用途？如，小麦是一种在世界各地广泛种植的禾本科植物，小麦的颖果是人类的主食之一。根据《诗经》中提及的“麦”所代表的地区，说明公元前6世纪，黄河中下游已普遍栽培小麦。长江以南地区约在公元1世纪，西南部地区约在公元9世纪都已经种植小麦。据《天工开物》记载，明代小麦已经遍及全国，在粮食生产上占有重要地位。小麦经过简单加工，用途广泛。众所周知，小麦的主要用途是食用，因为小麦磨成面粉后，可以做出馒头、面条、面包、饼干、面皮、面筋等面食。那么，小麦是否还有其他的用途呢？答案是肯定的。小麦可以药用或食疗，浮小麦（未成熟的小麦）具有益气、除热、止汗之功效；生麦片可以治疗心血不足、失眠多梦；小麦还可以用来制作燃料乙醇；麦秸秆可以用来制作草帽、凉席、扇子等；把麦秸秆制成颗粒燃料，是一种可再生清洁能源。

(2)能否借用

他山之石，可以攻玉。移植和借鉴已经成为创新的最重要手段之一。从原理、功能、创意和思路等方面通过类比联想找到可以借鉴的思路、方法或技术，移花接木，借月生辉。能否借用可以从以下几个方面考虑：现有的事物能否借用别的经验？能否模仿别的东西？现有成果能否引入其他创新设想？过去有无类似的发明创造？能否超越？

案例5.1　听诊器的发明

一位名叫雷奈克的法国医生，1816年的一天，有个姑娘找他看病。他担心姑娘患上了心脏病，若要诊断准确，最好听一听心音。即使直接听诊，既不合适，也听不清楚。雷奈克在客厅踱步冥想，也没有想出切实可行的办法。正在这时突然想起几天前，他路过的广场上几个孩子正在木料堆上兴高采烈地玩游戏，引起了他的注意，他看到其中有个孩子用一颗大钉敲击一根木料的一端，其他孩子将耳朵贴在木料的另一端来听到了有趣的声音。他灵机一动，将一张厚纸紧紧地卷成一个圆筒，一头按在姑娘心脏的部位，另一头贴在自己的耳朵上。果然，姑娘心脏跳动的声音连其中轻微的杂音都被雷奈克医生听得一清二楚，姑娘的病情确诊。

经过几年的实验，雷奈克设计制造了世界上第一个木质听诊器。后来，经过一代代人的改进，才有了今天的听诊器。事实上，听诊器就是借用声音传播原理而发明制造出来的。

(3)能否改变

现有事物能否简单改变，如改变形状、结构、颜色、味道、声音等？改变后的效果如何？是否还有其他改变的可能性？比如，形状改变。1898年，亨利·丁根将轴承的滚柱改成了圆球，发明了滚珠轴承。正是这一形状的改变，大大提高了轴承的使用寿命。

结构改变。1827年，罗马尼亚发明家彼得拉克·波耶纳鲁发明了第一支钢笔。这项设计因无法控制墨水的流动会造成墨渍或者没有墨，所以还不完善。1884年，路易斯·埃德森·沃特曼对钢笔的笔尖结构进行改造，在笔尖上开个小孔和小沟，书写流畅，克服了波耶纳鲁发明的钢笔供墨不畅的缺点。因此，他被誉为“自来水笔之父”。

再比如，颜色改变。各种产品都注重颜色、造型以增加美感，催生了“技术美学”。利用现代科技开发出彩色钢板、彩色棉花、彩色大米，蓝色玫瑰花，受到人们的青睐。

声音改变。悦耳的音乐能够使人心旷神怡，激发创造力。轻松的音乐能提高人的学习效果。舒缓的音乐可以放松心情，缓解紧张情绪。特别是进行创新思维活动时，可以通过改变环境的声音，激发潜在的灵感。1991年，法国科研人员阿尔弗雷德在《为什么是莫扎特?》一书中，首次提出了"莫扎特效应"的概念，这也是正式文献中首次关于音乐对人的大脑智力有促进作用的表述。1993年美国科研人员劳舍尔和肖等人，通过实验发现莫扎特音乐对人的空间想象和智商有较为显著的促进作用。2016年我国电子科技大学的科研人员通过实验发现，聆听莫扎特的音乐的确有益于人的大脑，可使新生的神经元增加，为"莫扎特效应"增加了新的证据，其论文发表在了英国自然出版集团的《科学报告》上。

爱因斯坦一生酷爱音乐，尤为喜爱莫扎特和巴赫的曲目，认为科学和音乐具有相通的直觉式思维特征。据他的妹妹玛雅和小儿子汉斯回忆，当爱因斯坦在思考极为深奥的物理问题遇到死胡同时，音乐总能起到神灵一样的启示作用，他会突然停下演奏激动喊道："有主意了，灵感在音乐的催生下降生了。"

法国伟大的积极浪漫主义作家雨果也曾说过："开启人类智慧的钥匙有三把，一是字母、二是数字、三是音符。"所以，音乐是否能真的激发人的创造力，不言自明。

(4)能否扩大

对现有事物能否扩大使用范围？能否增加特殊性能？是否可以增加长度，提高强度，延长使用寿命？能否添加新成分？是否可以增加厚度、频率、速度、数量、价值？比如，钢筋混凝土建筑物的寿命一般为60年至100年。日本三家化学公司联合将一种主要成分为乙二醇和氨基醇的乳胶液加到钢筋混凝土中，可以使钢筋混凝土的寿命延长到500年。加入乳液的钢筋混凝土最适合用于海洋建筑物，因为海水对建筑物有腐蚀作用。可见，这种加入乳胶液的混凝土延长了使用寿命，提高了抗腐蚀性能力。

风力发电也是类似的，将家用电风扇的叶片变大，制造风力发电机，就把可再生清洁能源风能变成电能。风能是没有公害的能源之一，而且它取之不尽，用之不竭。对于缺水、缺燃料和交通不便的沿海岛屿、草原牧区、山区和高原地带，因地制宜地利用风力发电，非常适合，大有可为。海上风电是可再生能源发展的重要领域，是推动风电技术进步和产业升级的重要力量，是促进能源结构调整的重要措施。我国海上风能资源丰富，加快海上风电项目建设，对于促进沿海地区治理大气雾霾、调整能源结构和转变经济发展方式具有重要意义。我国可开发利用的风能储量约10亿千瓦。其中，陆地上风能储量约2.53亿千瓦(陆地上离地10米高度资料计算)，海上可开发和利用的风能储量约7.5亿千瓦。截至2022年12月底，全国风电装机容量约3.7亿千瓦，对修复生态环境大有裨益。

(5)能否缩小

能否缩小主要考虑现有事物能否减少、缩小或省略某些部分，能否浓缩化、微型化，能否通过压缩、分割使尺寸变小，重量变轻？可否变窄？可否去掉？可否聚合？

世界上第一台通用计算机于1946年2月14日在美国宾夕法尼亚大学诞生。它是一个庞然大物，用了18000个电子管，占地170平方米，重达30吨，耗电功率约150千瓦，每秒钟可进行5000次运算。

随着现代科学技术的发展，通过集成技术，计算机已由第一代电子管计算机发展成为超轻薄的便携式笔记本电脑。不仅体积变小，重量变轻，计算能力也超快。再比如，

1973年，一名男子站在纽约的街头，掏出一个约有两块砖头大的无线电话，并开始通话，这是当时世界上第一部移动电话。现在，5G可折叠屏幕智能手机也出现在了人们的生活中。

(6)能否代用

现有事物能否由其他材料、元件代替？现有的生产方法、加工工艺能否由其他的方法、工艺代替？现有的生产设备能否由其他设备代替等等。比如，人们用清洁能源代替石油，生产新能源汽车，成本低还环保。

现代农业中的温室大棚用灯光代替太阳光，进行农业生产。在农业农村现代化进程中起着十分重要的作用，既满足了人们的生活需要，也为菜农增加了收入。

(7)能否调整

通过调整布局、功能、计划、规格、程序，得到新用途。比如，由音频放大器、选频电路、延时开启电路和可控硅电路组成的控制系统，生产声控灯，改变了传统灯的手控开关模式，使得生活更加便利。综合应用电路、路灯控制应用电路、吊灯控制应用电路、多种LED驱动电路和光纤照明应用等，人们生产出可以根据环境光线调整的调光灯。

(8)能否颠倒

利用逆反创新原理，进行逆向思维，可以从方向颠倒、位置颠倒、主次颠倒、因果颠倒等四个方面进行思考。现有事物能否从里外、上下、左右、前后、横竖、主次、正负、因果等相反的角度颠倒过来用？如，建筑设计师设计的颠倒屋，天花板变成地板，家具悬挂在上方。英国科学家法拉第把"电流产生磁力"的原理颠倒过来，实现了"磁力能变成电流"的设想，世界上诞生了第一台发电机。

再如，悬挂式单轨列车又被称为空轨或空中列车，进行位置颠倒，让空轨的轨道在列车上方，列车悬挂在轨道梁上运行，是一种轻型、低成本的新型公共交通方式。适用于景区，充分利用空间，增强游客的体验感。

案例5.2 工业缝纫机的发明

手工缝纫时，穿线的孔开在与针尖相反的一端，针先穿过布料，带动线穿过。埃利亚斯·豪颠倒了传统手工缝纫的原理，设计了针孔开在针尖一端的曲针，配合使用飞梭来锁线。1845年，他的第一台模型机问世，每分钟能缝250针，这比好几个熟练工人还要快，真正实用的工业缝纫原理诞生了。

(9)能否组合

利用组合创新原理，进行功能、材料、部件、形状组合。能否进行原理组合、材料组合、部件组合、形状组合、功能组合、目的组合？可重新组合？可否尝试合成？可否尝试配合？可否尝试协调？可否把观念组合？如，将橡皮和铅笔组合在一起，就是带橡皮的铅笔，把几种部件组合在一起变成组合机床，把几种金属组合在一起变成性能不同的合金，把几件材料组合在一起制成复合材料，把几个企业组合在一起构成横向联合公司。

全自动包子机利用组合创新原理，将绞肉机、和面机、压面机组合在一起，构成全自动包包子生产流水线，节约了人力，提高了生产效率。包子机的问世是顺应时代的需求而出现，全自动包子机设备可以生产一条龙，解决包子生产的大问题。只需要把馅料调好、面放进去，剩下的工作交给包子机生产线就可以了，非常方便。

2. 奥斯本检核表法的优缺点

奥斯本检核表法具有以下优点：有助于打破各种思维定势，以问题的形式激发人们的想象力；提醒从各个角度、观点去看待问题，避免了单一化的思维方式；有利于突破不愿提问的心理障碍，使人善于提问和思考；适应性强，不论对象属于哪一类领域，都可以列出很多检核问题。

但是，也存在这样的不足之处：一是奥斯本检核表问题过细、过多，实施起来比较复杂。该技法的核心是改进，一般很难取得较大的突破性成果；二是不应过分拘泥于这一种方法。过分依赖，反而会把它变成束缚自己的条条框框，妨碍自由想象，使本来为防止思考漏洞而采用的检核表变成制造漏洞的根源；三是检核的内容可作适当改变。具体使用时应灵活掌握，根据活动的主要目的，检核对象的主要特点和周围环境来设计检核表；四是检核表法主要提供的是一种思路。由于检核法强调创造发明主体的心理素质的改变，借助克服心理障碍产生更多的思路，因而忽略对技术对象的客观规律性的认识。所以，在使用本技法解决较复杂的技术发明问题时，还需进一步与技术方法结合。

3. 奥斯本检核表法的具体应用

奥斯本检核表法启发我们提出问题和思考问题，使思路沿着正向、侧向、逆向和合向发散开来，帮助人们找到了新的创意或者改进思路。根据创新对象明确需要解决的问题，然后基于这些问题，参照列表中列出的问题，运用丰富的想象力，强制性地一个个核对讨论，写出新设想，进而对新设想进行筛选，将最具有价值和创新性的设想筛选出来。

(1)奥斯本检核表法的实施步骤

第一步，定，确定想要创新的对象。

第二步，找，通过列举法将缺点和希望点一一列举出来。

第三步，对，对应检核表逐一分析。

第四步，提，提出检核表法对应的各种新设想。

第五步，记，记录并构思革新方案。

第六步，选，整合、评价、筛选最终方案。

(2)奥斯本检核表法的操作要领

奥斯本检核表法只是提供了思考的一般角度和思路，思路的运用与拓展还要依赖人们的具体思考。运用奥斯本检核表法时，要结合具体的知识经验，要结合改进对象，通过自行设计大量的问题来提问，提出的问题越新颖，得到的设想越有价值和创意。从而，在实际运用过程中，要注意以下三点：

第一，检核表的内容可以适当改变。

在具体运用检核表时，对检核对象的分析是解决问题的基础。要通过分析产品的功能、性能、市场环境、产品的现状和发展趋势、消费者的购买意愿、同类竞品的替代性等，避免闭门造车式的检核思考。例如，用于管理方面的问题时，要注意明确问题的性质、程度、范围、场所和责任等。换一句话，在具体运用检核表法时，要根据活动的主要目的，检核对象的主要特点以及周围环境等因素来灵活设计检核表。

第二，检核表的提问方式要尽可能多样化。

疑与问是创新之母，人们提出的问题越多，其创新的机会就越多。奥斯本检核表法正是依据这样的思路提出来的。它要求人们强制自然按照检核表的 9 个方面，尽可能多地提出问题和思考问题。同时,它要求人们克服不愿意提问或不善于提问的心理障碍,为进一步分析问题和解决问题奠定良好的基础。

第三,检核表法应用要结合其他创新方法。

尽管奥斯本检核表法从 9 个方面比较全面地提出了创新需要考虑的问题,但是这些问题毕竟是有限的,在实际中,还需要将其他创新方法结合起来使用。如果仅仅拘泥于奥斯本检核表法,反而会变成束缚自己思维的条条框框。此外,由于奥斯本检核表法强调创新主体心理素质的改变,强调借助克服心理障碍产生更多的思路,忽略对技术对象的研究和对客观规律的认识。因此,在使用奥斯本检核表法解决复杂的技术发明问题时,它仅能提供一个大致的解决问题的思路,需进一步与具体的技术法结合使用,才能最终解决问题。为了防止思考角度的疏漏,要求使用者视野开阔、思维灵活、探究深入。

【思考与训练 5—1】

从下列物品中任选一种,运用奥斯本检核表法进行分析并提出解决方案。

自行车、水龙头、保温瓶、钢笔、电话、手机、落地灯、空调

1. 基本要求:根据整合而成的解决方案,写出分析报告。

(1)列表;(2)分析重点问题;(3)寻找解决方法;(4)确立方案(不少于 800 字)。

2. 训练要求

(1)训练时要聚精会神、紧张快速;(2)不必考虑思考结果是否正确;(3)一旦找不到新的思路,就转入下一个步骤;(4)详细地记录各种设想。

3. 操作要点

(1)将每一条设问看作是一种单独的技巧性方法;

(2)要借助联想、发散等思维形式;

(3)思考过程中要敢于发问,可以单独思考,也可以集体思考,要把所有的思考结果搜集起来,整合成一个解决方案,具体如表 5.1 所示。

表 5.1　奥斯本检核表

序号	检核项目	各种发散性设想	初选方案
1	用无其他用途		
2	能否借用		
3	能否改变		
4	能否扩大		
5	能否缩小		
6	能否代用		
7	能否调整		
8	能否颠倒		
9	能否组合		

(二)和田十二法

1. 和田十二法的定义

和田十二法,又称和田创新法则(和田创新十二法),是我国创新教育工作者许立言、张福奎在奥斯本检核表法的基础上,借用其基本原理,结合我国青少年小发明的特点加以创造而提出的一种创新技法。和田十二法是一种有效的发明用检核表,也称为动词提示检核表法、思路提示法。

和田十二法既是对奥斯本检核表法的一种继承,又是一种大胆的创新。其中的"联一联""定一定"等就是一种新发展。同时,这些技法更通俗易懂、简便易行、便于推广。

2. 和田十二法的内容

和田十二法指人们在观察、认识事物时,考虑是否可以加一加、减一减、扩一扩、缩一缩、变一变、改一改、联一联、学一学、代一代、搬一搬、反一反、定一定等 12 个方面的内容。

(1)加一加

"加一加"主要是利用组合创新原理,从添加、增加、附加、组合的角度考虑,将某件物品或加大一点,或加长一点,或加高一点,或将功能增加一点来达到改进物品功能的目的。

其核心要义是在某物品上添加一点什么或者这件物品与其他东西组合在一起,行不行?加一加会变成什么新东西?这些新东西有什么新功能?日常生活中的有很多实例。如,将两种颜色的笔芯放在一支圆珠笔杆中,就变成了双色圆珠笔,在使用时可随时选用不同颜色;在圆珠笔杆上加上裁纸刀可以随手把写好的纸条裁剪下来;在圆珠笔杆上加上小木梳,外出旅行的人们使用起来十分方便;圆珠笔和改正液组合在一起,形成多用笔,实现了圆珠笔的修改新功能。再比方说双层公共汽车就是把普通公交车增加一层,变成双层公交车。这样充分利用机动车辆界限给出的空间,增加了载客量,提高了客运输送能力。

案例 5.3 伽利略改进望远镜

1608 年,荷兰眼镜制造商汉斯李普希的两个儿子,从店铺里拿来一片凹镜和一片凸镜,一前一后地摆着。他们透过镜片惊讶地发现远处建筑上的风标又大又近。1609 年,这一消息传到了意大利,伽利略知道了,他按此方法制作一台放大 3 倍的望远镜。后经不断改进,使望远镜能放大 20 倍,他用此观察到月球表面高低不平的环山。1610 年,他又用放大 30 倍的望远镜观察到木星的 4 颗卫星,看到金星的圆缺变化。这些新发现,成为哥白尼日心说的有力证据。后人常说:"哥伦布发现新大陆,伽利略发现新宇宙"。

案例 5.4 缺失数据的插补

数据缺失在统计调查研究中是一种非常常见的现象。产生这种现象的原因有很多种,每种缺失都会给统计分析带来不同程度的影响。当缺失比例很小时,可以舍弃缺失记录,按照完全记录进行数据处理。当缺失数据比例较大时,如果不能采取有效的方法对缺失数据进行补充,会丢失大量信息,产生偏倚,使不完全观测数据与完全观测数据之间有系统差异,无法得到科学合理的解释和结论。经过一代代统计人的共同努力,提出了有效解决这类问题的方法。通常采取插补的方法,即加一加的方法对缺失数据进行补充。缺失数据插补的方法包括单一插补法和多重插补法。其中单一插补法包括均值插补法、回归插补法、随机插补法、最近距离插补法、冷卡插补法等;而多重插补法包含回归预测法、倾向得分法、蒙特卡罗的马氏链法等。

在使用“加一加”技法的过程中,要注意以下三点:

第1,“加一加”要有选择性。关键在于功能移植和原理的整合,并非简单相加。

第2,“加一加”要有实用性。通过组合提高效益、增加功能,更加实用。

第3,“加一加”要有创造性。通过组合要使产品内部协调、相互补充,更加先进。

(2)减一减

“减一减”恰好与“加一加”相反,从删除、减少、减小、去掉的角度考虑将物品减少一点,减轻一点或减低一点,使它的形态、功能、性能等发生变化。如,考虑这个物品还能减去些什么呢?可以减少时间或次数吗?把它降低一点、减轻一点行不行?可省略、取消什么东西吗?日常生活中,随处可见利用“减一减”的实例,具体如表5.2所示。

表5.2 利用“减一减”方法的实例

物品	减少了什么	变成的新物品	具有的新功能
景点门票	购票次数	年票	方便游客,减轻工作人员负担
一般眼镜	镜架	隐形眼镜	不易摔坏,美观
长袖T恤	袖子	短袖T恤	散热性更好

统计学中,在研究实际问题时,往往需要收集多个变量。但这样会使多个变量之间存在较强的相关关系,即这些变量之间存在较多的信息重复,直接利用它们进行统计分析,不但模型复杂,还会因为变量间存在多重共线性而引起较大误差。为了能够充分利用数据,通常希望用较少的变量尽可能多的反映整体的信息。主成分分析和因子分析正是解决这类问题的有效方法,能够提取信息,使变量简化降维,从而使问题更加简单直观。

案例5.5 爱迪生发明电灯

1878年,爱迪生决定制造出物美价廉的电灯。为了研制电灯,爱迪生在实验室里常常一天工作十几个小时,有时连续几天进行试验,发明炭丝作灯丝后,他又接连试验了1600多种植物纤维,最后又选用竹丝,通过高温密闭炉烧焦,再加工,得到炭化竹丝,减轻了重量和阻力,装到灯泡里,再次提高了灯泡的真空度,电灯竟可连续点亮1200个小时。

(3)扩一扩

从加大、扩充、延长、放大的角度考虑将某件物品放宽一点或扩大一点,使它的功能产生明显的变化。其方法把这件物品放大或扩展后会怎样？加长一些、增强一些能不能提高功效？

巨型电子屏幕就是扩一扩方法的具体应用。南宁市民族广场的LED电子屏幕将普通电视屏幕扩大，制成街头的巨型电子屏幕，使得播放内容更加醒目。天文望远镜将普通望远镜扩成又长又大的天文望远镜，口径可达1米，它收集的光是人肉眼的4万倍，放大率达3000倍。用这种望远镜观看天空，38万公里之外的月球，就好像在128公里的近处一样。

再如，2016年，我国成功自主研发的500米口径球面射电望远镜——“中国天眼”是世界上口径最大、最灵敏的射电望远镜。“中国天眼”首席科学家、总工程师南仁东获得“人民科学家”国家荣誉称号。

“中国天眼”有多大？它口径500米，发射面积相当于30个标准足球场那么大。如果在它里面倒满矿泉水，全世界70亿人平均每人可分4瓶。它能看多远？能看穿130多亿光年的区域，接近宇宙边缘。有了它，可以推动对宇宙深空的了解与探测，为天文学的发展提供新的可能。“中国天眼”有能力将中性氢观测延伸至宇宙边缘，重现宇宙早期图像；能用一年时间发现数千颗脉冲星，建立脉冲星计时阵，参与未来脉冲星自主导航和引力波探测；主导国际甚长基线干涉测量网，获得天体超精细结构；进行高分辨率微波巡视，检测微弱空间信号；参与地外文明搜寻。

截至2021年5月，“中国天眼”发现脉冲星逾370颗，并在快速射电暴等研究领域取得系列重大突破。2021年3月31日，“中国天眼”正式向全球天文学家开放。今后，“中国天眼”将进一步在低频引力波探测、快速射电暴起源、星际分子等前沿方向加大探索，加强国内外开放共享，推动重大成果产出，勇攀世界科技高峰。我们青年一代科学家也将努力“用”好凝结了中国四代科学家心血的“天眼”，产出更多科研成果，推动人类对宇宙的探索和认知。

(4)缩一缩

“缩一缩”从改小、缩短、缩小的角度考虑将某件物品的体积缩小一点或长度缩短一点，使人们使用起来更方便，甚至改变其功能。“缩一缩”主要从以下方面考虑，把这件物品压缩、缩小后会怎样？拆去一些、缩短一些、减轻一些行不行？人们常采用卷绕、折叠、伸缩、压缩的方法减少体积、重量、长度。

日常生活中，有很多的实例，如表5.3中列出的都是常见的“缩一缩”方法的应用案例。

表5.3　利用“缩一缩”方法的实例

物品	缩小了什么	变成的新物品	具有的新功能
一般饼干	体积	压缩饼干	方便携带
传统干电池	体积	纽扣电池	适用于体积小的物品
纸质书籍	信息存储空间	电子书籍	方便携带，易于保存
热水瓶	体积	保温杯	方便携带

海尔集团是全球领先的美好生活和数字化转型解决方案服务商。在持续创新创业

的过程中，海尔集团始终坚持“人的价值第一”的发展主线。为了满足人们对美好生活的向往，制造出一种小型的电冰箱，深受欢迎。

美国施乐公司曾经辉煌一时，其辉煌源于20世纪最伟大的发明之一，即静电复印技术，因为这项伟大的发明，施乐公司1962年就跻身于全球500强企业的行列，成为复印机领域的领军人物。但是，这些复印机体积庞大，只能放在固定地点，工作方式被称为“集中复印”。另外由于操作复杂，还需要安排专人进行管理和操作。如果有人想要复印资料，就必须前往复印机放置点才行。这种工作方式不仅麻烦，而且保密性也不好，即使老板想要复印某个机密文件，也不可避免地要经过复印操作人员过目。佳能公司意识到，要想从施乐公司手中分得复印机市场的份额，就要反其道而行之，推出体积小、操作简单、价格便宜的复印机。为此，佳能公司开发出了自己的复印技术，率先生产出第一款小型办公和家用复印机产品，迅速受到了用户的青睐，并占有了市场大部分份额。正是这样，佳能利用小型复印机将施乐打下马。

(5)变一变

“变一变”主要从形状、颜色、声音、味道、顺序等角度改变某物品件的形状、颜色等设计新产品。如，改变形状、颜色、味道后会怎样？改变顺序行不行？

例如，最初的电扇都是黑颜色的，此后很长一段时间几乎所有的电扇都沿用黑色。1952年，受到经济动荡的影响，生产电扇的东芝公司积压了大量黑色的电扇。一个职员提出建议，将电扇的黑色改为浅色。公司采纳了这个建议，生产了一批浅蓝色的电扇，大受顾客欢迎。市场上掀起了一股抢购热潮，电扇从此也一改清一色的黑面孔，变得多姿多彩。

再如，以前铅笔的形状都是圆柱状的，这种铅笔容易滑落，且长时间使用了容易造成疲劳感。后来，人们将铅笔的形状由圆柱改成三棱柱，不易从手中滑落，也不容易从课桌上滚落，提高了使用效率，还有助于矫正小学生的握笔的姿势。

(6)改一改

“改一改”考虑将某件物品体积缩小一点或缩短一点，更方便人们使用，甚至有可能改变它的功能。这件物品压缩、缩小后会怎样？拆下一些、做薄一些、降低一些、缩短一些、减轻一些、再分割得小一些行不行？

对原有的事物进行修改，使它消除缺点，变得更方便、更合理、更新颖。例如以前的饮料大多是用玻璃瓶装，运输、保管和使用都不方便。改变一下饮料杯的结构，使用塑料瓶或者纸制软包装极大地方便了人们的生活。再如，在日常生活中，市面上销售的饮料多达数十种。王老吉，开始的七年不瘟不火，后来通过改变营销策略，精准品牌定位，在传播内容选择上，充分考虑终端广告应直接刺激消费者的购买欲望，将产品包装作为主要视觉元素，集中宣传一个信息：“怕上火，喝王老吉。”创造了饮料销售的一段佳话。

(7)联一联

“联一联”是指把一个物品与另一个物品拼接起来。可以从这几个方面考虑：这事有什么因果的联系吗？能从中找到解决问题的办法吗？把某些东西或事情联系起来，能帮助我们达到目的吗？

1880年，苏格兰医生福尔茨第一次提出了指纹“人各不同、终生不变”的特性。1892年，英国统计学家高尔顿在《指纹学》中提出了三个影响重大的科学论点：指纹终生不变；

指纹可识别；指纹可分类。1896年，亨利进一步研究，得出一套指纹分析法，世人称为“高尔顿－亨利指纹分类系统”。该系统将指纹分为乎拱型、凸拱型、挠骨环状型、尸骨环状型、螺纹型五种类型。因为每个人的指纹都是独一无二，终身不变的。从而指纹广泛应用于契约、刑事科学和安防系统中。我国是世界公认的应用指纹最早的国家，对指纹的认识与运用已有数千年的历史。现代，人们将指纹技术与门锁联系在一起生产指纹锁，提高了门锁的安全性。

(8)学一学

“学一学”就是通过学习别人的做法，模仿现有产品的形状、颜色、性能、规格、功能、动作等，领会别的产品的核心内涵进行创新活动。有什么事物可以让自己模仿、学习一下？学习或模仿它的某些形状、结构、原理、方法。这样做会有什么好的效果？又会产生哪些新东西？

“学一学”最典型的技法就是仿生学。例如，模仿海豚皮肤的特殊结构制成了鱼雷的外壳，在航行中将阻力减到最小；鲁班模仿有锯齿的小草发明了锯子；模仿企鹅的行走方式制造了沙漠跳跃机；模仿蜻蜓的飞行方式发明了飞行器；模仿鲨鱼的皮肤制造出游泳衣等等。值得注意的是，如果单纯模仿别的产品的外形、结构、颜色等表面内容，则容易陷入另一个误区，就是山寨产品。

(9)代一代

“代一代”是指利用换元创新原理，用其他事物或方法代替现有的事物和方法，进行创新活动的一种思路。用其他材料、零部件、方法行不行？换一个模型、要素行不行？曹冲称象，用水的浮力代替秤(部分)，用石块代替大象，成功得到了大象的体重。乌鸦喝水不一定非得打翻瓶子，扔石头就行。

(10)搬一搬

“搬一搬”利用移植创新原理，把原理、技术或方法搬到其他领域产生新原理、新方法、新技术、新用途等。把这件东西搬到其他地方，还能有别的用处吗？这个想法、道理、技术搬到别的地方，还能用得上吗？可否从别处听取到意见、建议？可否借用他人的智慧？

CT技术是一种被称为X射线计算机断层扫描的技术，在医学临床上应用已有70年的历史。这是迄今为止最重要的医学发明之一，今天所有的影像设备都在学习CT的断层成像原理。比如，数字减影－血管造影，一种血管显影的手段，是血管疾病无创诊断与介入治疗手术导航的重要依据，广泛应用于X射线序列成像中的血管的可视化系统中。此外，人们将CT技术广泛应用到地下煤、石油、天然气的勘探中，取得了很好的效果。

(11)反一反

“反一反”通过逆向思维，把事物形态、性质、功能以及它的正反、上下、左右、前后、横竖、里外等颠倒一下，从而产生新的事物。如果把一件东西、一个事物的正反、上下、左右、前后、横竖、里外颠倒一下，会有什么结果？

例如，人们常用的泡茶方法是，把茶叶从袋子里取出来放到茶碗(茶杯或茶缸)里，用开水泡开，茶叶在水中四散漂开，喝茶时不小心茶叶还往嘴里钻。有人反过来想，把茶叶留在袋内一块儿泡，克服了传统喝茶的不便，于是袋泡茶就应运而生了。

传统的梯子是梯子相对固定，人在梯子上移动。如果是高层建筑，走楼梯很累，人们将“人动梯不动”的原理颠倒过来，利用“梯动人不动”，制造了手扶电梯、升降电梯，这样就节省了人们的体力。再如动物园里，一般是将动物圈养起来，游客在笼子的外面观赏。有一些野生动物园，刚好反过来，将猛兽放养，游客坐在带有防护网的观光车里近距离观赏动物。

(12)定一定

“定一定”是指对某些发明或产品给出新标准，或为了解决某一问题或改造某件东西，为了提高学习、工作效率和防止可能发生的事故或疏漏等，而需要作出一些规定，从而进行创新的一种思路。为了解决某个问题或改进某件东西，为了提高学习、工作效率和防止可能发生的事故或疏漏，需要规定些什么吗？

例如，有人用“定一定”创新技法发明了一种“定位防近视警报器”。他利用微型水银密封开关，将其与电子元件、发音器一起安装在头戴式耳机上，经调节，规定头部到桌面的最近距离，当头低到超过这个规定值时，微型水银开关接通电源，并发出警告声，提醒人们要端正坐姿。

3. 应用和田十二法注意事项

在应用和田十二法开展创新活动时，需要注意以下事项：

第1，切忌死记硬背，和田十二法的价值在于如何在实践中应用。如果只把它作为一种知识简单记住，则毫无意义。

第2，需要丰富的知识经验作为基础，离开了必要的知识与生活经验，把和田十二法背得再好也解决不了问题。

第3，要综合运用和田十二法中的每一个方法，因为这里的每一个方法都侧重于解决问题的某一个角度。同时，和田十二法作为一种提供方向、思路和方法的创新技法，要想彻底解决问题，还需要与其他创新方法结合起来使用。

【思考与训练5—2】

1. 利用和田十二法对U盘、共享单车进行创意设计。
2. 和田十二法与奥斯本检核表法的区别是什么？
3. 在应用和田十二法时应注意哪些事项？
4. 举例说明和田十二法中“反一反”技法的应用。

(三)5W2H分析法

1. 5W2H分析法的定义

5W2H分析法，又称为七分析法，是由美国陆军首创的设问方法。这种设问法简单、方便、易于理解和使用，富有启发意义，已广泛应用于技术活动和企业管理，对于决策和执行性的活动措施非常有帮助，同时有助于弥补考虑问题时出现的疏漏。

5W2H分析法的发明者用5个以W开头的英文单词和2个以H开头的英文单词进行设问，发现解决问题的线索，寻找创新和发明新项目的思路，更进一步进行设计构思，得到新的发明项目，这就是5W2H分析法。主要强调从提出问题并从中选择性价比最高的方法和路径来实现预定目标的高效思维过程。我国著名教育家陶行知写过一首名为《5W2H法》的小诗：

我有几位好朋友，
你若想问其姓名，
何事何故何人何时何地何去，

还有一个西洋派，
若向七贤常请教，
曾把万事指导我，
名字不同都姓何，
好像弟弟和哥哥，
姓名颠倒叫几何，
即使笨人不会错。

(1)5W2H 分析法的具体含义

5W2H 分析法提问的 7 个角度，几乎涵盖了任何事物和过程的所有方面。因此，这一方法原则上可用于任何领域的任何问题。只要针对事物性质灵活具体地赋予这几个方面适当的内容，就能抓住事物存在的根本方面和制约条件来分析问题，往往会一下子找到问题发生的根本原因，有些事物的缺点并非一眼就可以看出来，借助缺点列举法可以找到缺陷，但有的缺陷即使找到了，产生原因却相当复杂，若能进一步使用 5W2H 分析法，则能抓住缺陷、问题背后的原因，就能使解决问题的范围得以确定，使问题迎刃而解。

5W2H 分析法中的 5 个 W 和 2 个 H 的具体含义如下(详细内容见表 5.4)：

5 个 W 代表 5 个英文单词：what，why，who，when，where。其中，

what——做什么？是什么？目的是什么？

why——为什么要做？可不可以不做？有没有替代方案？

who——谁？由谁来做？

when——何时？什么时间开始？什么时机最适宜？什么时间完成？

where——何处？在哪里做？从哪里入手？针对哪个用户？

2 个 H 代表 2 个英文单词：how，how much。其中，

how——怎么做？如何提高效率？如何实施？方法怎样？

how much——多少？做到什么程度？数量如何？质量水平如何？

表 5.4 5W2H 分析法的具体含义

项目	含义
WHAT	1. 目的：未来的终极目的；2. 对象：工作的对象；3. 概况：现在的状况；4. 重点：事物的核心
WHY	思考原因。1. 过去：存在的劣势；2. 现在：解决的问题；3. 未来：发展的优势
WHO	相关主体对象、执行对象 1. 按照性质分：个人、公司、组织； 2. 按照层级分：执行者、收益者、决策者、影响者
WHEN	1. 何时开始；2. 何时结束；3. 适合时机
WHERE	1. 范围；2. 地点；3. 切入点
HOW	1. 方法：提高效率、规避风险； 2. 如何做。过去：怎样改进；现在：怎么避免失败；未来：怎么发展
HOW MUCH	1. 数量；2. 质量；3. 成本

(2)5W2H 分析法的优点

第 1,可以准确界定、清晰表达问题,提高工作效率。

第 2,分析问题时,容易抓住事物的本质和关键。

第 3,简单易懂,方便使用,富有启发意义。

第 4,有助于思路条理化、全面化,杜绝盲目性和片面化。

2. 5W2H 分析法的实施步骤

使用 5W2H 分析法,通常分成 6 个步骤,而且是一个循环的过程。

(1)利用 5 个 W 和 2 个 H 提问,分析现状。

(2)在掌握现状的基础上,利用 5 个 W 和 2 个 H 提问,对未来状况进行预测。

(3)如果上述两个步骤的回答中,存在不能令人满意或无法解决的问题时,那么这些问题就是下一步的突破口。

(4)根据突破口,再一次利用 5 个 W 和 2 个 H 提问,找到解决问题的新思路。

(5)作出评估,形成决策,并且认真执行。

(6)利用 5 个 W 和 2 个 H 提问,评估执行效果。若不满意,进行下一轮的检查,重复上述五个步骤。

如,中国国际"互联网+"大学生创新创业大赛和"挑战杯"大学生创新创业大赛是两类知名度、认可度很高的学科竞赛,5W2H 分析法可以用来分析创新创业项目,给参赛的同学提供创新创业项目设计思路,提高参赛作品的质量。

what——做什么? 这个项目的核心是什么? 解决什么关键问题?

why——为什么要做这个项目? 为什么是我们来做这个项目?

when——什么时间开始做这个项目? 什么时间可以盈利?

where——产品的研发生产地,产品的销售市场在哪里?

who——产品的客户群,项目潜在投资者,管理团队是谁?

how——产品如何研发、生产、营销、竞争、管理、融资等。

how much——前期营业额,市场占有率,融资计划等。

此外,5W2H 分析法也可用于统计调查项目的分析上。

what——调查项目的名称。

why——调查的目的。

when——调查的时间。

where——调查的范围。

who——调查对象。

how——调查方法。

how much——调查对象的数量。

案例 5.6 第七次全国人口普查

根据《中华人民共和国统计法》和《全国人口普查条例》规定,国务院决定于 2020 年开展了第七次全国人口普查。下面来看 5W2H 分析法在第七次全国人口普查中的具体应用。

(1)what——第七次全国人口普查的基本内容

这次普查主要调查人口和住户的基本情况,包括姓名、公民身份号码、性别、年龄、民族、受教育程度、行业、职业、迁移流动、婚姻生育、死亡、住房等情况。同时,做好信息保密工作。

(2)why——开展第七次全国人口普查的原因

第七次全国人口普查是在中国特色社会主义进入新时代开展的重大国情国力调查,将全面查清中国人口数量、结构、分布、城乡住房等方面情况,为完善人口发展战略和政策体系,促进人口长期均衡发展,科学制定国民经济和社会发展规划,推动经济高质量发展,开启全面建设社会主义现代化国家新征程,向第二个百年奋斗目标进军提供科学准确的统计信息支持。

(3)when——第七次全国人口普查的时间

第七次全国人口普查正式入户登记开始时间是2020年11月1日零时(普查的标准时点),入户登记结束时间2020年12月10日。2021年4月开始陆续公布普查的主要数据。2021年5月11日上午10时,国务院新闻办公室召开新闻发布会,介绍第七次全国人口普查主要数据结果。

(4)who——第七次全国人口普查的相关人员

① 第七次全国人口普查的对象

第七次全国普查标准时点在中华人民共和国境内的自然人以及在中华人民共和国境外但未定居的中国公民,不包括在中华人民共和国境内短期停留的境外人员。

② 第七次全国人口普查的组织者

国务院成立第七次全国人口普查领导小组,负责普查组织实施中重大问题的研究和决策。普查领导小组办公室设在国家统计局,具体负责普查的组织实施。各成员单位要按照职能分工,各负其责、通力协作、密切配合,共同做好普查工作。

③ 第七次全国人口普查的执行者

地方各级人民政府设立相应的普查领导小组及其办公室,认真做好本地区普查工作。地方普查机构可根据工作需要,招聘或者从有关单位借调符合条件的普查指导员和普查员。普查员负责入户登记调查。

(5)how——如何展开第七次全国人口普查

①普查原则:全国统一领导、部门分工协作、地方分级负责、各方共同参与。普查方法由经过严格培训的普查人员逐户入户,采取电子化方式开展登记普查。国家统计局统一组织人口普查数据的事后质量抽查工作。

②工作要求:依法普查;确保数据质量;提升信息化水平;加强宣传。

(6)how much——怎么展开第七次全国人口普查

按规定,第七次全国人口普查工作分三个阶段进行。

① 普查准备阶段(2019年10月—2020年10月)

组建各级普查机构,制定普查方案和工作计划,进行普查试点,落实普查经费和物资,开展普查宣传,选聘培训普查指导员和普查员,普查区域划分和制图,进行户口整顿,开展摸底等。2020年10月31日前全部完成。

② 普查登记阶段(2020 年 11 月—12 月)

普查员入户登记,进行比对复查,开展数据质量抽查等。这是整个普查工作中最为关键的环节,也是工作量最大、动员力量最多、直接决定普查数据质量的重要阶段。

③ 数据汇总和发布阶段(2020 年 12 月—2022 年 12 月)

这一阶段的主要工作是:数据处理、评估、汇总,发布主要数据公报,普查资料开发利用等。

3. 5W2H 分析法的细化与提升

5W2H 分析法的细化与提升过程见表 5.5.

表 5.5　5W2H 分析法的细化与提升

5W2H	第一层	第二层	第三层	第四层次	结论
WHAT	何事	为什么做这事	有更合适的事	为什么是更合适的事	定事
WHY	何故	为什么是这原因	有更合适的原因	为什么是更合适的原因	定因
WHO	何人	为什么是这人	有更合适的人	为什么是更合适的人	定人
WHEN	何时	为什么是这时间	有更合适的时间	为什么是更合适的时间	定时
WHERE	何地	为什么是这地方	有更合适的地方	为什么是更合适的地点	定地
HOW	何法	为什么用这方法	有更合适的方法	为什么是更合适的方法	定法
HOW MUCH	花费	为什么是这费用	有更合理的花费	为什么是更合适的花费	定费

4. 5W2H 分析法的运用技巧

第 1,简化。无论何种动作、工作、工序、布局、地点等,都可以变得简单一些。

第 2,取消。对现场工作程序进行识别,看看能不能排除某道工序,如果可以的话,就取消该工序。

第 3,合并。能不能几道工序合并,尤其流水线上合并技巧的应用能达到立竿见影的效果。

第 4,改变。前面的方法不可行,可以改变工作的顺序或者改变工艺来提高效率。

【思考与训练 5—3】

运用 5W2H 分析法对下列问题进行分析提出解决方案。

(1)分析食堂的不足之处。

(2)经销商如何选择有潜力的服装品牌?

基本要求:根据整合而成的解决方案,写出分析报告。列表;分析重点问题;寻找解决方法;确立方案(不少于 800 字)。

第二节 列举法

一、列举法的概念

列举法是在美国内布拉斯加大学教授克劳福德创造的属性列举法基础上形成的，是具体运用发散思维来克服思维定势的一种创新技法。该技法人为地按照某种规律列举出创新对象的要素分别加以分析研究，以探求创新的落脚点和方案。

（一）列举法的定义

列举法是将研究对象的某方面属性（如特点、缺点或希望点）一一罗列出来，对其进行分析研究，从中探求出各种改进方法的创新思维方法。

（二）列举法的分类

列举法运用分解和分析的方法，作为一种最基本的创新技法应用广泛，常用于简单设想的形成与发明目标的确定。按照所列举对象的不同，列举法可以分为以下 5 类：属性列举法、希望点列举法、缺点列举法、成对列举法、综合列举法。

（三）列举法的特点

列举法有助于克服感觉、知觉不敏锐的障碍，把思维从僵化、麻木的状态下解放出来，有利于简化创新方式，化完全创新为在列举的基础上进行判断，促使人们全面感知事物，防止遗漏。列举法的特点归纳起来，主要有以下四点：

第 1，采用了系统分析的方法，重视需求的分析，使创新过程系统化、程序化。

第 2，运用了分解和分析的方法，在详尽分析的基础上进行列举。

第 3，简单实用，是一种较为直接的创新技法，特别适用于新产品开发、旧产品改造的创造性发问过程。

第 4，不仅是创造性发问的主要技法，而且为创造性解决问题提供了方向和思路。

（四）列举法的实施步骤

在使用列举法的时候，要具有问题意识，以问题为导向。基本流程如下：

第一步，发现问题。首先要利用属性列举、缺点列举、希望点列举等方法发现问题。

第二步，选择问题。基于社会发展需要、企业发展需要和个人发展需要选择问题。

第三步，分析问题。利用马斯洛需要层次理论对选择的问题进行合理且全面地分析。

第四步，解决问题。通过分析，寻求解决问题的方法，运用该方法解决实际问题。

第五步，形成创新成果。

二、属性列举法

（一）属性列举法的概念

属性列举法也称为特性列举法，是一种将创新对象的名词属性、形容词属性和动词属性等特征一一列举出来，然后分析、探讨能否以更好的属性来替代，最后提出革新方案的创新思维方法。

在属性列举法的发展过程中，有两位代表性人物。一位是美国的创造学家克劳福德。1931 年，内布拉斯加大学新闻学教授克劳福德首次了提出属性列举法，同时在大学开设创造性思维课程。他认为任何事物都是从另一件事物中产生。一般的创造物都是从已有的事物中加以改造得来的。他先把所研究的对象分解成细小的组成部分，各部分具有的功能、特征、属性，与整体的关系、连接等尽量全部列举出来，并做详细记录。

另一位是日本的上野阳一，他的方法是为找到研究对象的特性提出了区分研究对象特性的三种方式。名词特性：整体、部分、材料、制造方法等。形容词特性：颜色、形状、感觉、性质、状态等。动词特性：功能作用等。

（二）属性列举法应用的操作步骤

第一步，确定创新对象并加以分析。了解事物现状，熟悉其基本结构、工作原理以及使用场合等，应用分析、分解及分类的方法对研究对象进行一些必要的结构分解。

第二步，属性列举并归类整理。从实际需要出发，对列出的属性进行分析、抽象、与其他物品对比，通过提问方式来诱发创新思想，采用替代的方法对原属性进行改造。

第三步，提出方案并对方案进行评价讨论。大胆提出各种设想和方案后，要对这些设想进行论证，最终进行分析、筛选、合并，形成可行性方案并加以实施，以使产品或改进方法能符合人们的需要和目的。

如，在电风扇创新设计过程中，仔细观察待改进的电风扇，弄清楚其基本组成、工作原理、性能及外观特点等问题，对电风扇进行属性列举。

1. 名词特性

整体：落地式电风扇；

部件：电机、扇叶、网罩、立柱、底座、控制器；

材料：塑料、钢、铝合金、铸铁；

制造方法：铸造、机加工、手工装配。

针对以上特性进行对比、提问和替代等思考，提出如下设想：

(1)调节风速大小和转速高低的控制按钮能否改进？

(2)改成遥控式是否可以？

(3)能不能加上微小程序，使电风扇智能化？

2. 形容词特性

性能：风量、转速、转角范围；

外观：圆形网罩、圆形截面立柱、圆形底座；

颜色：浅蓝、米黄、象牙白。

针对以上特性进行对比、提问和替代等思考，提出如下设想：

(1)能否将有级调速改为无级调速？

(2)网罩的外形是否可以多样化？

(3)克服清一色的圆形有无可能？椭圆形、方形、菱形、动物造型？电风扇的外表涂色能否多样化？

(4)将单色变彩色，让其有个性化特点，可能更吸引消费者？

(5)能否把落地电风扇改成悬挂电摇头风扇，不仅可以利用空间，还能增加送风的覆盖面？

3. 动词特性

功能：扇风、调速、摇头、升降。

针对以上特性进行对比、提问和替代等思考，提出如下设想：

(1)使电风扇具有驱赶蚊子的功能？

(2)冷热两用扇，夏扇凉风，冬出热风？

(3)消毒电风扇，能定时喷洒空气净化剂，消除空气中的有害病毒，尤其适合大众流通场合及医院病房？

根据以上对三种特性所提出的问题进行分析，可以形成创新方案。

(1)将电风扇的外罩改成各种玩偶的造型；

(2)在电风扇上装一个微型电脑小程序，能够遥控开关、喷出水雾、变换颜色、左右上下摇头；

(3)在电风扇上装一个装置，可以装水或消毒剂、驱蚊剂；

(4)在电风扇上安装发光装置，使得电风扇在工作时呈现七彩斑斓的颜色。

从而，各种智能电风扇就设计出来了。

【思考与训练 5—4】

1. 请用属性列举法对烧水壶进行改进，设计出有创意的产品。
2. 属性列举法的实施步骤有哪些？
3. 什么是属性列举法？

三、缺点列举法

(一)缺点列举法的定义

对于缺点的看法，埃尔·迪克森认为世界上一切都不是完美的，但我们可以通过创造使它更加完美。出自宋代诗人戴复古《寄兴》中的“黄金无足色，白璧有微瑕。求人不求备，妾愿老君家。”也说明“金无足赤，人无完人”，世界上的万事万物不可能都是十全十美的，总会存在这样那样的不足。即使是我国古代西施、王昭君、貂蝉和杨玉环这些绝代佳丽，尽管她们有闭月羞花之容，沉鱼落雁之貌，但是她们也有美中不足，存在着一些生理上的缺陷。西施发现自己的耳轮偏小，王昭君则感到自己双脚肥大，貂蝉不满自己舞后汗味过浓，而杨玉环则发现自己走路时衣带响声不雅。为了追求完美，四大美人冥思苦想，终于悟出绝招。西施让工匠打造了一对金耳环戴在耳朵上，想借用重物使耳轮下坠，让耳轮显得大一些，她把这金耳环取名为耳坠。王昭君请来裁缝制作出下襟拖地的大摆裙，从此双脚藏而不露。貂蝉自采花蜜，调制成香气扑鼻的花露水，于是美人香汗。杨贵妃则令铜匠造出响铃，佩饰在衣裙上叮当作响，更有一番风采。后来，耳坠、大摆裙、花露水和响铃传至民间，经过不断改进便演化成女同胞的装饰美容用品。

四大美人与四项发明的传说虽无证可查，但从这些传说中人们悟出了一种创新方法，缺点列举法。

再来看一段各种灯之间的对话。白炽灯得意地说：“我最古老，你们都是我的子孙后代。”

卤钨灯不服地反驳道：“老白，你的发光效率低、寿命也短，我来改进你。”这时，荧光灯自豪地说：“我是诞生最早的气体放电型电光源。”

节能灯接话道:“我可是您的直系后代,改进了您的很多缺点。”这时一旁的高泵汞灯指出:你透雾性强,适合机场、广场等地方使用,唯独显色指数太低了。

高压钠灯发言:“我和你差不多啦,缺点都是要求冷启动。”金属卤化物灯:“LED,您是新一代节能高效环保型绿色光源,二十一世纪电光源发展的必然趋势。”

LED灯:“金卤灯,您集中了荧光灯、高压汞灯和钠灯的优点,是目前世界上最理想的气体放电型电光源。”

从这段对话中不难看出,任何产品的创新,都是不断改进已有产品的缺点而得到的。

缺点列举法就是发现已有事物的缺点,将其一一列举出来,通过分析选择,确定创新目标,制订革新方案,从而进行创造发明的创新技法。它是改进原有事物的一种创新方法。

在运用缺点列举法的时候,一定要抛弃惰性思维。采取“吹毛求疵”的态度,去怀疑、去挑刺、去找茬,通过挑毛病找灵感。如,传统游标卡尺虽然具有测量精确度高的优点,但读数相对麻烦,容易出错。人们针对这一缺点,进行改进。

首先,人们在传统游标卡尺上装一个类似于手表的仪表盘。在测量时,通过仪表盘读取数字。由于需要一套机械装置来带动表头的运作,所以结构复杂,容易出故障,而且长时间使用后容易失去精度。同时,读数时候,不同的人,还是会有点差别。

后来,人们将机械表盘改成数字读数器来克服表盘游标卡尺的缺点,创造了数字读数器的游标卡尺。由于使用了电感式的感应条,把机械读数变成了电子信号,并且直接显示,读数方法简单,就很便捷。

(二)列举缺点的主要途径

列举缺点主要有用户调查法、会议列举法和对比分析法三种途径。

1. 用户调查法

对于已投放市场的产品,采取适当的形式,如通过现场、电话、网络等途径,利用调查问卷让用户充分提意见,对于改进产品和制造新产品具有参考价值。

2. 会议列举法

召开缺点列举会是充分揭露事物缺点的有效方法。其最大的特点是可以互相启发,产生连锁反应。

3. 对比分析法

将研讨的对象与目前市场上最先进的产品就各种技术参数、性能、功能、质量、价格、外观等方面进行分析比较,找出自身的缺点,取他人之长处设计出超出同类产品具有竞争力的新产品。

案例 5.7　海尔“大地瓜”洗衣机

1996年,四川成都的一位农民投诉海尔洗衣机排水管老是被堵,服务人员上门维修时发现,这位农民用洗衣机洗地瓜(南方又称红薯),泥土大,当然容易堵塞。服务人员并未推卸自己的责任,而是帮顾客加粗了排水管。顾客感激之余,埋怨自己给海尔人添了麻烦,还说如果能有洗地瓜的洗衣机,就不用烦劳海尔人了。农民兄弟的一句话,被海尔人记在了心上。

海尔营销人员利用用户调查法进行调查,在调查四川农民使用洗衣机的状况的过程中发现,在盛产地瓜的成都平原,每当地瓜大丰收的时节,许多农民除了卖掉一部分新鲜地瓜,还要将大量的地瓜洗净后加工成薯条。但是,地瓜上沾带的泥土洗起来费时费力,于是农民就动用了洗衣机。

更深一步的调查发现,在四川农村有不少洗衣机用过一段时间后,电机转速减弱、电机壳体发烫。向农民一打听,才知道他们冬天用洗衣机洗地瓜,夏天用它来洗衣服。这令海尔董事长张瑞敏萌生一个大胆的想法:发明一种洗地瓜的洗衣机。

1997年,海尔为该洗衣机立项,成立以工程师李崇正为组长的4人课题组,1998年4月投入批量生产。洗衣机型号为XPB40—DS,不仅具有一般双桶洗衣机的全部功能,还可以洗地瓜、水果甚至蛤蜊,价格仅为848元。首次生产了1万台投放农村,立刻被一抢而空。海尔"大地瓜洗衣机"的发明就是倾听用户意见而采取行动的经典案例。

一般来讲,每年的6至8月是洗衣机销售的淡季。每到这段时间,很多厂家就把促销员从商场里撤回去了。张瑞敏纳闷儿:难道天气越热,出汗越多,老百姓越不洗衣服?调查发现,不是老百姓不洗衣服,而是夏天里5公斤的洗衣机不实用,既浪费水又浪费电。于是,海尔的科研人员很快设计出一种洗衣量只有1.5公斤的洗衣机——小小神童。小小神童投产后先在上海试销,因为张瑞敏认为上海人消费水平高又爱挑剔。结果,上海人马上认可了这种世界上最小的洗衣机。该产品在上海热销之后,很快又风靡全国。在不到两年的时间里,海尔的小小神童在全国卖了100多万台,并出口到日本和韩国。张瑞敏告诫员工说:"只有淡季的思想,没有淡季的市场。"

在西藏,海尔洗衣机甚至可以合格地打酥油。2000年7月,海尔集团研制开发的一种既可洗衣又可打酥油的高原型小小神童洗衣机在西藏市场一上市,便受到消费者欢迎,从而开辟出自已独有的市场。这种洗衣机3个小时打制的酥油,相当于一名藏族妇女3天的工作量。藏族同胞购买这种洗衣机后,从此可以告别手工打酥油的繁重家务劳动。

在2002年举办的第一届合肥"龙虾节"上,海尔推出的一款"洗虾机"引发了难得一见的抢购热潮,上百台"洗虾机"不到一天就被当地消费抢购一空。

(三)缺点列举法的分类

1. 改良型缺点列举法

改良型缺点列举法是针对已有一定完善程度的事物的某些特征缺陷或不足之处进行列举,在保持其原有基本状态的前提下,着手进行改进和完善,使其达到满意的创新目标和思维方法。

日本狮王牙刷公司的职员加藤信三,大清早就起床,他感觉睡眠不足头晕目眩。一刷牙,牙龈就出血,这在以前也曾有过好几次。

他想了许多种解决牙龈出血的方法:牙刷改为较柔软的毛;使用前,先把牙刷泡在牙水里,让它变得柔软一些;多用一些牙膏,慢慢刷牙。这些方法不管用。

后来,加藤信三又想:牙刷毛的顶端是不是像针一样尖呢?他用放大镜观察一番,发现与他的估计居然相反,毛的顶端是四角形的。

于是,加藤进一步动脑筋了:如果把毛的顶端磨成圆形,那么用起来一定不会再出血了吧。加藤信三把不满意变成一项相当有价值的创意,试验结果相当理想。他就把新创意向公司提出来,公司欣然采用。改良后的狮王牌牙刷销路极佳,而且经久不衰。

2. 再创造缺点列举法

再创造缺点列举法是指从工作和生活需要角度出发,发现现有事物具有较大的缺陷,使用极不方便,从而彻底改变事物原有的结构或重新构想,创造一种与原有事物有本质不同的事物的思维方法。

3. 缺点逆用法

唯物辩证法认为世界上的事物总是一分为二的,它说的是矛盾的普遍性,是指任何一个事物的内部都包含着相互矛盾的两个方面,是二者的对立统一。缺点逆用法实际上是一种逆向思维方法。面对缺点,反过来想一想,就有可能"利用缺点"为人类服务。如,煤焦油曾经是令人头痛的废品。后来化学家开始对煤焦油进行研究,通过蒸馏技术已经从煤焦油中分离出了苯胺,吡咯和苯酚等数百种化合物,这些化合物大多是芳香烃,稠环芳烃,杂环化合物等。一度被认为是废品的煤焦油摇身一变成为了巨大的宝库,因为这些化合物一般作为母体用于合成染料,医药等精细化学品。

泰坦尼克号是当时世界上体积最庞大、内部设施最豪华的客运轮船,有"永不沉没"的美誉。然而不幸的是,在它的处女航中,泰坦尼克号便遭厄运。1912 年 4 月 14 日 23 时 40 分左右,泰坦尼克号与一座冰山相撞,造成右舷船艏至船中部破裂,五间水密舱进水。4 月 15 日凌晨 2 时 20 分左右,泰坦尼克船体断裂成两截后沉入大西洋底 3700 米处。2224 名船员及乘客中,1517 人丧生,其中仅 333 具罹难者遗体被寻回。泰坦尼克号沉没事故为和平时期死伤人数最为惨重的一次海难,其残骸直至 1985 年才被再度发现,受到联合国教育、科学及文化组织的保护。泰坦尼克号残骸再现后,科学考察队采集了金属样本进行分析,结果发现了导致"泰坦尼克号"沉没的重要细节,造船工程师只考虑到要增加钢的强度,而没有想到要增加其韧性。这一事故是由于从北冰洋漂过来的冰块使船底的局部出现低温,船底的焊接部分产生低温脆性而造成的。大家知道,含碳量高的钢,在−100℃左右时,其耐冲击强度接近于零,这时的钢韧度几乎完全丧失。这正是泰坦尼克号沉没的根源,说明低温脆性导致了不幸,是一种祸害。今天人们却利用低温脆性,创造了低温脆性切削法(实验室阶段):当钢在−150℃至−100℃之间时失去韧性,在这样的低温下进行切削,比在常温时要容易得多。

缺点逆用法包含三个方面:

第 1,巧妙地给缺点派上合适的用场,即巧用缺点。

第 2,将生活和工作中偶然碰到的"倒霉事",转化为"幸运事",即把握机遇。

第 3,将人们的遗弃物转变为有用物,即变废为宝。

缺点逆用的目的是要化弊为利。使用这一思维方法,首先要发现事物可利用的缺点;其次要分析缺点,抽象出这种被认为缺点的现象背后隐藏的可以利用的原理和特性;最后,在一定科学原理的指导下,构思巧用缺点的方案。

案例 5.7　“人造洪峰”冲刷“地上悬河”

黄河是中华民族的母亲河，曾经创造了璀璨的华夏文明，党和政府历来高度重视黄河生态环境的保护和治理，取得了显著的成效。黄河流经世界上面积最大的黄土高原，每年挟带约 16 亿吨的巨量泥沙进入下游。如果将这些泥沙堆成一米见方的土堆，可以绕地球整整 27 圈。因为水少沙多，泥沙难以全部排入海洋，其中约有 4 亿吨淤积在下游河道里，形成举世闻名的“地上悬河”。目前，黄河下游河床普遍高于地面 4 米至 6 米，成为下游人民头顶上的一把“悬剑”。

为了化解“悬河”之危，2002 年 7 月 4 日，一个必将写进世界水利史的日子，水利部黄河水利委员会开始进行“调水调沙”试验，利用小浪底水库人为塑造洪水，以 2600 立方米每秒的下泄流量，对黄河下游“地上悬河”进行冲刷减淤，整个试验过程计划持续了十天以上。这是人类首次在原型河床内进行调水调沙试验。从 2002 年起，我国连续 5 年在黄河进行大规模调水调沙，在汛期利用黄河中游水库蓄水，用“人造洪峰”冲刷“清洗”黄河，把 3.8 亿多吨淤积在河道中的泥沙冲入大海，使黄河下游主河槽平均下切 1 米。从而成功解决了这条世界闻名的“悬河”的泥沙淤积问题。“调水调沙”是一个相当富有创造性的治河方略，它充分强调了人的主观能动性，将改变长期以来在治黄问题上让黄河牵着鼻子走路的被动思维模式。它是传统治黄向现代治黄转变中的一次重要实践，标志着黄河治理开发将进入更加能动的新阶段，在治黄史上具有里程碑的意义。

黄河洪水严重威胁着人民生命财产安全，但任何事物总是一分为二的，缺点和优点是一个对立的统一体。人造洪峰技术运用了缺点逆用法的原理，透过现象发现洪水本质中可以利用的基本原理，使之在黄河清淤的特定场合发挥了作用，从而化弊为利。

（三）缺点列举法的应用步骤

缺点列举法应用的操作大致可以按以下四个步骤进行：

第一步，确定对象，尽量选择相对小一些、简单一些的对象。如果研究主体过大，可以把它分解开来。

第二步，详尽列举缺点，要多角度观察事物，按该研究主体的各个表征方面，如功能、性能、结构、形状、工艺、材料、价格、美观等，发挥发散性思维能力，通过会议法、用户调查法、对比分析法尽量列举其缺点和不足。

第二步，整理、分析、鉴别，将列出的缺点加以整理，或按缺点的性质归类，或按缺点的严重程度排除次序，或从产品的标准、性能、功能、质量、安全等影响重大的方面出发，筛选出一些主要缺点，找出有改进价值的缺点即突破口。

第四步，进行改进构想，根据原因找到解决的办法，应按照缺点、原因、解决办法和新方案等列成简明的表格选择最佳或最适合的方案。

这里，举一个缺点列举法的应用实例，改进普通玻璃体温计。

第一步，选定研究对象。普通玻璃体温计。

第二步，列举它的缺点。

1. 形状方面：形状单一，容易脱落，有些小孩看到后会害怕。

2. 颜色方面：要转动才能看清水银汞柱的高度，读出度数。

3. 材料方面：玻璃容易碎，水银有毒，一旦破碎不好清理。

4. 功能缺点：需要解开衣服放置，使用不方便；重复使用，不够卫生；一般需要5分钟的测试时间，耗时较长；冬天使用很凉，重病患者夹持不住；测量部位单一，使用前需要甩动；盲人无法使用；夜晚无光线时无法使用；不能远距离测量；存放不方便等等缺点。

第三步，改进方案。针对上述缺点，人们提出了各种改进办法。如，电子体温计：数字显示，可报时间，测好后鸣叫，还可添加语音功能，测好体温直接读出，供盲人使用。还可以利用红外遥感技术，生产非接触式的红外体温计。

再比如，利用缺点列举法对长柄雨伞进行改进，可以得到功能各异的雨伞。

首先，列举长柄雨伞的缺点(具体缺点见表5.6)。然后，针对上述缺点进行改进，根据实际需要，可以制作出各式各样、功能独特的雨伞，可折叠伸缩伞、伞布可防雨、伞布的图案多样化、伞尖改成圆形，不易伤人、开收方便的自动雨伞、双人雨伞等等。

表5.6 长柄雨伞的缺点

伞把太长，携带不方便	抗风能力差，刮大风时容易向上翻
打开收拢不方便	伞布上的雨水难以排除
伞尖容易伤人	两人同时使用挡不住雨水
伞面遮挡视线，容易发生事故	夏天大太阳下打伞太热
伞湿后，放置不方便	弯把太大，在拥挤地方容易勾住东西
有时候，容易遗忘	太重，长时间打伞手会疼

【思考与训练5—5】

利用缺点列举法对普通病床进行改进设计。

四、希望点列举法

(一)希望点列举法的定义

爱迪生曾说：“如果你希望成功，当以恒心为良友，以经验为参谋，以谨慎为兄弟，以希望为哨兵。”巴尔扎克说：“没有伟大的愿望，就没有伟大的天才。”泰勒斯说：“希望是全人类共有的东西。”希望是这个时代像钻石一样珍贵的东西。希望是推动进步的积极心理力量。

在古代，人们就有“千里眼”“顺风耳”“上天”和“入地”的希望，如今随着科学技术的不断进步，这些希望都一一实现了。如，电视直播实现了“千里眼”，电话实现了“顺风耳”，飞机成功地将人们带上了天，地铁、潜水器把人们载入地下。

现实生活中，许许多多的产品都是为满足人们各种各样的希望而发明创造出来的。当人们希望冬暖夏凉，四季如春时，于是发明了空调；希望夜如白昼，于是发明了电灯；希望夜间上下楼梯时，路灯会自动亮起、自动熄灭，于是发明了声光控开关；希望擦拭高层住户外窗玻璃时不会发生危险，于是发明了磁性双面擦窗器。

满足需求和希望是一切创新的出发点，也是一切创新的终极目的。只要我们用心寻找人们的希望，就会有取之不尽的创新源泉。人类历史上，远大理想造就了许多伟大人物。现实生活中，无尽的希望成就了众多发明家。

希望点列举法就是指从社会需求和个人愿望出发，把对某事物的希望一一列举出来,经过归纳,沿着所提出的希望达到的目的,进行创造发明的方法。

(二)希望点列举法与缺点列举法的关系

希望点列举法提出的希望有些是从缺点直接转化而来的,对事物某方面的不满,转变为对此改进的希望。但与缺点列举法相比,它能从正面、积极的因素出发考虑问题,不受现有事物的约束,可以把旧事物整个看成缺点,容易产生大的突破,能够在更大程度上开阔思考问题的空间。希望点列举法与缺点列举法相比,技法类型不同,作用也有所区别。

缺点列举法主要围绕事物的缺点进行分析与探讨,一般不改变原有事物的本质与总体,只是对事物的某些方面进行完善,属于被动型创新技法。希望点列举法属于主动型创新技法,人的希望是指向未来的,并不局限于原事物的总体上,在很多时候能出现质的飞跃。

任何事物的缺点都是有限的,对缺点的列举也是有限的,最终产生的发明成果基本上都是对事物的完善和改进,不可能产生重大的突破。希望点列举法是一种启发人们产生新设想的有效工具,有意识地使用希望点列举法,可以摆脱人们的思维惰性,突破原有的条条框框。

(三)希望点列举法的分类

希望点列举法可以分成两类,功能型希望点列举法和原理型希望点列举法。

1. 功能型希望点列举法

功能型希望点列举法是在不改变原事物基本作用原理的前提下,针对事物不具备而又有所希望的方面,将希望点一一罗列,进行变换和创新的一种思维模式。

美国人派克开一个自来水笔的小店铺,后来,他却以生产"派克笔"而闻名于世。一天,他忽然想到:为什么不把作为一个整体的自来水笔分成若干零散的部分来考虑呢?于是,他将自来水笔划分成笔尖、笔帽、笔杆等部分,再对各个部分逐一加以思考。这样一来,果然许多以往想不到的好想法如泉水般地从脑海里涌了出来。派克首先选用流线型笔杆和插入式笔帽这两个设想加以深入研究,终于制成了誉满全球的派克钢笔,并由此获得了大量财富。以后派克钢笔又经过多次改进,可以称得上是笔中之王了。

2. 原理型希望点列举法

原理型希望点列举法是针对现有事物的某些不足列举出希望点,并根据希望或理想,打破原事物概念的束缚,从全新的角度进行再创造一种思维模式。

美国拍立得公司经理埃德蒙·兰德,有一次给他的爱女拍照,小姑娘不耐烦地问:"爸爸,我什么时候才能看到照片?"这句话触动了兰德,引起了他的深思:是啊,为什么照一次相需要几个小时甚至几天才能看到照片呢?如果照相机也像电视机一样,接通电源,一按开关就能产生效果,那将会进一步扩大市场。

兰德下定决心生产一种两分钟之内就能看到照片的新型照相机。目标确立后,他夜以继日地发奋工作,不到半年时间,就研制出了瞬时显像照相机,取名为"拍立得",它能在60秒内洗出照片,所以又称"称60秒相机"。这种相机投入市场后,受到了人们的广泛赞誉。使"拍立得"公司的销售额从1984年的150万美元猛涨到1995年的6500万美元,10年间增长40多倍。

希望点列举法在日常生活中也有广泛的应用。在公共餐厅用餐,使用的筷子大多数是循环使用的。人们普遍存在担心不够卫生的心理,希望能够使用更加卫生的筷子。于是，一次性筷子问世了，但是对于吃火锅的加长专用筷子而言成本高，造成浪费且污染环境，自然希望生产一种既卫生又环保的筷子。后来，筷头可更换的筷子应运而生，受到人们的青睐。

（四）希望点列举法的操作步骤

第一步，激发和收集人们的希望。希望是指社会的希望、大众的希望。因此，我们要向社会和大众了解他们的希望是什么？

如，日本有个洗衣机厂的老板通过座谈会发动妇女提希望和要求。有一个妇女说如果单洗一件内衣、手帕等“小东西”也放进洗衣机里洗，似乎有些“大材小用”，最好有一种微型的洗衣机专洗这类“小东西”，上午洗、下午就能穿且体积小。于是设计人员根据她的愿望、开发了微型洗烘机，受到了妇女们的青睐。

第二步，仔细研究人们的希望，以形成“希望点”。对收集到的愿望进行分类整理后，要根据可行性原则，确定某些希望为创新的目标。这一点十分重要，希望都是美好的，但是美好的希望很多在现实生活中不可能成为现实，同时还要注意它的先进性和实用性。历史上有不少人有过这样美好的愿望：制造一种不需要动力的机器，它可以源源不断的对外做功，也就是永动机。这种希望是不可能实现的，因为违背了能量守恒定律。

在1992年北京国际发明展览会上，有一位小学生的参展项目格外引人注目。他为色盲者辨别交通信号灯提供了一个可行的方案。由于色盲者只对颜色辨别不清，而对形状的辨别与常人无异。只要将红灯的玻璃罩改为三角形，将黄灯的玻璃罩改为正方形，绿灯的玻璃罩形状不变。色盲者可从交通信号灯所显示的形状中，间接地获得红、黄、绿的信息。倘若这个方案被交警部门采纳，则可提高色盲者的交通安全。

第三步，以“希望点”为依据，创新产品。例如，1812年底，拿破仑对沙皇俄国发动了一场大规模的侵略战争。他亲自率领60多万大军，一路捷报频传，不久便占领了莫斯科。此时，莫斯科已是一座空城，法军所带的食物大部分已腐烂变质，许多士兵吃了变质食物患了疟疾，夏季的蚊虫又加剧了疾病的传播。面对饥饿和疾病的威胁，拿破仑只好下令撤军回国，不料途中又遭到俄军的伏击，法军遭受重创。拿破仑回国后马上向全国发布了一道奖赏令：“谁能使食品长期贮存而不变质，可得到巨额奖金。”11年后，居住在马赛的食品制造商尼可拉·阿培尔得到了这份奖赏。他先是创造了“加热杀菌”的方法，后来又解决了杀菌后密封的问题，即把食品放入铁罐或瓶子里后，密封住瓶口，使它不漏气。世界上第一只罐头就是在战争、疾病、失败、奖赏的外部条件下促成的。

当然，在应用希望点列举法时应注意以下事项。重视人类需求的分析；注重特殊人群的需求和希望；善于发现潜在的希望；基于现实需求，将现实需求放在第一位。

【思考与训练5-6】

请你对下列事物从材料、结构、形状、耐久性、外观、功能等方面，进行希望点列举。

伞　电视机　电脑　手机　银行卡　优盘　交通信号灯

五、成对列举法

（一）成对列举法的定义

研究目标的确定是创新活动的起点，当人们想要创新，却又找不到题目时，可以利用成对列举法得到启发,从而找到好题目。

成对列举法是通过列举两种不同事物的属性,并在这些属性间进行组合,通过相互启发而发现新目标的方法。

属性列举法首先是列出研究对象自身的特征,然后分析这些特征,最后找出新特征,继而引出新产品的设想,其过程与其他事物无关。成对列举法同时列出两个事物的属性,并在列举的基础上进行事物属性间的各种组合,从而获得发明设想的方法。

(二)成对列举法的应用步骤

第一步,确定两个事物为研究对象。

第二步,分别列出两个事物的属性。

第三步,将两事物的属性进行强制组合。

第四步,分析、筛选可行的组合,形成新的设想。

下面举一个例子阐述成对列举法的具体应用,见表 5.7。例如,设计一种新型学习灯。

1. 首先,为了设计新颖,确定创新对象为学习灯,选择与灯差别较大的猫为对比对象。

2. 其次,分别列出灯和猫的属性。

灯:灯泡　灯罩　灯座　开关

猫:猫头　耳朵　尾巴　爪子

表 5.7　灯和猫的属性强制组合表

猫头形状的灯泡	猫头图案的灯罩	猫头形状的灯座	猫头形状的开关
可以随意变换角度的细管	长筒形灯罩	可以随意弯曲 调节长短的灯座	尾巴形状的开头
双灯泡	灯罩上面有两个耳形透光灯	耳朵形状的灯座	声控开关
多个小灯管	可以收缩调整的灯罩	爪子形状的灯座	触摸式开关

3. 然后,将灯和猫的属性进行强制组合。

4. 最后,对各种设想进行分析、综合,提出新型灯的方案。

灯泡:多个小灯管,上下串行排列。

灯罩:长筒形猫头图案灯罩,上面有两个耳形透光孔。

灯座:爪子形状的灯座,可以随意弯曲,调节长短。

开关:触摸式开关。

六、综合列举法

属性列举法、缺点列举法和希望点列举法都只偏重某一方面来开展创新性思维,在一定程度上给创新带来了束缚。创新本应该是没有任何限制的,因此,在开展发散创新思维的时候,可以综合运用上述方法,这就是综合列举法。

综合列举法是指针对研究对象,从属性、缺点、希望点或其他任意创新思路出发列举出尽可能多的思路方向,对每一思路方向开展充分的发散思维,最后进行分析筛选,寻找最佳的创新思路的创造技法。

综合列举法的应用步骤:

第1,确定研究对象。

第2,对研究对象运用属性列举法进行分析和分解,列举各项属性。

第3,运用缺点列举法和希望点列举法的方法对属性进行逐项分析。

第4,综合缺点与希望点对事物原有特征进行替换,综合事物的新老特征,提出创造性设想。

案例5.8　新型智能手环

创意设计的物品是新型智能手环。属性列举,可以从结构特性、材质特性、外观特性、功能特性等四个方面进行。

结构特征方面:液晶显示屏、表环、集成电路电池板等。

材质特征方面:塑料材质、金属硅芯片、锂电池、玻璃等。

外观特征方面:环状、圆滑。

功能特征方面:导航,运动的脉搏血压、卡路里记录、听音乐、网络漫游等。

缺点列举。如,显示屏小、电池不耐用、内存小、CPU易发热、玻璃易碎、塑料不耐磨、金属重量重、外观不够时尚、样式单调、人体测量不准确、定位不准确、音乐质量差、上网速度慢。

希望点列举。如增大显示屏、电池容量、内存,散热性好、使用轻便、耐磨、防滑的材料、外观造型、图案多样化、改善硬件,测量准确、体验感更好。

综合属性列举法、缺点列举法和希望点列举法,提出新型智能手环的方案:

1. 运动智能手环。
2. 减肥智能手环。
3. 音乐智能手环等。

第三节　类比法

一、类比法的概念

美籍匈牙利数学家波利亚认为,类比是一位伟大的引路人。哲学家康德曾说:“每当理智缺乏可靠论证的思路时,类比这个方法往往指引我们前进。”天文学家开普勒说:“类比是我最好的老师。”

著名的瑞士科学家阿·皮卡尔是一位研究大气平流层的专家,他不仅在平流层理论方面很有建树,而且还是一位非凡的工程师。他设计的平流层气球,飞到过15690米的高空。后来,他又把兴趣转到了海洋,研究起深潜器了。

尽管海和天是两个完全不同的世界。然而海水和空气都是流体,因此,阿·皮卡尔在研究深潜器时,首先想到利用平流层气球的原理来改进深潜器。在此前,深潜器都是靠钢缆吊入水中的,它既不能在海底自由移动,潜水深度也受钢缆强度的限制,由于钢缆越长,自身重量越大,从而也容易断裂,所以它一直无法突破2000米大关。平流层气球由两部分组成:充满比空气轻的气体的气球和吊在气球下面的载人舱。利用气球的浮力,使载人舱升上高空。如果在深潜器上加一只浮筒,不也像一只“气球”一样可以在海水中自行上浮了吗?皮卡尔和他的儿子小皮卡尔设计了一只由钢制潜水球和外形像船一样的浮筒组成的深潜器,在浮筒中充满比海水轻的汽油,为深潜器提供浮力;同时,又在潜水球中放入铁砂作为压舱物,使深潜器沉入海底。如果深潜器要浮上来,只要将压舱的铁砂抛入海中,就可借助浮筒的浮力升至海上。再给深潜器配上动力,它就可以在任何深度的海洋中自由行动,再也不需要拖上一根钢缆了。

皮卡尔父子的这一设计获得了很大的成功。第一次试验,就下潜到1380米深的海底,后来又下到4042米深的海底。他们设计的另一艘深潜器“的里雅斯特号”下潜到世界上最深的洋底——10916.8米,成为世界上潜得最深的深潜器。皮卡尔父子也因此获得了“上天入海的科学家”的美名。

皮卡尔的这种创造发明方法叫作类比发明法。类比就是在两个事物之间进行比较,这两个事物可以是同类,也可以不是同类,甚至差别很大,通过比较,找出两个事物的类似之处;然后,再据此推出它们在其他地方的类似处。例如,气球和深潜器本来是两个完全不同的东西,一个升空,一个入海,但是它们都可以利用浮力原理,因此,气球的飞行原理同样可以应用到深潜器中去。类比发明法是一种富有创造性的发明方法,有利于发挥人的想象力,从异中求同,从同中见异,产生新的知识,得到创造性成果。

2020年11月10日8时12分,我国自主研发制造的万米级全海深载人潜水器“奋斗者”号在西太平洋马里亚纳海沟成功下潜10909米,创造了中国载人深潜的新纪录,标志着我国在大深度载人深潜领域达到世界领先水平。

科学家发现蚁群寻找食物时会派出一些蚂蚁分头在四周游荡,如果一只蚂蚁找到食物,它就返回巢中通知同伴并沿途留下“信息素”作为蚁群前往食物所在地的标记。信息素会逐渐挥发,如果两只蚂蚁同时找到同一食物,又采取不同路线回到巢中,那么比较绕弯的一条路上信息素的气味会比较淡,蚁群将倾向于沿另一条更近的路线前往食物所在地。

类比蚁群的这种特性,可为电脑开发出新的计算方法,以解决“在许多城市之间寻找最佳路线”之类的问题。专家将在电脑程序中设计虚拟的“蚂蚁”,让它们摸索不同路线,并留下会随时间逐渐消失的虚拟“信息素”。根据“信息素较浓的路线更近”的原则,可选择出最佳路线。这种计算方法被称为“蚁群优化算法”,它灵活性较高,对环境变化的适应力较强,已经成为很重要的智能算法。

(一)类比法的定义

“类比”一词源于古希腊语,含义为“按比例”。古希腊数学家发现:两个尺寸不同的三角形若三条边的比例关系相同,则这两个三角形相似。这种以比例发现相似性的方法,是最早意义上的类比。后来古希腊人又将类比的含义扩展为作用等关系方面的相似性。古希腊哲学家柏拉图曾做过这样的类比:善念之利于学,犹如阳光之利于视,这是一种作用的类比。

类比就是通过两个对象的某些相同或相似的性质,推断这两个对象在其他性质上也有可能相同或相似的一种推理方法。从马克思主义哲学观点看,世界上的一切事物之间,不但具有密切的关系,而且还存在着某种程度的相似性。基于这种观点,类比的方法不仅可以用于同类事物之间，也可以用于不同类型的事物之间。

最常见的类比就是比喻，如人们常常把青少年比作早晨初升的太阳。更高级的比喻就是隐喻。隐喻是一种暗含的比喻，比如说人生是个舞台。隐喻往往通过直接类比、拟人类比、幻想类比等具体形式表现出来。

我国著名的地质学家李四光在对我国地质结构的长期考察的基础上，发现东北松辽平原的地质构造与中亚细亚的地质构造非常相似，中亚细亚蕴藏大量的石油。由此，他推断松辽平原也可能蕴藏大量石油，经过勘探，发现了大庆油田。

（二）类比法的特点

类比法具有以下三个特点：

1. 逻辑思维过程是从特殊到特殊，即把两个特殊事物进行类比。

2. 思维方式是将抽象思维与形象思维相结合。

3. 触类旁通，为提出科学假设、创立新理论提供依据。

（三）类比法的作用原理

类比法的思维过程是应用类比联想思维进行创新，利用未知事物各种因素与已知事物各种因素，通过异质同化和同质异化的两个基本创新过程，把这些因素联系和组合起来，寻求富有新意的创造性构思。

1. 异质同化

所谓异质就是指两个不同的事物，其中之一是待创造的事物，另一个是现有的事物。同化就是指找出这两个不同事物的相同点或相似点。

简单地说，异质同化是指在创造发明新事物时，借助现有事物的知识进行分析研究，找出待创造事物和现有事物之间的相同点或相似点的过程。

2. 同质异化

同质异化指把决定现有事物与待创造事物相同点或相似点的原理、结构、形状或其结合运用于发明创造，创造出具有该相同点或相似点的新事物。

异质同化是前提和基础，同质异化是创造发明的关键环节。运用类比法时，必须把两者结合起来，基于辩证统一的观点，分析解决问题。

在了解问题阶段需要运用“异质同化”的思考原则。用分析方法，全面地认识问题，并把握问题的主要方面和各个细节。人们本能地排斥任何陌生的东西，只有把陌生的事物与熟悉的事物联系起来，加深对陌生事物的了解，才能把它纳入可以接受的思维模式中。需要注意的是，不要沉湎于问题细节的分析，了解问题的目的只在于明确思考对象，确定创新课题。

在解决问题阶段我们需要运用“同质异化”的思考原则。要求我们用全新的视角看待问题，跳出常规的思维模式，摆脱习惯的束缚，把习以为常的事物当作陌生的东西。在这个阶段思考者可以选择世间万物作为解决问题的类比对象。

（四）类比法的分类

麻省理工学院的威廉·戈登把创新过程的类比分成四种类型，即直接类比、拟人类比、象征类比、幻想类比。当然，也有学者将类比分成直接类比、拟人类比、象征类比、幻想类比、因果类比、对称类比、综合类比等类型。

1. 直接类比

直接类比是指从自然界的现象中或人类社会已有的发明成果中寻找与创造对象相类似的事物,并通过比较启发出创新性设想的一种方法。直接类比的典型方式是功能模拟与仿生。

直接类比的思维过程分成两个阶段。第一个阶段,把两个事物进行比较;第二个阶段,在比较的基础上进行推理,即把某个对象有关的知识或结论推移到另一个对象中去。直接类比又可分为外形类比、结构类比和功能类比。

(1)外形类比

2008 年北京奥运会,由中国建筑工程总公司、澳大利亚 PTW 建筑设计事物所和 ARUP 澳大利亚有限公司共同承担游泳馆,即“水立方”的设计方案。这个看似简单的“方盒子”充分体现了中国传统文化和现代科技的融合。在中国文化中,水是一种重要的自然元素,能激发起人们欢乐的气息。希望它能激发人们的灵感和热情,丰富人们的生活,为人们提供一个记忆的载体。

为此,设计者将水的概念深化,不仅利用了水的装饰作用,还利用了其独特的微观结构。基于“泡沫”理念的设计灵感,他们在外层包裹上一层外衣,上面布满了酷似水分子结构的几何形状,展开了独特的视觉效果。这一设计将建筑与水分子几何形状加以类比,并通过材质表现出波光粼粼的水的感觉。

(2)结构类比

众所周知,蜜蜂的蜂窝是由排列整齐的六角小蜂房组成的,构造精巧、适用而且节省材料。研究人员对蜂窝结构进行研究,发现即使非常纤薄的材料,只要把它制成蜂窝形状,就能够承受很大的压力。蜂窝的结构给航天器设计师们很大启示,他们在研制时采用了蜂窝结构:先用金属制造成蜂窝,然后再用两块金属板把它夹起来就成了蜂窝结构。

基于结构类比,这种蜂窝结构的材料强度高、重量轻,还起到很好的隔音和隔热效果,已广泛应用于航天飞机、人造卫星、宇宙飞船。特别是卫星的外壳几乎全部是蜂窝结构。

(3)功能类比

蝙蝠在飞行的时候,喉内能够产生超声波,超声波通过口腔发射出来。当超声波遇到昆虫或障碍物而反射回来时,蝙蝠能够用耳朵接受,并能判断探测目标是昆虫还是障碍物,以及距离它有多远。人们通常把蝙蝠的这种探测目标的方式,叫作“回声定位”。根据蝙蝠的声波原理,人类发明了雷达。

2. 拟人类比

人们在研究一个创新对象时,往往会把自己熟悉的事物的某些特性与被研究的对象联系起来,加以比较,获得启发。

拟人类比,又称“亲身类比”或“角色扮演”,是指在解决某些问题时,让我们设想自己变成了问题中的某些事物,从而去设身处地、身临其境地感受体验问题的本质。

拟人类比,在我国的典籍中常常被提及。《易经》中“天行健,君子以自强不息”就是一种天人合一、万物一理的拟人类比。在文学艺术创作中,拟人类比的手法比比皆是,例如把祖国比作母亲,把美丽的姑娘比作鲜花。在科学研究中,拟人类比的例子随处可见,如凯库勒梦见一条蛇咬住自己的尾巴后,提出了苯分子环形结构理论。

还有在机械装置设计中,拟人类比就是让机械模仿人的动作,实现特定的功能。如,机械手就是模仿人手臂的动作进行设计的。

随着人工智能的快速发展，人们制造出各种功能先进的机器人。2006 年，本田公司第一次向世界展示了自己的人形机器人 ASIMO，其流畅的双脚行走方式让人为人类在仿生机器人领域所取得的进展感到惊讶。而经过多年的发展，ASIMO 也早已具备了更多功能。

3. 象征类比

象征类比是指以事物的形象或能反映问题的符号和词汇来比喻问题，间接反映或表达事物的本质，以产生创新性设想的方法。例如玫瑰类比爱情；玉兰类比纯洁；绿叶类比生命；书籍类比知识；日出类比希望；钢铁类比坚强。

4. 幻想类比

戈登认为，为了摆脱自我和超我的约束，发掘潜意识的本我的优势，最好的办法就是“有意识的自我欺骗”。

幻想类比也称为想象类比或非现实类比，是指用超现实的理想、梦幻或完美的事物类比创意对象的创造性思维方法。通过幻想的一步步分析，从中找出合理部分，逐步达到发明创造的目的。

本我、自我与超我是奥地利心理学家弗洛伊德结构理论所提出的概念。用以解释意识和潜意识的形成和相互关系。

本我指最根本的我或原始的我，是无意识的领域，主要是与生俱来本能的原始欲望。“弱肉强食”是本我的典型表现。自我是在后天成长过程和适应过程中逐渐形成的，有道德观，有理性，会克制的我。“谦恭守礼、遵纪守法”是自我的典型表现。超越是超越自我之上的人性升华，是一种理想化的人格。如“人生自古谁无死，留取丹心照汗青”的文天祥便是超越自我的典型。

嫦娥奔月助推了探月计划源自古人对星辰的崇拜，美丽的神话传说故事“嫦娥奔月”在很大程度上推动力了人类登月、探月计划。2004 年，我国正式开展月球探测工程，并命名为“嫦娥工程”。嫦娥工程分为无人月球探测、载人登月和建立月球基地三个阶段。2007 年 10 月 24 日，“嫦娥一号”成功发射升空，在圆满完成各项使命后，于 2009 年按预定计划受控撞月。2020 年 12 月 1 日，“嫦娥五号”探测器成功完成了中国自 2013 年以来的第 3 次无人月球着陆。

【思考与训练 5−7】

在现实生活中哪些东西是运用类比法创造出来的呢？

二、综摄法

（一）综摄法的概念

在类比法中，最典型技法的是综摄法。综摄法是英文 synectics method 的译称，来源于希腊语，意思是把表面上不相关的各种不同的事物结合在一起。综摄法最初是由创造学家威廉·戈登提出来的，后来乔治·普林斯同戈登一起共同研究，使综摄法得到进一步完善，成为理论性和操作性强的创新技法。

综摄法是指从已知的事物出发，将毫无联系的、不同的知识要素结合起来，从不同的角度分析未知的事物，从而使理想中的未知事物成为现实的过程。

（二）综摄法的应用基本原理

戈登认为综摄法的基本原理包括两个部分：变陌生为熟悉和变熟悉为陌生。

1. 变陌生为熟悉

变陌生为熟悉的阶段，就是类比法中的异质同化阶段。主要是借助于分析，设法将陌生的事物分解，尽可能的将其变为以前熟悉的事物。

2. 变熟悉为陌生

对已知的熟悉的各种事物，运用全新的方式，从新的角度进行观察、分析，将熟悉的变成不熟悉的，才能真正创造出新的事物或提出新的方案。变熟悉为陌生，需要打破旧框框，使人的思维跳出已有的习惯。

（三）综摄法的实施步骤

1. 确定小组成员

综摄法在集体创造活动中，需要一个专业小组来实施，对专业小组的成员素质要求较高。小组成员一般由5—7人组成；一名担任主持人；一名是与讨论问题有关的专家；其余为各个学科领域的专业人员。

2. 提出问题

一般由主持人将所要解决的问题向小组的成员宣读。这一问题往往是预先拟定的，而且小组成员并不知晓。

3. 分析问题

专家对该问题进行解释和陈述，目的是让小组成员了解有关问题的背景等信息，使非专业人员对该问题有一个大致的理解。

4. 进化问题

小组成员围绕这一问题进行类比设想，尽可能多的提出解决问题的方法，专家从较专业的领域，说出该想法的不足之处，选择两三个比较有利于问题解决的设想，达到净化问题的目的。

5. 理解问题

从所选择的设想中的某一部分开始分析，让成员从新的问题出发，展开类比联想，陈述观点。这样做可以使小组成员理解解决问题的关键环节，并提出解决问题的目标。

6. 类比运用

确定了解决问题的关键环节，主持人要有意识地抛开原来的问题，让成员发挥类比设想作用，把问题从熟悉的领域转到远离问题的领域。从各位成员的类比中，选出可以用于实现解决问题的类比，对选出的类比进行分析研究，从类比的例子中找出更详细的启示。

7. 适应目标

远离问题不是根本目的，是为了到陌生的领域去，寻找有利于问题解决的启示。把从类比中得到的启示，与在现实中能使用的设想结合起来，从而形成一种新颖独特的解决方法。

8. 方案确定

专家对方案要进行反复的论证，并对其中的缺陷进行改进，直到获得满意的结果。

三、引申类比

(一)引申类比法的定义

类比技法中,有一些理论体系性不强,突出个体创新,广泛使用的基本类比技法。如,原型启发法、移植法、仿生法等。

原型启发法是根据人的创造思维和运行方式,将偶然遇到的某些事物经过观察和分析,突然间启发出灵感。它是以创新欲望为前提,以类比为基础进行的一种创造活动。

启发带有偶然性、机遇性,需要有一定的条件:有强烈的创新欲望,才能提高接受启发的敏感性;明确问题的实质,以鉴别把握可能得到的启发;增加信息量,扩大知识面,为启发创造更多机会;大胆猜测事物之间可能的联系,寻找启发的原型。

(二)原型启发的类型

1. 资料启发

美国发明家威斯汀豪斯发明的能控制整列火车的制动装置是从一本杂志上得到的启示。文章介绍挖隧道时,驱动风钻的压缩空气是用橡皮管从 900 米以外的空压缩机送来的,于是创造了气动刹车的装置。

2. 技术启发

在修补沥青路面时,通常需将原有的沥青烤软,但用红外线加热或烘烤方法均只对表面有效,难以使内部软化。有人想到微波炉可将食品内部迅速加热,于是将此技术应用于筑路机上,取得了很好的效果。

3. 生物启发

鲁班爬山时手不小心被一种丝茅草割破,疼痛之余,他惊诧小草竟如此锋利,他怀着浓厚的兴趣研究、琢磨小草的构造,终于找到了秘密所在,草叶边缘的毛刺就是“利器”。用同样的方式处理一下铁片,岂不可以断木如泥?锯子的雏形就这样产生了。

4. 生活启发

美国工程师杜里埃认为,为保证内燃机有效地工作,必须使汽油和空气均匀地混合。然而如何混合却不得要领。1891 年,他看到妻子喷洒香水,突然灵光一闪,创造出了发动机的汽化器。

5. 现象启发

哈格里沃斯经常在想怎样才能提高只能拉出一根线的纺车的效率。一次在与珍妮谈话时,把纺车碰翻了,轮子带动那根绽子飞快地转动。受此启发,想到几个竖起的锭子的效率肯定要比一个横锭要高。于是,发明了有 7 个竖锭的纺车,效率提高 8 倍。

6. 原理启发

有人分析了香蕉皮滑倒人的原理,发现香蕉皮由几百个薄层构成,层与层之间可相对滑动,由此找到与香蕉皮有类似结构的二硫化钼,它具有良好的耐热性,为机械转动、滑动的润滑开创了一个新天地。

四、仿生类比法

(一)仿生类比法的定义

生物在自然进化中,经历了亿万年的筛选、淘汰和改进,通过自然选择,每种能够生存的生物都有别的生物所不具备的特点和功能，这些特点和功能便成为人们创新活动模仿的对象。狗的鼻子可以感觉出200万种物质和不同浓度的气味，这种功能已被人类利用进行侦查破案。

仿生法是指通过模拟生物的结构、功能或原理等进行发明创造的方法。自然界的动植物以其精妙绝伦的结构和性能为人类孕育出来新事物和新方法提供了学习样板。无数事实表明，生物界所具有的精确可靠的定向、导航、探测、控制调节、生物合成等生物系统的基本原理和结构，是人类创造新事物的巨大智慧源泉。1960年在美国诞生的——仿生学，就是为解决生活上的难题而应用生物系统知识的学问。因此仿生类比法有人称为仿生学法。

人类根据野猪的长型鼻子的特殊的生理结构发明一种能防御有毒气体的防毒面具。仿照鲨鱼皮表面粗糙的V形皱褶可以大大减少水流的摩擦力，使身边的水流更高效流过而实现快速游动的原理，制造了鲨鱼皮泳衣。

在易拉罐发明之前，人们只能在瓶盖上挖个小洞，然后用管子吸，既费力又不方便。于是，技术人员开始研究如何能非常容易地在瓶盖上开个大口子。他们从自然界的动植物开始研究：哪些东西是能自动张口的呢？他们选择了具有开口功能的蛤蜊、凤仙花的荚果和火山口等作为研究对象。他们对这些媒体的结构、作用、属性等进行仔细地研究，寻找有用的材料。他们发现：蛤蜊的一开一合，是因为它的壳内有一道俗称瑶柱的肌肉，一开一合就是由这道肌肉的抽紧和放松来进行的。凤仙花的荚果，在成熟后啪地裂开了大口。原因是荚果的外皮有一部分有裂缝，在裂缝上有细细的筋拉合着，因此，荚果的口看来是密合的，一到秋天，荚果成熟，那些细筋就枯竭没力了，弹力使荚果张开了口。火山口的形成则不同，火山口所在之处有熔岩往上涌。哪儿的地壳比别处薄，地下熔岩的量大，哪儿就成为火山口。易拉罐就是选择了蛤蜊开口的原理，凤仙花荚果开口的结构和火山口的形成原理，将它们的特征加以协调综合而发明的。

（二）仿生法实施步骤

1. 明确发明创造事物的功能。

2. 选择模仿的对象。根据自然界的生物学知识，通过类比联想，寻找与目标功能相似的生物体，有目的地选择模拟对象。

3. 研究生物体的结构、功能等。

4. 将研究所得的生物学资料，运用数学分析抽象成通用的数学模型，再采用机械、电子、化学等手段制成可进行工程技术实验的实物模型。

【思考与训练5—8】

思考如何运用综摄法发明新式别针？

第四节 智力激励法

一、智力激励法的概念

爱尔兰作家萧伯纳曾说：“倘若你有一个苹果，我也有一个苹果，而我们彼此交换，那么，你和我仍然只有一个苹果。但是，倘若你有一种思想，我也有一种思想，而我们彼此交流，我们每个人将各有两种思想。”

古希腊思想家苏格拉底非常重视集体对话的作用，他经常通过集体思考来获得自己难以接近的思想认识。对话的基本原则是“自由阐述”“不争论”“不打断”和“仔细倾听”。

爱因斯坦与他的同事一直坚持自由的聚会和谈话，交流关于现代物理学的各种想法，他们的讨论没有改变别人观念的意图，也没有激烈的争论，他们自由地提出头脑中想到的东西，总是注意倾听他人的观点。这种讨论导致了物理学的突破。

智力激励法又称为头脑风暴法、集思法、自由思考法，是由奥斯本于 1938 年提出，1958 年正式发表的一种激发创新思维的方法。目的是找到新的和异想天开的方法来解决问题。1938 年，只有高中文化水平、年仅 25 岁的奥斯本失业了，他决定去一家报社应聘做记者。报社主编问他是否有办报的经验，他实事求是地回答：“没有。”但他给了主编一篇他自己写的文章，主编看后，发现尽管文中存在诸多语法、修辞的错误，但见解独到，具有创造性，于是决定录用他。从此奥斯本意识到，创意是最重要的。在几年的工作中，他自己获得了众多专利，后来成为美国 BBDO 广告公司的副董事长。

智力激励法是最名副其实、最具有实用价值的团体创新方法，是指采用会议的方式，利用集体的智慧，引导每个参加会议的人围绕中心议题广开言路，激发灵感，在自己的头脑中掀起风暴，毫无顾忌，畅所欲言地发表独立见解的一种创新性思维的方法。

头脑风暴会与传统讨论会存在明显的区别。传统讨论会具有从众障碍和权威障碍。在讨论决策中，多数人意见或一致意见会影响部分参会人员的心理，导致他们沉默或不够积极地表达自己的意见。同时，参会人员容易受老板或领导权威的影响，老板、领导或者专家的随意的评判，也会挫伤参会人员的积极性。

头脑风暴法组织会议针对某一主题，营造自由愉快、畅所欲言的气氛，让所有参加者自由提出想法或点子，并以此相互启发、相互激励、引起联想、产生共振和连锁反应，从而可以诱发更多的创意及灵感。群体决策中，由于群体成员心理相互作用影响，易屈于权威或大多数人意见，形成所谓的“群体思维”。群体思维削弱了群体的批判精神和创造力，损害了决策的质量。

二、智力激励法的分类

智力激将法分成两类：结构化的头脑风暴会和非结构化的头脑风暴会。

1. 结构化的头脑风暴会

结构化的头脑风暴会是指对于会议主持人提出的问题，团队成员一个接一个地提出自己的见解，每人每次只能提一个见解。当某个成员再也没有新的主意时，可以跳过。所有的主意都应记录在白纸板上。

结构化头脑风暴的优点：不易让某个人主导整个过程；强迫性地参与；易主持；允许成员有时间考虑。其缺点：难以等到一个人的轮次；慢节奏；不易在他人的基础上再发挥；团队能量的某些损失。

2. 非结构化的头脑风暴会

非结构化的头脑风暴会是指非结构化的或自由滚动式的头脑风暴为团队成员提供了自由地提出见解和意见的机会。这种方式鼓励成员任意地贡献出尽可能多的主意，直至没有人再有新东西可增加了。

非结构化的头脑风暴的优点：未经雕琢的见解；很自然；鼓励创造性；易在他人的基础上发挥；快节奏。

其缺点：难以主持；外向型；强势型成员易占主导地位；当成员不思考而立刻发表见解时易迷失主方向。

三、智力激励法的基本原则

智力激励法是针对要解决的问题，召开 5—10 人的小型会议，与会者按照一定的步骤和要求，在轻松的气氛中展开想象，敞开思想，各抒己见，相互激励和启发，使得创造性思想产生大量的新创意。为达到这个目的，在智力激励法实施过程中必须遵守以下四条基本原则：

（一）异想天开——自由奔放去思考

与会者尽可能解放思想，无拘无束地思考问题并畅所欲言，不必顾虑自己的想法或说法是否“离经叛道”或“荒唐可笑”。欢迎自由奔放、异想天开的意见，要毫无拘束，广泛地想，观念愈奇愈好。自由思考方法包括奥斯本检核表法、和田十二法、5W2H 分析法、列举法、类比法等。

（二）延迟评判——到评估阶段才能进行评价

创新构思的产生是一个不断诱发、深化和完善的过程。构思在刚开始提出时似乎没有什么科学根据和实际用途，但可能蕴涵着极好的创意，过早的评判可能将之扼杀在萌芽阶段。日本创造学家丰泽丰雄曾说：“过早的评判是创造力克星。”因此，会议期间禁止与会者在会上对他人的设想评头论足，排除评论性的判断。至于对设想的评判，留在会后进行，也不允许自谦。与会者禁止使用太新奇了、挺好、不错、异想天开、不实际、没意义、无法成功、不符合目的、成本会增加、不合道理、想法陈旧等夸大其词和漫无边际的吹捧之语、发言者胆怯的自谦之语、讽刺挖苦的否定之语，甚至怀疑的讥笑神态、手势等和动作都是智力激励会的大忌。美国心理学家梅多和教育学家帕内斯在做了大量试验和调查之后认为，采用延迟评判，在集体思考问题时，可多产生 70%的设想。在个人思考问题时，可多产生 90%的设想。

（三）以量求质——鼓励与会者尽可能多地提出设想

鼓励与会者尽可能多地提出设想，以大量的设想来保证质量较高的设想的存在，设想多多益善。

与会人员不论是该方面的专家、员工，还是其他领域的学者以及该领域的外行不分高低，一律平等。与会人员在规定的时间内提出的设想不论大小，甚至是最荒诞的设想，记录人员也要认真地将其完整地记录下来。通常情况下，最初的设想往往不是最佳的，而一批设想的后半部分价值要比前半部分高 78%。此外，据统计一个在相同时间内比别人多提出两倍设想的人，最后产生有实用价值的设想的可能性比别人高 10 倍。因此，智力激励法强调与会者要在规定时间内，加快思维的流畅性、灵活性和求异性，尽可能多地提出有水平的新设想。

（四）联想改善——鼓励借用别人的构思，借题发挥

鼓励借助别人的构思，借题发挥，根据别人的构思联想另一个构思，即利用一个灵感

引发另外一个灵感，或者把别人的构思加以修改。借题发挥的要求：珍惜“如此说来…”；不必因为是某先生的创意，所以客气；变化一下，得到一个更好的创意；把两个创意结合看看，互相配合看看。

尽量在别人提出的设想基础上加以改进，然后提出新设想，或者提出综合改善的思路。因为创新在于综合，在于头脑中已有思路之间、已有设想和新获得的外部信息之间形成的新组合，产生新思路。

上述四条原则各有侧重，相辅相成。第一条原则突出求异性，是智力激励法的宗旨。第二条原则要求与会者放松心态，会议气氛活跃，这是激发创造力的重要保障。第三条、第四条原则强调互动性，即相互启发、相互补充和相互完善，是智力激励法是否成功的关键所在。

智力激励法注意事项：运用头脑风暴法，主题明确且单一；问题太大时，要细分成几个小问题；创造力、分析力要强，且具幽默感；时间合理，头脑风暴尽量控制在45－60分钟；会后对创意进行评价。

四、智力激励法实施流程

（一）会前精心准备

会前准备的内容主要包括确认会议主题、组织参会人员、选择会场和必备材料等。

1. 议题选择

议题的选择应从平日悬而未决的问题着手，必须合乎参与者的层次和关心程度，它以参与者一直期待解决的问题为最佳。当然事先公开议题的做法也是可行的，但参加人员是否会围绕议题尽力去思考点子，仍有必要斟酌。因而将大议题细化，从接近参与者关心程度的议题开始，不失为一种好的办法。

议题的内涵应该明确，而不该模棱两可、似是而非。会议开始后，主持人应仔细阐述议题，以便参加者理解。需要注意的是，主持人在陈述议题时不能暗示问题解决的典型方法可能是什么，因为这将阻碍新观点的产生。

2. 确定会议主持人

会议主持人需要介绍问题、提醒时间和确保与会人员遵守头脑风暴的规则，掌控会议进程使其顺利开展，同时要积极营造使参会人员身心愉悦的气氛，激发与会人员发言的积极性。因此，合适的主持人对头脑风暴法会是否达到预期目的起到重要的作用。

一般来说，头脑风暴会议主持人最好由对需要决策问题的背景比较了解并且熟悉头脑风暴法的开展流程和处理方法的人担任，必须具有丰富的经验，能够充分把握讨论问题的本质。主持人应乐于接受头脑风暴法所造成的奔放而接近狂热的会议气氛，努力使参加者忘却自我，从而能变得更加自由。主持人应及时发现参加者朝哪个方向提出设想，并巧妙地将脱离正确方向的参加者引回到既定的目标方向上来。从某种程度上讲，主持人应该是演技相当细腻的演员，并在某些方面具备电视节目主持人的素质。

3. 确定与会人员

头脑风暴会议与会人数太多，无法保证与会者在有限的时间内充分表达设想的机会;人数太少,难以形成信息碰撞和思维共振的环境,也容易造成冷场,影响智力激励的效果。经验证明,与会人员规模以 10 人左右为宜。与会人员遴选应严格限制,便于参加者把注意力集中于所涉及的问题上,具体可参考以下三个原则:

第一,如果参加者相互认识,要从同一职位(职称或级别)的人员中选取。领导不应参加,否则可能对参加者造成某种来自权威的压力。

第一,如果参加者互不认识,可从不同职位(职称或级别)的人员中选取。这时不应宣布参加人员职称,不论与会人员的职称或级别的高低,都应同等对待。

第三,参加者的专业应力求与所论及的决策问题相一致,当然这并不是与会成员的必要条件,最好包括一些对所论及问题有较深理解的其他领域的专家。

一般而言,智力激励法会议的参会人员应当由专家小组构成,包括方法论学者,如会议主持人;设想提出者:专业领域的专家;设想分析者:专业领域的高级专家;演绎者:具有较强逻辑思维能力的专家。

4. 确定会议记录员

头脑风暴会议中与会人员提出的设想应由专人记录下来,以便会后对各种设想进行整理。因此,可以遴选一位专门人员作为会议记录员,也可以由会议主持人兼任。随着现代信息技术的发展,记录手段呈现了多样化,如录音、录像,记录的过程可以自动完成。

5. 布置会场

会议地点的选择往往是根据会议的议题来确定的。如果选择室内会议室,房内的温度和光线要让与会人员感觉到舒适。温度不宜过高或者太低,光线柔和,不要刺眼。如果选择室外,要注意召开会议时的天气情况以及周边环境是否嘈杂,确保会议顺利进行。在确定好会议时间和场所的前提下,就应准备好海报纸、记录笔等记录工具和其他必备的设备等。将海报纸(大白纸)贴于白板上,座位的安排以"凹"字形为佳。

(二)会中充分讨论

1. 主持人明确会议主题

在头脑风暴会正式开始之前,可以进行简单的热身,烘托气氛。会议主持人或工作人员应保持友好的精神状态欢迎每一位参会人员,互相介绍从未谋面的与会人员。当参会人员全部落座后,进行热身活动。热身活动可以以智力游戏、观看创新方面的宣传片、脑筋急转弯、猜谜语等形成进行,目的是让参会人员尽快进入角色,暂时忘记个人的私事。

经过大约 10 分钟的热身后,就可以进入明确会议主题阶段了。首先,会议主持人需要向与会者重申会议应严守的原则和纪律。特别需要强调若出现违背四大原则的现象,如哄笑别人意见、公开评论他人意见等情况,主持人会立即制止。同时,为确保会议的流畅性,主持人提醒与会者将手机或其他电子产品关机或调至静音状态。

其次,主持人正式宣读会议主题,要言简意赅,只是点出问题的本质,选择有利于与会者热情和扩宽思路的方式,为提供设想做准备。也可以将问题分解成不同要素,从多个角度提出问题。必要时,可以让与会者简单地讨论一下,使得与会者对会议所要解决的问题获得一致、准确的理解。

2. 参会者建言献策

这是智力激励法的核心步骤。该阶段应尽力形成高度的激励气氛,使得与会者能突破心理障碍和思维定势，发散思维，提出大量有价值的设想。参会者在这一阶段要以良好的心态参加会议；对研讨主题独立思考；围绕会议主题积极发言；善于倾听他人发言。

主持人优秀的掌控能力在这个阶段显得尤为重要，如果发挥出色，可以确保会议的流畅性。首先，要掌控好与会者发言的流畅性。为避免发言不积极，可轮流发言。每轮每人简明扼要地说清楚一个创意设想，避免形成辩论会和发言不均，要以赏识激励的词句语气和微笑点头的行为语言，鼓励与会者多提出设想，经常强调设想的数量，比如平均3分钟内要发表10个设想。对违反会议原则的行为，如出现打断或评判他人发言的现象，主持人要巧妙地化解，并重申会议的纪律。当有人提出不常见，特别是看似“荒诞”的意见时，要加以鼓励。

随着时间的推移，与会者的创造力可能会随之减弱，大脑呈现空白期，有可能出现冷场的情况。这时主持人不必惊慌，应采取一些必要措施缓和气氛。可以果断地提出休息几分钟，再进行几轮头脑风暴。或者发给每人一张与问题无关的图画，要求讲出从图画中所获得的灵感，从而激发成员思考。

一般而言，会议持续45—60分钟左右。但最好的设想往往是会议要结束时提出的，因此，预定结束的时间到了可以根据情况再延长5分钟。这几分钟时间里，如果没有新设想的提出，主持人可以宣布会议结束。同时，主持人应当面感谢与会人员。主持人要留下自己的联系方式，告诉大家会后有任何新的想法，请务必第一时间告知。

3. 记录员如实记录

记录员应依照发言顺序标号全面记录与会者提出的设想。当发言内容含糊不清时，应向发言者确认；发言内容过长时，仅记录要点即可；字迹要清晰，确保每位参与者都能看清；海报纸版面应简洁整齐。

(三)会后全面整理

会议结束后应该对所作记录进行分类整理和评价。第一步，整理。将会中和会后收集到的所有设想进行整理，形成一个设想清单，若能分成几个类别最好。第二步，确定评价标准。根据会议的主题预期达到的目的，选择科学合理的指标评价设想，将其分成奏效的、可能奏效的和无用的三类。第三步，设想评价。将设想清单和评价标准交给知识和经验丰富的专家组进行筛选。筛选应主要从可行性、应用效果、经济回报率、紧迫性等多个角度进行，以选择最恰当的创意设想。

此外，由于用智力激励法产生出来的构想，大部分都只是一种提示，很少是可以用来直接解决问题的。因此整理和完善构想这一步就显得相当重要。在整理补充点子时，为了使构想更具体化，也可继续使用智力激励法。

案例5.9 直升机除雪

有一年，美国北方格外寒冷，大雪纷飞，电线上积满了厚厚的冰雪，大跨度的电线被积雪压断，严重影响通信，给人们的生活带来了不便。人们尝试使用传统的除雪办法如用扫帚扫，用刀刮、砸，用锹铲，但是都不奏效。积雪已经影响到正常的通信。

这时，电信公司经理应用奥斯本发明的头脑风暴法，尝试解决这一难题。他召开了一种能让头脑卷起风暴的座谈会，参加会议的是不同专业的技术人员，要求他们必须遵守以下原则：禁止批评别人的意见；提倡自由思考，天马行空、异想天开，越新奇越好；各抒己见，观点意见越多越好；引发联想，补充完善。

按照这种会议规则，大家七嘴八舌地议论开来。一位与会者提出“坐飞机扫雪”的设想，大家心里尽管觉得滑稽可笑，但在会上也无人提出批评。相反，有一位工程师在百思不得其解时，听到用飞机扫雪的想法后，大脑突然受到冲击，一种简单可行且高效率的清雪方法冒了出来。他想，每当大雪过后，出动直升机沿积雪严重的电线飞行，依靠高速旋转的螺旋桨即可将电线上的积雪迅速扇落。

他马上提出“用直升机扇雪”的新设想，顿时引起其他与会者的联想，有关用飞机除雪的主意一下子又多了七八条。不到一小时，与会的10名技术人员共提出90多条新设想。

会后，公司组织专家对设想进行论证。专家们认为设计专用清雪机，采用电热或电磁振荡等方法清除电线上的积雪，在技术上虽然可行，但研制费用大，周期长，一时难以见效。那种因“坐飞机扫雪”激发出来的几种设想，倒是一种大胆的新方案，如果可行，将是一种既简单又高效的好办法。

经过现场试验，发现用直升机扇雪真能奏效，一个久悬未决的难题，终于在头脑风暴会中得到了巧妙地解决。

【思考与训练5—9】

1. 随着现代打印、复印技术的发展，纸张的消耗量越来越大，这就意味着我们将伐掉更多的树木，影响生态环境，你能给出更好的主意来降低纸张的消耗吗？

2. 如果你们的团队正在准备中国国际“互联网+”创新创业大赛的创业计划书的撰写，请用智力激励法召开一次集体讨论会议，你该如何组织？

第五节　六顶帽子思考法

一、六顶帽子思考法的概念

六顶帽子思考法是由爱德华·德·博诺创立的一种思维训练模式，或者说是一个全面思考问题的模型。爱德华·德·博诺，牛津大学心理学、医学博士，剑桥大学医学博士，曾任职于牛津大学、伦敦大学、哈佛大学和剑桥大学，是创造性思维领域和思维训练领域举世公认的权威，被誉为20世纪改变人类思考方式的缔造者。六顶帽子思考法提供了“平行思维”的工具，其特点是从不同的角度思考同一个问题，每次只思考其中一个方面，这样做的效果是便于思考。

六顶思考帽包括白色思考帽、黄色思考帽、黑色思考帽、蓝色思考帽、红色思考帽和绿色思考帽。

所谓“六顶思考帽子”，代表着6种不同方式的思考，“帽子”只是对思考的一种形象的比喻。为何是六顶而不是五顶或七顶呢？德·博诺指出：少于六顶，不能有效地概括所需要的各个不同的思考方向。多过六顶又会造成混乱。“6”是人们能轻易记得的最高数字。

二、六顶帽子思考法的行为要点

(一)严肃性

这是一种慎重、严肃、用尽心智的思考,而不是随随便便想一想,也不是在多种可能性中随便选择。

(二)重在行动

为了沟通上的方便,需要用行为表达思想,即用行动表现思维。这种思维方式往往不是一个人独处时的思考,更多的是在集体思考的时候运用。每个人都往同一个方向去考虑的时候,就容易把各种各样的可能性考虑充分。

(三)角色扮演

用六顶思考帽时,一定要进行角色扮演,根据角色要求做事,而不能以自我情感或情绪为出发点。以自我为中心,容易封闭自己的思想,不接受他人的意见和建议,既对自己不利,也影响他人。

三、六顶帽子思考法的基本要求

第一,同频共振:同一时间用一种思考方式进行思考。

第二,成员认可:小组所有成员都认为这种思考方式是有益的。

第三,重在表现:勇敢地用行为把思考表示出来。

第四,遵守规则:所有参与者都应该是平等的。

六顶思考帽就是用来帮助我们在同一时间内只做一件事情的思考方法。我们不再同时思考太多事情,而是在同一时间内只"戴"一顶帽子。帽子有 6 种颜色,不同的颜色代表不同的思考类型,详见表 5.8。

表 5.8 不同类型思考帽思考问题的类型

思考帽的类型	思考问题类型	思考问题的内容
白色帽子	信息	注意力集中在相关的事实、数据和信息上。有哪些信息?需要哪些信息?
红色帽子	感觉	集中关注情感、感觉、直觉和预感。此时此刻对这件事情有什么感觉?
黑色帽子	困难	集中关注真相、判断和合理性。这合乎事实吗?它有效吗?它安全吗?它可行吗?
黄色帽子	价值	集中关注优点和好处。为什么它是可行的?为什么它有好处?为什么它是一件好事?
绿色帽子	创造	集中关注建议、提议、新的创意或其他选择。在这里能做什么?还有其他不同的主意吗?
蓝色帽子	管理过程	注重控制思考过程,对思考已经进行到哪里了进行总结,设立下一个思考步骤,设立思考的程序。

接下来,对每一顶思考帽做更详细的介绍。

四、白色帽子思考法

“方向不对，努力白费”，这句俗话也同样适用于思考过程。因为很多时候思考是根据主观臆断，而非客观事实，最可怕的是，我们常常把主观臆断当成了客观事实来进行思考分析，这样得出的结论自然不会好到哪里去。

（一）白色帽子思考法的定义

白色帽子思考法主要是罗列客观事实和数据，不做猜想和判断，只是真实反映现实情况，无须解释。白色帽子思考就像计算机一样，汇总所有真实的信息，展示问题的全貌，以便进一步分析思考。

（二）白色帽子思考法的要点

1. 客观、中立

白色帽子思考法讲的是客观的事实与数据，不掺杂自己的主观因素与猜测，而是像计算机一样陈述事实，罗列数据。是镜像的反映，要尽可能细致，尽可能避免主观解释、避免偏差。主观认为的“事实”和经过验证的事实是有差别的，白色帽子思考法要的是验证过的事实。

如果有一个小孩双手托着下颚，睁着眼睛望着左上方，你会认为他在干什么？发愣，思考问题，上课走神，认真听讲等各种可能情况。用白色帽子思考法，你就会说图中的孩子双手支着下颌，睁着大大的眼睛望着左上方。客观描述不能因人而异。

再比如，白色帽子思考法可以用在统计调查中。《中华人民共和国统计法》明确规定：确保统计资料的真实性、准确性和完整性。统计机构和统计人员应依法履行职责，如实搜集、报送统计资料，不得伪造、篡改统计资料，不得以任何方式要求任何单位和个人提供不真实的统计资料，不得有其他违反本法规定的行为。

统计人员应当坚持实事求是，恪守职业道德，对其负责搜集、审核、录入的统计资料与统计调查对象报送的统计资料的一致性负责。

地方各级人民政府、政府统计机构和有关部门以及各单位的负责人，不得自行修改统计机构和统计人员依法搜集、整理的统计资料，不得以任何方式要求统计机构、统计人员及其他机构、人员伪造、篡改统计资料，不得对依法履行职责或者拒绝、抵制统计违法行为的统计人员打击报复。

2. 有效统一的工具

搜集信息的工具也非常重要，有效而统一的工具往往能起到事半功倍的作用。白色帽子思考法就是集中所有人的智慧、知识，集中所有的资源，在尽可能低的成本的前提下搜集所需要的数据和事实。如何搜集这些数据，工具很重要。如果用错了工具，拿秤去量长度，拿尺子去称重量，显然难以达到目的。工具应该被一组人都能理解、都能接受。例如，形容一种颜色的时候，有人不懂色谱，对他来说解释几号红还不如说深红、浅红更有效。

（三）白色帽子思考法的注意事项

信息对于思考来说是非常重要的，因此我们应该想方设法获取大量的信息。戴上白色帽子，就是我们在思考问题时给自己提出三个关键的问题：

第1，掌握哪些信息？

第2，缺乏哪些信息？

第3，如何获得需要的信息？

对上述三个问题，可以按下列方式解决。

1. 列出掌握的信息

首先，把已经掌握的信息全部罗列出来。这些信息可以是相关的事实、数字、清单、统计数据，等等。这些信息也可以是我们自己掌握的知识和经验。要说明这一类信息，我们可以这样说："就我的经验来看……"或者"就我所知……"

除了这些显而易见的信息之外，我们还必须读懂潜台词，找出那些隐含着的信息。就好像小说中的一个优秀侦探去寻找被别人忽略的线索那样。

当然，信息具有不同的真实度、可能性和可靠性，而且信息中还包含一些猜测、推论和假设。所以我们在做白色思考帽时，应该非常清晰地说明，自己所提供的信息属于哪一种类型。

2. 搜集遗漏的信息

必须努力找出信息的空白处，检查已有的信息，以便知道自己遗漏了哪些信息。问问自己，我们已经有了足够的信息来进行思考或作出决策吗？如果还没有，那么我们还需要什么信息？尽量把需要什么信息清楚地表达出来。信息当然越多越好。要判断哪一个解释更为合理；要制定出最好的行动方案；要评价某个东西是否合乎我们的需要，这时候我们都需要更多的信息。如何获得我们需要的信息？

(1)倾听。倾听是白色思考帽的一部分，我们通过仔细倾听，从中猎取信息。

(2)阅读。我们通过阅读或者利用互联网和数据库来搜寻信息。

(3)提问。获取信息的最有效途径是提问。知道该提什么样的问题，这是思考中十分重要的一个部分。你希望这个问题给你带来什么吗？你是想验证什么？这些问题属于射击型提问，我们知道自己瞄准的是什么，而这些问题的答案就是"是"或"否"。还有一种是钓鱼型提问，我们不知道会获得哪些信息，但可以通过提问诱导信息自动出现。

在白色思考帽中，怎样获取遗漏的信息呢？我们可以通过信息搜寻，可以通过直接研究，也可以通过调查访问，等等。

3. 正确区分信息和感觉

有时候，白色帽子和红色帽子会非常接近。因为当我们预测未来时，我们从来不会有确定性的结论，只能进行猜测或推断。比如你可能会说："我觉得这个玩具会热卖。"显然，你不能确定这种感觉，但是，你可以为此提供很好的理由(比如同类玩具的销售情况，市场测试等)，这些理由就是白色思考帽。如果你不能提出任何理由，那就是红色思考帽。白色思考帽针对的是那些可以被检验或有根据的信息。

再比如，如果你说："王先生不喜欢这个主意。"这就是白色思考帽，因为你是在报告一项事实。但是，如果你说："我不喜欢这个主意。"这便是在表达你自己的感觉，因此是红色思考帽。即便你有很好的理由来支持你的感觉，它也仍然是红色思考帽。

五、红色帽子思考法

(一)红色帽子思考法的定义

红色帽子思考法是把在暗中起作用的情绪化、感觉上、非理性层面上的思考用合理的方式表达出来的思考方式,是情绪、非理性的、感觉、本能和直觉。从某种角度来看,红色帽子与白色帽子刚好相反。白色帽子寻求客观的事实和数据,它对人的感觉并不感兴趣,事实就是事实。红色帽子则对事实不感兴趣,它只关注人们的感觉。

(二)红色帽子思考法的特点

红色帽子思考法是属于情绪的、感觉的、非理性层面上的一种思考,是一个完全没有分析、没有逻辑的过程。红色帽子思考法把情绪作为一种正常的因素,并作为思考的一种手段和工具加以利用。只需表达即时的感受,不需要进行解释。

(三)红色帽子思考法的要点

1. 无须论证或说明理由

通常,当我们表达自己的直觉或预感时,会努力为这些直觉和预感建立一个合理的基础。但是,直觉和预感往往是对的,而这些基础却常常是错误的(而且也能够被证明是错误的)。红色帽子使得思考者可以直接提出自己的预感或直觉,而无须给出任何理由。如,“戴上红色帽子,我的预感告诉我他将会成为一个伟大的网球选手,别问我为什么。”

事实上,根本就不应该试图给红色思考帽提供任何理由,这些理由将破坏运用红色帽子的整个目的。红色帽子之所以允许人们表达感觉、直觉和预感,只是因为这些感觉本来就存在,而不是因为它们应该被证明是正确的。

2. 表达此时此刻的感觉

红色帽子包含的是“此时此刻”的感觉,一个人在会议开始时的感觉和在会议结束时的感觉有可能是完全不同的。只要感觉是自然且真诚的,它就是有用的,这就意味着感觉应该是此时此刻的感觉。思考者可以表达自己在其他时候的感觉,但是必须清楚地表明这一点。如,“我以前觉得骑这样的摩托车会很危险,但是现在我觉得买这辆摩托车是个好主意。”

3. 允许表达复杂的感觉

我们完全可能会有复杂的感觉,应该这样来表达复杂的感觉:“我觉得它的确具有一些好的方面,但是它还有些方面让我感到不妥。”接着,你逐一说出究竟是哪些方面以及你对这些方面的感觉。但是,如果需要得出结论(例如在作决定的时候),思考者就应该表达他的整体感觉。“我喜欢这一点,不喜欢那一点。但综合来说,我喜欢这个主意。”

六、黑色帽子思考法

(一)黑色帽子思考法的定义

黑色帽子思考法运用否定、怀疑的看法,找到事物的负面因素,并对事物的负面因素进行逻辑批判和评估,找出逻辑上的错误并推测未来。

在所有的帽子中,黑色帽子用得最多。从某种意义来说,黑色帽子是最有价值的一顶帽子。因为黑色帽子的重点在于防止我们犯错误和做傻事。黑色帽子关注一件事情是否符合规律或原理，从哲学角度讲，它关注事物的本体。黑帽子代表一种几乎挑剔的审视："这样是对的吗？"

(二)黑色帽子思考法的要点

1. 批判要合乎逻辑

运用黑色帽子思考法进行批判，一定要合乎逻辑，而不应该是情绪化的偏见、成见。由于黑色思考帽是要求逻辑来支持的帽子，所以你必须始终说明为什么你认为某个观点不适合。当你指出什么是不可行的，你必须说明你的理由。

2. 注意经验的实用性

过去的经验是否适用于当下，取决于环境因素有没有发生根本性变化。有时候在工作中用了一个方法不成功，很容易作出方法不好的结论并否定它。其实任何一个方法能否成功与其适用的条件是否匹配有很大关系。比如，通常情况下物质有热胀冷缩的性质，但是水例外，它在 4℃的时候体积最小，结成冰的时候体积反而会增加。

3. 允许发挥想象力

黑色帽子思考法有时候允许有一定程度的想象力。可以略微地增加一些想象力，把思考再往黑色的方向推一步，但是不能推得太远，否则就到红色帽子的范畴去了。

4. 不辩论、不攻击

批评者在提出悲观、否定、怀疑的负面意见的时候，要尽可能对事不对人，否则就容易产生矛盾冲突；即使牵涉到个人，双方也要互相宽容，这样才能避免人身攻击。

(三)黑色帽子思考法注意事项

黑色思考帽很有可能被过度地使用。有些人从始至终都保持谨慎，变更表现出否定性的态度，他们总能指出为什么有些事情是不可行的，或者不可以这么做。

黑色的思考帽可不是什么"坏帽子"。做菜时你总要用点儿盐，但是如果放了太多的盐，那谁都受不了。食物为我们提供了必需的营养和能量，但吃得太多也会导致肥胖症或者损害健康。过度地使用盐或者食物导致盐和食物变成了有害品，那么如果你过度地使用黑色的思考帽，就会让黑色思考帽变成一顶"坏帽子"。

七、黄色帽子思考法

(一)黄色帽子思考法的定义

黄色帽子思考法就是在思考一个问题的时候，把正面的、乐观的、喜悦的、积极的情况集中在一起，表达具有建设性和启发性的观点。

黄色思考帽是一顶充满希望的帽子，也是一顶强调逻辑的帽子，所以在提出希望的时候，必须要有足够的理由来提供支持。一般来说，黄色思考帽旨在展望未来："假如我们这么做，就会得到这些好处……"当然，黄色思考帽也可以用来回顾过去："这样的事情带来了诸多的不利，但是它并不是一无是处——让我们戴上黄帽子来看看它给我们带来了哪些好处？"

(二)黄色帽子思考法的要点

当戴上黄色思考帽时，思考者应该问自己以下问题：

第一个问题：好处有什么？

第二个问题：为什么这是可行的呢？

1. 好处在哪里

黄帽思考者要把注意力集中在寻找和展示各种好处。这些好处具体有什么？对哪些人有好处？这些好处、利益是怎么出现的？现在的优势有什么？为什么这件事情是值得做的？它使哪些地方得到了改进？(改进可能意味着节省了成本，增强了功能，或者获得出了新的机会。)

始终要记住的是:戴着黄色思考帽只考虑好处和积极的效果，因为我们需要让自己的思考有意识地做出积极的努力。黄色思考帽不是作全面的评估，而是仅仅找到那些有价值、有好处的地方。

值得注意的是，如果通过黄色帽子思考法没能发现足够的好处，那么意味着这件事就不值得做了。即便一件事情的好处表现得非常明显，我们仍然要戴上黑色思考帽去考察这件事情的另一面。

2. 可行的理由是什么

黄帽思考者必须清楚地展示出某个想法为什么是可行的，一定要给出理由，不能把寻找理由的工作推卸给别人。黄帽思考者自己首先要对一件事情的可行性进行检验，并解释具有可行性的事情为什么它值得去做。

(三)黄色帽子思考法注意事项

1. 具有逻辑性

要实现梦想，首先需要考虑有没有现实的可能性？可能性有多大？朝着梦想前进的每一步都需要满足一定的条件，所以黄色帽子思考法具有逻辑性，而不是胡思乱想。它与黑色帽子思考法正好相反，一个是往负面的、否定的方向走到极端，一个是向积极的、正面的、喜悦的、有益的方面尽可能地发展，但是有一个共同要求，就是要符合逻辑。要有条件能够使可能性转化为现实，这是黄色帽子思考法的一个重要特性。

2. 要寻求组织以外的意见

这种正面和积极、乐观的看法，只是一个组织内成员统一的看法，而组织以外的人未必有同样的看法。比如，《红楼梦》中的人物，同样是聪明美丽的女孩，有人喜欢林黛玉，有人喜欢薛宝钗。因此要注意，这种正面的、积极的思考不应局限于一个组织，有的时候需要寻求组织外的顾问的评估。但是不管怎样，这种思考方式需要在组织成员之间进行，足够实用的知识是克服思维障碍所必不可少的，否则就会造成自我封闭。

3. 实现的条件

或许，有人会质疑黄色帽子思考法是盲目乐观从而要将最好的可能变成现实，这需要许多条件。黄色帽子思考法不仅要考虑可能性，还要考虑到它变成现实的条件，也就是它正面的逻辑证据。

(三)黄色帽子思考法和黑色帽子思考法的辩证关系

黄色帽子跟黑色帽子恰好相反，一个是正面的，一个是负面的，那么在思考问题时，是先抑后扬？还是先支持后打击呢？

一般情况下，讨论新事物或做某种探索性的思考时，对新思路不能先否定，因为它本来就是新的，具有某种不确定性。如果打击它，新的事物、新的想法就会被扼杀在萌芽状态。先用黄色帽子思考法，这样大家才有信心。

在某些比较特殊的情况下，可以先批评。在那些风险不确定、安全感不强、潜在的危机可能造成的后果比较大的情况下，如果盲目乐观就容易出问题，所以一般先用黑色帽子，目的是防患未然。

八、绿色帽子思考法

（一）绿色帽子思考法的定义

绿色帽子思考法不需要以逻辑性为基础，允许人们作出多种假设。不拘泥于原来的情况，是对常规的改变，是一种创新的认知。

（二）绿色帽子思考法的基本要求

1. 具有创造力。这种思考法要求人们具有较强的创造力。

2. 集中精力。绿色帽子思考法要求人们集中精力，聚焦问题，充分发挥想象力，最大程度地激发创造力。

3. 不做评论。绿色帽子思考法是在一个集体组织中进行的思考，它会激起创新的火花，出现任何异想天开、荒谬滑稽的想法都是正常的，所以不能批评，否则就扼杀了思想的翅膀。

与黄色思考帽和黑色思考帽不同，绿色帽子思考者不必为自己的建议或主意提供逻辑依据，只要提出主意以供进一步检验就够了。

（三）绿色帽子思考法的作用

绿色帽子思考法主要有考察、提出建议、寻找其他的选择、提出新的创意激发和行动六个作用。

1. 考察

白色帽子用可获得的信息来考察情况。绿色帽子则用主意、概念、建议和可能性来考察情况。

2. 提出建议

绿色帽子用来提出任何一种类型的提议和建议。不要求这些建议必须是新的创意。它们可以是行动的建议，解决问题的方案。戴上绿色帽子，可以进行各种积极活跃的思考。特别是当没有人知道该怎么办的时候，就该戴上绿色帽子进行思考了。

3. 寻找其他的选择

如果已经给出了一个解释，或者已经讨论了行动的方案，那么这时可以要求大家戴上绿色帽子寻找进一步的解释和其他的选择。还可能有哪些解释？还能做哪些事情？在采取行动之前，绿色帽子旨在为我们拓宽选择的范围。至于对这些选择进行评估，那就是黄色帽子和黑色帽子的任务了。

4. 提出新的创意

有的时候，我们需要完全崭新的创意。当旧的办法已经行不通了，或者没有可行的办法来解决问题时，就需要进行真正的创造性思考或水平思考，这种思考正是绿色帽子扮演的基本角色。如果你要求某个人对某件事进行绿色帽子思考，那么你就是在要求他超越既定范围，提出崭新的创意。你不能要求他人一定要提出创意，但至少可以要求他作出尝试。应该有意识地运用本书后面介绍的水平思考技巧，以便产生出新的创意。

5. 激发

戴上绿色帽子,我们可以提出各种试验性的主意,虽然我们不知道这些主意能否行之有效。我们还可以有意识地提出激发,激发不一定要是有用的主意,激发只是用来帮助我们脱离常规的思考轨道,从而以不同的角度重新看待事物。本书后面将介绍激发的技巧。

6. 行动和活力

绿色思考帽的特征就是行动和活力。一个画家站在一幅空白的画布面前,他最重要的事情就是开始行动。这个行动可能是勾画一个草图,或者是往画布上撒一些颜料。出现空白的时候就是需要主意的时候,空白的状况需要绿色思考帽,因循守旧或停滞的状况也需要绿色思考帽。

(四)绿色帽子思考法的具体方法

绿色帽子思考法在应用中主要有坐标交叉法、角色转换法、随意诱因法、加减法、额外搜索法等等。特别是随意诱因法,当思维已经到了枯竭的地步时,如果有一个强迫而又随意的诱因,它就能带我们离开已经充分思考过的范围,进入一个新的天地。

舒拉古的国王命令阿基米德鉴定皇冠是不是纯金的,他百思不得其解。有一天,他去洗澡,当他坐进澡盆里时,看到水往外溢,突然想到可以用测定固体在水中排水量的办法,来确定金冠的体积。从而发现了浮力定律,这就是随意诱因导致的结果。

九、蓝色帽子思考法

(一)蓝色帽子思考法的定义

蓝色帽子思考法掌握思维过程本身,被视为“过程控制”,是对思维的指挥、控制,安排思考的程序、方法并及时地进行总结。蓝色帽子就像是乐队的指挥一样控制思考过程。戴上其他五顶帽子,我们都是对事物本身进行思考,但是戴上蓝色帽子,我们是对思考进行思考。

(二)蓝色帽子思考法的作用

统一思想、变换角度,使思考更全面完整;使思考变得合理化、清晰化、程序化。蓝色帽子对思考过程的指挥与控制要求组员变换角度,扩大思考的范围,尽可能全面完整地思考问题。思考是一个动态的行为,变异无常。各种建议、判断、批评、情感、资料同时混在一起,时时变化,而蓝色帽子思考法能够使其合理化、清晰化、程序化。

(三)蓝色帽子思考法的任务

1. 提出问题

提问时,要用合适的方法表达需要解决的问题。在表述问题时,需注意:表达要清晰,切忌宽泛;讨论交流,使问题具体化、合理化;注重多角度思考。

2. 掌握思考过程

蓝色帽子根据具体情况和具体问题,掌握小组成员在什么时候应该用什么样的思维。戴蓝色思考帽者可以建议换上另外一顶帽子来思考,或者作出总结,或者明确思考的焦点。当大家看起来不知道下一步该做什么的时候,就有必要提出指导性建议。也许每个人对下一步该做什么有不同的意见,这时就需要作出决定。如果大家都清楚地认识到下一步该做什么,那就直接进入到下一步。

3. 记录与总结

及时地记录和总结是必不可少的，否则任何思维的讨论就会变成一个过程而没有结果，难以达到讨论的目的，从而应该把每个人的观点记录下来，不管它是正确的还是错误的。总结归纳出把可能转变成现实的方法，哪怕这些方法不一定能在现实生活中得以实施。“我们现在进行到哪里了？我们走得有多远？我们能总结一下吗？”这个总结可能给大家带来一种成就感，也可能会显示出到目前为止大家的思考仍毫无成果。总结还有助于澄清各个不同的看法。

十、六顶帽子思考法整体注意事项

一般来说，在使用六顶帽子思考法时，由白色帽子承担陈述问题的任务，绿色帽子提出解决问题的方案，黄色帽子评估该方案的优点，黑色帽子列举该方案的缺点，红色帽子对该方案进行直觉判断，蓝色帽子总结陈述，作出判断。但是，在实际问题中，要具体问题具体对待，没有一成不变的规则。从而，使用六顶帽子思考法时要注意以下事项：

第一，把控时间。每种帽子都有限定的时间，不能无限制地使用。

第二，合理搭配。帽子可以单独使用，也可以系统进行使用，多次使用或不使用。

第三，调整顺序。帽子没有绝对正确的使用序列，用与不用、使用多少次视情况而定。

案例 5.10　如何开展讨论式教学

讨论式教学法在实践运用中可能遇到的问题。

第一，讨论式教学的学生参与广度不够，讨论为少数学生所把持。学生之间的差异是客观存在的，在讨论中，也必然有“活跃者”和“沉默的羔羊”。有的学生平时学习较好，善于表现自己，往往成为讨论的“活跃者”；有些学生则由于成绩及个性等原因，经常游离于课堂教学活动的边缘，很难有自我表现的机会，讨论式教学一个最值得注意的问题就是要让每一个学生参与到讨论的过程中来。

第二，小组讨论的组织效率低。小组讨论时，有些好学生只顾发表自己的看法和见解，不认真听取他人的意见，更有时少数同学的讨论变为个人攻击；而有些中等生和差生很少有发表意见和提出问题的机会。没有信息交流和思维碰撞，就不会产生智慧的火花。这样的讨论达不到讨论的目的，反而浪费学生的学习时间。

第三，讨论离题。在课堂讨论活动中，教师往往是放手让学生构建自己的学习目标，但有时会出现这些现象：随着讨论团体的兴趣发生变化，学习目标也发生变化；讨论团体的目标一开始就偏离教师所设想的目标；团体中的个别学生的发言触及目标之外的学习内容，导致群体成员注意力转移，团体目标发生变化等。

第四，讨论不充分，不深入。“形式主义”“走过场”是课堂讨论中最突出的问题之一，讨论问题时学生不能充分表达自己的意见和看法，讨论问题不够深入。

以上问题在讨论教学法的实践运用中常常出现，为了解决这些问题提出了很多策略，比如通过制定讨论规则、提高教师的控制能力、讨论前做好充准备等，但是，这些方法对具体的不同种类的讨论课而言不具有普遍意义，而六顶思考帽为我们提供了一些解决的思路，它在讨论式教学法中的应用为其应用开辟了新的道路。

六顶帽子的思考模式，是一种基于环境与角色，发挥每个人长处，并有效地解决各种困难的完整的思考模式。这六顶思考帽的方法直接关注和约束人们的行为，而不是力图改变人们的思想个性，不但可以用于成年人，也可以直接运用于青少年的思考与探索过程。它在讨论式教学法中的应用就证明了它在解决教育教学问题方面巨大的潜力，因此它得到了广泛的接受。

案例 5.11 如何提高客户满意度

随着市场竞争环境日趋激烈，面对各行业产品严重同质化现象，许多企业在产品成本控制、质量提高、供货及时性等方面的潜能几乎已发挥到极致。于是，越来越多的企业把“提高客户满意度”作为企业经营的宗旨和竞争的重点。“换个角度思考”，立足客户需求，获得充分认同和满意，进而提升客户忠实度，为企业长期稳定的发展奠定良好的市场基础。

案例背景：某涂料系统是全球领先的液体与粉末涂料供应商，为整车生产商和汽车修补、交通运输、通用工业以及特定的建筑和装饰业客户提供所需产品。在一百多年的发展过程中，一直致力新产品新技术研发，寻求通过创新性产品和解决方案，支持相关产业的绿色革新和可持续发展。目前，由于新 office 的成立给各职能部门间的相互合作带来了挑战，即使在业内已有丰富的成功经验也无法发挥出最大优势，执行力和反应速度不能满足市场需求，致使客户满意度不高。运用六顶思考帽工具确立解决问题的焦点和思考序列，通过平行思考减少不满情绪，找到问题根源和解决方案，进而提升客户满意度。

1. 白帽(已知信息)：目前 20 个客户品牌里抱怨率占 30%，200 个经销商数的抱怨率为 40%，产品质量稳定性不佳，部分产品价格高于对手 5%左右。

2. 黑帽(风险和困难)：存在客户更换供应商的风险，经销商积极性不高，市场份额减少。

3. 绿帽(解决方案)：技术部门改进产品质量和性能；销售人员积极与客户沟通，推荐最合适的产品；给经销商更多商务支持；定期做客户拜访，听客户的反馈；提高反应速度，优化流程；适当安排外方专家的现场支持；安排培训提高员工专业技能及服务意识。

4. 黄帽(价值)：提高产品质量，可以提高份额，减少市场流失；商务政策可以完善网络；优化流程可以节约成本；赢得客户口碑。

5. 红帽(直觉)：技术部门改进产品质量、性能；给经销商更多商务支持；提高反应速度，优化流程；安排培训提高员工专业技能及服务意识。

6. 蓝帽(行动方案)：第一，执行时间：1 周内提交各部门改进方案；技术部总监 1 个月内提交产品改进方案；市场部 1 周内提交市场营销改进方案；物流部 1 周内物流改进计划；行政部根据现阶段情况做好培训计划。

案例 5.12 如何提高跨部门沟通效率

团队成员首先针对这一焦点列出以下7个步骤的帽子序列，再进行集体思考讨论。

1. 白帽（搜集的信息）：涉及部门多，各领域关注点不同；沟通时缺乏；参与度与关注热点难协调；其他各部门关于我们部门工作的需求；其他部门经验借鉴；

各部门专业领域的成果、专业知识。

2. 绿帽（解决方案）：建立常用联络人——建立信息数据库——产品部门信息、部门架构；部门间平台沟通会——信息共享——定期专业知识的共享、建立网络共享平台；各联络人之间的情感沟通。

3. 红帽（投票选择）：建立联系方式；专业内容分析；组织运动、团队建设。

4. 黄帽（价值）：能够快速找到相关负责人，并保持定期沟通；便于及时获得最新信息；换位思考其他部门工作需求；增加了合作的信任度和彼此的理解。

5. 黑帽（可能存在的问题）：跨部门工作时间难协调；相关成本增加；促成的专业限制难以突破。

6. 绿帽（解决方案）：寻求老板的参与支持；增加专业沟通的频率；在网络开放共享平台，可以随时学习。

7. 蓝帽（行动方案）：在各部门相关领导的支持下，建立各团队的联系方式，实施定期专业内容分享，组织团队建设活动，随时反馈意见。

六顶思考帽可以梳理思路、培养思维习惯，增强思考的完整性和逻辑性，可以作为一种思考的方式和语言，可以有效提升思维效率。全面了解了六顶思考帽，有效解决思维的犹豫不决，解决取舍问题；提高会议及工作效率，很好地运用在日后生活与工作中。

【思考与训练 5-10】

1. 请问六顶思考帽各具有什么功能？

2. 黑色思考帽过度使用有什么坏处？

3. 请用六顶思考帽为工具组织一场“是否需要报考研辅导班”的家庭会议。

4. 某公司的办公电脑长时间没有更换，出现反应速度慢的现象，影响了工作效率，引起了员工的不满情绪。请利用六顶思考帽，给出解决方案。

5. 六顶帽子思考法中，六顶帽子有固定的使用顺序吗？

6. 红色帽子过度使用的坏处是什么？

7. 绿色思考帽的价值是什么？

8. 某电车生产公司在一次产品开发研讨会上，产品研发部门的经理汇报了一种新的电车后，公司总经理说：“我觉得这种电车不好卖，销量一定上不去”。请问这位总经理使用了什么颜色的思考帽在做判断？这时，产品研发部门的经理给出了两套解决方案，请问他又用了什么颜色的思考帽？听完产品研发部门经理给出的两套解决方案后，总经理说：“这两套方案不具备可行性”。请问总经理用什么颜色的思考帽，得出方案不可行的结论的？

9. 黄色思考帽是一种正面的评估,而黑色思考帽是一种负面的评估。请问在某个项目的评估会上,是否可以同时使用黄色和黑色思考帽?

10. 六顶帽子思考法强调的是能够做什么,不是事物本身是什么,是寻求一种向前发展的思路。请问在讨论过程中,能不能讨论谁对谁错?

11. 六顶思考帽的方法,不同颜色的帽子代表不同的思考方式,请问哪种颜色的帽子代表中立与客观的思考方式?

12. 蓝色思考帽的主要任务是什么?

13. 所有思考帽中使用最多的是哪种思考帽?

第六章　创新实践

第一节　中国国际“互联网＋”大学生创新创业大赛

一、大赛简介

中国国际“互联网＋”大学生创新创业大赛由教育部、中央统战部、中央网络安全和信息化委员会办公室、国家发展和改革委员会、工业和信息化部、人力资源和社会保障部、农业农村部、中国科学院、中国工程院、国家知识产权局、国家乡村振兴局、共青团中央和同年确定的承办学校所在地省级人民政府共同举办。由教育部和承办高校所在地省级人民政府主要负责同志担任主任，教育部高等教育司主要负责同志担任秘书长，有关部门(单位)负责人作为成员，负责大赛的组织实施。大赛每年举办一届，自2015年以来，已举办八届。第六届大赛将中国“互联网＋”大学生创新创业大赛正式更名为中国国际“互联网＋”大学生创新创业大赛，同时将国际赛道并入高教主赛道，实现了“更中国、更国际、更教育、更全面、更创新”的办赛目标。

(一)大赛级别高

党和国家高度重视高校创新创业教育。2017年，习近平总书记回信勉励第三届中国“互联网＋”大学生创新创业大赛青年红色筑梦之旅的大学生。习近平总书记在回信中指出：“祖国的青年一代有理想、有追求、有担当，实现中华民族伟大复兴就有源源不断的青春力量。希望你们扎根中国大地了解国情民情，在创新创业中增长智慧才干，在艰苦奋斗中锤炼意志品质，在亿万人民为实现中国梦而进行的伟大奋斗中实现人生价值，用青春书写无愧于时代、无愧于历史的华彩篇章。”

2015年，李克强同志亲自提议举办“互联网＋”大学生创新创业大赛，并对首届大赛作出重要批示。批示指出：大学生是实施创新驱动发展战略和推进大众创业、万众创新的生力军，既要认真扎实学习、掌握更多知识，也要投身创新创业、提高实践能力。

中国国际“互联网＋”大学生创新创业大赛，紧扣国家发展战略，是促进学生全面发展的重要平台，也是推动产学研用结合的关键纽带。八届大赛闭幕式，分管教育的国务院副总理都亲自出席，参加相关活动，并发表讲话。

(二)大赛规模大

从前八届大赛的数据来看，经过8年办赛积累，这项大赛如今已成为覆盖全国所有高校、面向全体大学生、影响最大的高校双创盛会。从规模上来看，8届大赛累计有943万个团队、3983万名大学生参加比赛，实现了基础教育、职业教育、高等教育的贯通。自第三届大赛开始，大赛积极推进国际交流合作。据统计，第五届到第八届，这4届大赛共有来自五大洲120多个国家和地区、18258个国际项目、55852名国际大学生报名参赛，实现了“百国千校万人”参赛，大赛的“国际范”“含金量”再创历史新高，包括哈佛大学、麻省理工学院、牛津大学、剑桥大学等世界排名前100的大学几乎全部报名参赛。

（三）大赛成果多

经过8年的努力，大赛已成为深化创新创业教育改革的重要载体和平台，成为世界大学生实现创新创业梦想的双创全球盛会，已形成了以下成果。

一是组建了一支庞大的双创新锐大军。八届大赛累计有943万个团队、3983万名大学生参赛，培养了一大批有理想、有本领、有担当源源不断的青春力量。

二是开出了一堂有温度的国情思政大课。经过6年的实践探索，813余万大学生踏上“青年红色筑梦之旅”。广大青年学生走进革命老区、贫困地区和城乡社区，了解国情民情，坚定理想信念，锤炼意志品质，加强实践锻炼，将激昂的青春梦融入伟大的中国梦。

三是开设了一门有特色的创新大课。大赛实现了基础教育、职业教育、高等教育的贯通。引导学生树立创新意识，拓展创新思维，广泛开展创新活动，普通高中学生积极参加萌芽赛道，为我敢闯、我会创，埋下了种子。

四是促进了一场立体推进的双创教育改革。大赛以创新引领创业、创业带动就业，推动高校人才培养范式发生深刻变革。目前，全国高校已普遍开设创新创业教育课程，累计开课3万余门。各高校聘请行业优秀人才担任双创教师，专职教师近3.5万人、兼职导师13.9万余人。大赛与创新创业教育伴生成长，为新时代大学生绽放自我、展现风采、服务国家提供了新平台，为世界创新创业教育改革提供了中国智慧、中国方案。

二、参赛组别与对象

中国国际“互联网＋”大学生创新创业大赛分高教主赛道、青年红色筑梦之旅赛道、职教赛道、萌芽赛道和产业命题赛道。赛道不同，组别划分和参赛对象的具体要求也有所不同。

（一）高教主赛道

根据参赛申报人所处学习阶段，项目分为本科生组、研究生组。根据所处创业阶段，本科生组和研究生组均内设创意组、初创组、成长组。具体参赛条件如下：

1. 本科生组

(1)创意组

① 参赛项目具有较好的创意和较为成型的产品原型或服务模式，在大赛通知下发之日前尚未完成工商等各类登记注册。

② 参赛申报人须为项目负责人，项目负责人及成员均须为普通高等学校全日制在校本专科生(不含在职教育)。

③ 学校科技成果转化项目不能参加本组比赛(科技成果的完成人、所有人中参赛申报人排名第一的除外)。

(2)初创组

① 参赛项目工商等各类登记注册未满3年。

② 参赛申报人须为项目负责人且为参赛企业法定代表人，须为普通高等学校全日制在校本专科生，或毕业5年以内的全日制本专科学生(不含在职教育)。企业法定代表人在大赛通知发布之日后进行变更的不予认可。

③ 项目的股权结构中，企业法定代表人的股权不得少于 1/3，参赛团队成员股权合计不得少于 51%。

(3)成长组

① 参赛项目工商等各类登记注册 3 年以上。

② 参赛申报人须为项目负责人且为参赛企业法定代表人，须为普通高等学校全日制在校本专科生，或毕业 5 年以内的全日制本专科学生(不含在职教育)。企业法定代表人在大赛通知发布之日后进行变更的不予认可。

③ 项目的股权结构中，企业法定代表人的股权不得少于 10%，参赛团队成员股权合计不得少于 1/3。

2. 研究生组

(1)创意组

① 参赛项目具有较好的创意和较为成型的产品原型或服务模式，在大赛通知下发之日前尚未完成工商等各类登记注册。

② 参赛申报人须为项目负责人，须为普通高等学校全日制在校研究生。项目成员须为普通高等学校全日制在校研究生或本专科生(不含在职教育)。

③ 学校科技成果转化项目不能参加本组比赛(科技成果的完成人、所有人中参赛申报人排名第一的除外)。

(2)初创组

① 参赛项目工商等各类登记注册未满 3 年。

② 参赛申报人须为项目负责人且为参赛企业法定代表人，须为普通高等学校全日制在校研究生，或毕业 5 年以内的全日制研究生学历学生。企业法定代表人在大赛通知发布之日后进行变更的不予认可。

③ 项目的股权结构中，企业法定代表人的股权不得少于 1/3，参赛团队成员股权合计不得少于 51%。

(3)成长组

① 参赛项目工商等各类登记注册 3 年以上。

② 参赛申报人须为项目负责人且为参赛企业法定代表人，须为普通高等学校全日制在校研究生，或毕业 5 年以内的全日制研究生学历学生。企业法定代表人在大赛通知发布之日后进行变更的不予认可。

③ 项目的股权结构中，企业法定代表人的股权不得少于 10%，参赛团队成员股权合计不得少于 1/3。

(二)青年红色筑梦之旅赛道

参加“青年红色筑梦之旅”赛道的项目，须为参加“青年红色筑梦之旅”活动的项目，否则一经发现，取消参赛资格。根据项目性质和特点，分为公益组、创意组、创业组。

以团队为单位报名参赛，允许跨校组建团队。参赛申报人须为项目负责人，须为普通高等学校全日制在校生(包括本专科生、研究生，不含在职教育)，或毕业 5 年以内的全日制学生(不含在职教育)；国家开放大学学生(仅限学历教育)。企业法定代表人在大赛通知发布之日后进行变更的不予认可。

1. 公益组

(1)参赛项目不以营利为目标,积极弘扬公益精神,在公益服务领域具有较好的创意、产品或服务模式的创业计划和实践。

(2)参赛申报主体为独立的公益项目或社会组织,注册或未注册成立公益机构(或社会组织)的项目均可参赛。

2. 创意组

(1)参赛项目基于专业和学科背景或相关资源,解决农业农村和城乡社区发展面临的主要问题,助力乡村振兴和社区治理,推动经济价值和社会价值的共同发展。

(2)参赛项目在大赛通知下发之日前尚未完成工商等各类登记注册。

3. 创业组

(1)参赛项目以商业手段解决农业农村和城乡社区发展面临的主要问题、助力乡村振兴和社区治理,实现经济价值和社会价值的共同发展,推动共同富裕。

(2)参赛项目在大赛通知下发之日前已完成工商等各类登记注册,学生须为法定代表人。项目的股权结构中,企业法定代表人的股权不得少于10%,参赛成员股权合计不得少于1/3。

(三)职教赛道

职教赛道分为创意组和创业组两个组别。

1. 创意组

(1)参赛项目具有较好的创意和较为成型的产品原型、服务模式或针对生产加工工艺进行创新的改良技术,在大赛通知下发之日前尚未完成工商等各类登记注册。

(2)参赛申报人须为项目负责人,须为职业院校的全日制在校学生或国家开放大学学历教育在读学生。

(3)学校科技成果转化项目不能参加本组比赛(科技成果的完成人、所有人中参赛申报人排名第一的除外)。

2. 创业组

(1)参赛项目在大赛通知下发之日前已经完成工商等各类登记注册,且公司注册年限不超过5年。

(2)参赛申报人须为企业法定代表人,须为职业院校全日制在校学生或毕业5年以内的学生、国家开放大学学历教育在读学生或毕业5年内的学生。企业法定代表人在大赛通知发布之日后进行变更的不予认可。

(3)项目的股权结构中,企业法定代表人的股权不得少于1/3,参赛团队成员股权合计不得少于51%。

(四)萌芽赛道

萌芽赛道不分组别。参赛对象是普通高级中学在校学生,参赛学生必须为项目的实际成员。

(五)产业命题赛道

产业命题赛道不分组别,但是对参赛对象有如下的要求:

1. 本赛道以团队为单位报名参赛,每支参赛团队只能选择一题参加比赛,允许跨校组建、师生共同组建参赛团队。项目负责人须为普通高等学校全日制在校生或毕业5年以内的全日制学生(包括本专科生、研究生,不含在职教育),参赛项目中的教师须为高校教师。

2. 参赛团队所提交的命题对策须符合所答企业命题要求。参赛团队须对提交的应答材料拥有自主知识产权，不得侵犯他人知识产权或物权。

3. 所有参赛材料和现场答辩原则上使用中文或英文，如有其他语言需求，请联系大赛组委会。

三、参赛项目类型

（一）高教主赛道

1. 新工科类项目：大数据、云计算、人工智能、区块链、虚拟现实、智能制造、网络空间安全、机器人工程、工业自动化、新材料等领域，符合新工科建设理念和要求的项目。

2. 新医科类项目：现代医疗技术、智能医疗设备、新药研发、健康康养、食药保健、智能医学、生物技术、生物材料等领域，符合新医科建设理念和要求的项目。

3. 新农科类项目：现代种业、智慧农业、智能农机装备、农业大数据、食品营养、休闲农业、森林康养、生态修复、农业碳汇等领域，符合新农科建设理念和要求的项目。

4. 新文科类项目：文化教育、数字经济、金融科技、财经、法务、融媒体、翻译、旅游休闲、动漫、文创设计与开发、电子商务、物流、体育、非物质文化遗产保护、社会工作、家政服务、养老服务等领域，符合新文科建设理念和要求的项目。

参赛项目团队应认真了解和把握“四新”发展要求，结合以上分类及项目实际，合理选择参赛项目类别。参赛项目不只限于“互联网＋”项目，鼓励各类创新创业项目参赛，根据“四新”建设内涵和产业发展方向选择相应类型。

（二）青年红色筑梦之旅赛道

1.“互联网＋”现代农业：农林牧渔等。

2.“互联网＋”制造业：先进制造、智能硬件、工业自动化、生物医药、节能环保、新材料、军工等。

3.“互联网＋”信息技术服务：人工智能技术、物联网技术、网络空间安全技术、大数据、云计算、工具软件、社交网络、媒体门户、企业服务、下一代通信技术等；

4.“互联网＋”文化创意服务：广播影视、设计服务、文化艺术、旅游休闲、艺术品交易、广告会展、动漫娱乐、体育竞技等。

5.“互联网＋”社会服务：电子商务、消费生活、金融、财经法务、房产家居、高效物流、教育培训、医疗健康、交通、人力资源服务等。

（三）职教赛道

职教赛道参赛作品类型包括创新类、商业类、工匠类共三类。

1. 创新类：以技术、工艺或商业模式创新为核心优势。

2. 商业类：以商业运营潜力或实效为核心优势。

3. 工匠类：以体现敬业、精益、专注或创新为内涵的工匠精神为核心优势。

（四）产业命题赛道

1. 本赛道针对企业开放创新需求，面向产业代表性企业、行业龙头企业、专精特新企业以及入选国家“大众创业万众创新示范基地”的大型企业征集命题。

2. 企业命题应聚焦国家“十四五”规划战略新兴产业方向，倡导新技术、新产品、新业态、新模式。围绕新工科、新医科、新农科、新文科对应的产业和行业领域，基于企业发展真实需求进行申报。

3. 命题必须健康合法，弘扬正能量，知识产权清晰，无任何不良信息，无侵权违法等行为。

四、赛制和奖项设置

（一）赛制

大赛采用校级初赛、省级复赛、总决赛三级赛制（不含萌芽赛道和国际参赛项目）。校级初赛由各院校负责组织，省级复赛由各地负责组织，总决赛由各地按照大赛组委会确定的配额择优遴选推荐项目，由大赛组委会负责组织。

（二）奖项设置

1. 高教主赛道：全国31个省、自治区和直辖市参赛项目设金奖150个、银奖350个、铜奖1000个，中国港澳台地区参赛项目设金奖5个、银奖15个、铜奖另定，国际参赛项目设金奖50个、银奖100个、铜奖350个；设置最佳创意奖、最佳带动就业奖、最具商业价值奖等若干单项奖；获得金奖项目的指导教师为“优秀创新创业导师”（限前五名）。

2. 青年红色筑梦之旅赛道：设置金奖50个、银奖100个、铜奖350个；设置乡村振兴奖、最佳公益奖等单项奖；获得金奖项目的指导教师为“优秀创新创业导师”（限前五名）。

3. 职教赛道：设置金奖50个、银奖100个、铜奖350个；获得金奖项目的指导教师为“优秀创新创业导师”（限前五名）。

4. 萌芽赛道：设置创新潜力奖20个；入围总决赛但未获创新潜力奖的项目，发放“入围总决赛”证书。

5. 产业命题赛道：设置金奖30个、银奖60个、铜奖210个。

五、赛程安排

（一）参赛报名

参赛团队通过登录全国大学生创业服务网（cy. ncss. cn）或微信公众号（全国大学生创业服务网”或者“中国互联网＋大学生创新创业大赛”）任一方式报名。竞赛是团队赛形式，每个团队不少于3人，原则上不多于15人。一个人可以作为多个团队成员。一个项目只能选择一个赛道报名参赛。

（二）初赛、复赛

各地各学校登录网站 cy. ncss. cn/gl/login 进行大赛管理和信息查看。初赛复赛的比赛环节、评审方式等由各校、各地自行决定，应在8月15日前完成省级复赛，并完成入围总决赛的项目遴选工作。

（三）总决赛

入围总决赛的项目将通过网评和会评，择优进入总决赛现场比赛，决出各类奖项。

六、参赛需准备的必备材料

所有参赛团队须提交项目计划书、路演PPT、1分钟展示视频。

【思考与训练6—1】

1. 中国国际"互联网+"大学生创新创业大赛分几个赛道，每个赛道分几个组别，每个组别对参赛对象有哪些具体的要求？

2. 你曾经是某高校的全日制在校本科生，现已毕业3年。毕业后，与他人合伙开办了一家公司。现在有一个很好的创业项目，请问你是否符合中国国际"互联网+"大学生创新创业大赛高教主赛道本科生创业组竞赛的要求？

3. 假设你现在是一所高校的全日制在校研究生，跟随导师的科研团队进行某一课题的研究，取得了重大突破，且科技成果已顺利转化，请问你能以此项目报名参加中国国际"互联网+"大学生创新创业大赛高教主赛道研究生创意组竞赛吗？

4. 在第八届中国国际"互联网+"大学生创新创业大赛中，南京农业大学选送的"'渔'杰冰清——护江使者、振兴先锋"项目获得了全国总决赛青年红色筑梦之旅赛道金奖。该项目由渔业学院2021届研究生郑冰清担任负责人，她自2014年起开始参与渔业学院的产学研项目，主要从事长江特色珍稀鱼类、贝类繁殖等课题研究；在导师的指导下，她与团队成员实现了河豚、刀鱼等大规模人工繁育，科学支撑了增殖放流，助力长江渔业资源修复和生态保护。长江实施"十年禁渔"后，面对近30万退捕渔民转产就业难题，郑冰清发起成立冰清养殖公司，免费为渔民培训养殖技术，促进渔民从"捕鱼者"向"护鱼者"转型，并通过优质苗种供应、全程技术服务和兜底统购统销等途径带动渔民致富。项目紧密契合"长江大保护""乡村振兴"等国家战略，助力产业结构优化，推动地方经济发展，充分展现了新时代大学生在创新创业中的历史使命与责任担当。

你从这个项目中得到了什么启发，特别是践行"绿水青山就是金山银山"理念，建设美丽中国，助推乡村振兴中应该如何积极贡献自己的青春力量？

5. 中国国际"互联网+"大学生创新创业大赛产业命题赛道需要面向产业企业征集命题，请问对参与命题的企业有什么样的具有要求？对命题的内容又有哪些具体的要求？

6. 如果你正准备参加中国国际"互联网+"大学生创新创业大赛，那么你应该怎么准备？

7. 职教赛道是否有全国总决赛冠军争夺赛？

8. 请问本科生是否可以参加研究生组别的竞赛？

9. 青年红色筑梦之旅赛道的团队必须是参加青年红色筑梦之旅活动的项目吗？

10. 在校本科生是否可以参加职教赛道的比赛？

11. 萌芽赛道的赛制也是校级初赛、省级复赛、全国总决赛三级赛制吗？

第二节　"挑战杯"全国大学生课外学术科技作品竞赛

一、大赛简介

"挑战杯"全国大学生课外学术科技作品竞赛是由共青团中央、中国科协、教育部、全国学联和地方政府共同主办，国内著名大学、新闻媒体联合发起的一项具有导向性、示范性和群众性的全国竞赛活动，每两年举办一届。自1989年首届竞赛举办以来，始终坚持

“崇尚科学、追求真知、勤奋学习、锐意创新、迎接挑战”的宗旨，在促进青年创新人才成长、深化高校素质教育、推动经济社会发展等方面发挥了积极作用，在广大高校乃至社会上产生了广泛而良好的影响，被誉为当代大学生科技创新的“奥林匹克”盛会。竞赛的发展得到党和国家领导同志的亲切关怀，江泽民同志为“挑战杯”竞赛题写了杯名，李鹏、李岚清等同志题词勉励。历经 17 届，“挑战杯”竞赛已经成为：

（一）吸引广大高校学生共同参与的科技盛会。从最初的 19 所高校发起，发展到 1000 多所高校参与；从 300 多人的小擂台发展到 200 多万大学生的竞技场，“挑战杯”竞赛在广大青年学生中的影响力和号召力显著增强。

（二）促进优秀青年人才脱颖而出的创新摇篮。竞赛获奖者中已经产生了两位长江学者，6 位国家重点实验室负责人，20 多位教授和博士生导师，70％的学生获奖后继续攻读更高层次的学历，近 30％的学生出国深造。

（三）引导高校学生推动现代化建设的重要渠道。成果展示、技术转让、科技创业，让“挑战杯”竞赛从象牙塔走向社会，推动了高校科技成果向现实生产力的转化，为经济社会发展作出了积极贡献。

（四）深化高校素质教育的实践课堂。“挑战杯”已经形成了全国、省、高校三级赛制，广大高校以“挑战杯”竞赛为龙头，不断丰富活动内容，拓展工作载体，把创新教育纳入教育规划，使“挑战杯”竞赛成为大学生参与科技创新活动的重要平台。

（五）展示全体中华学子创新风采的亮丽舞台。中国香港、中国澳门、中国台湾众多高校积极参与竞赛，派出代表团参加观摩和展示。竞赛成为海峡两岸暨香港、澳门的青年学子展示创新风采的舞台，增进彼此了解、加深相互感情的重要途径。

二、参赛对象

凡在举办竞赛终审决赛的当年 7 月 1 日以前正式注册的全日制非成人教育的各类高等院校在校专科生、本科生、硕士研究生、博士研究生均可报名参赛，不含在职研究生。

三、参赛作品类别

“挑战杯”全国大学生课外学术科技作品竞赛的参赛作品分成自然科学类学术论文、哲学社会科学类社会调查报告和学术论文、科技发明制作类共 3 个类别。

其中，自然科学类学术论文类别仅限本、专科学生参赛。哲学社会科学类社会调查报告和学术论文类限定在哲学、经济、社会、法律、教育、管理 6 个学科内。科技发明制作分成 A、B 两类，A 类指科技含量较高、制作投入较大的作品；B 类指投入较少，且为生产技术或社会生活带来便利的小发明、小制作等。科技发明制作类具体的组别是：

第 1. 机械与控制，包括机械、仪器仪表、自动化控制、工程、交通、建筑等。

第 2. 信息技术，包括计算机、电信、通信、电子等。

第 3. 数理，包括数学、物理、地球与空间科学等。

第 4. 生命科学，包括生物、农学、药学、医学、健康、卫生、食品等。

第 5. 能源化工，包括能源、材料、石油、化学、化工、生态、环保等。

申报参赛的作品分为个人作品和集体作品两种。

个人作品：申报者必须承担申报作品 60％以上的研究工作，作品鉴定证书、专利证书及发表的有关作品上的署名均应为第一作者，合作者必须是学生且不得超过 2 人。

凡作者超过 3 人的项目或者不超过 3 人，但无法区分第一作者的项目，均须申报集体作品。集体作品的作者必须均为学生。

凡有合作者的个人作品或集体作品，均按学历最高的作者划分至本专科生、硕士研究生或博士研究生类进行评审。

全国决赛阶段，每个学校选送参加竞赛的作品总数不得超过 6 件，每人限报 1 件。作品中研究生的作品不得超过作品总数的 1/2，其中博士研究生的作品不得超过 1 件。

（一）参赛作品需要提交的材料

1. 自然科学学术论文类

自然科学学术论文类提交资料包括：申报书和作品（含学术论文、支撑材料，8000 字以内）。论文须为中文，外文论文须有中文翻译。支撑材料可包括对论文的进一步阐释、已发表刊物论文页扫描件、影响因子证明、查新证明、检索证明、实验相关照片、图片、扫描件等。

2. 哲学社会科学类社会调查报告和学术论文类

哲学社会科学类社会调查报告和学术论文类提交资料包括：申报书和作品（含学术论文或者调研报告，8000 字以内；支撑材料 15000 字以内）。论文的要求与自然科学学术论文一致，支撑材料可包括被采用的为党政领导部门、企事业单位所做的各类发展规划、改革方案和咨询报告，同时附上原件及采用单位使用证明的复印件和有关鉴定材料，调研过程的问卷、访谈记录、照片、发表的相关论文、相关单位（机构）的反馈、相关奖励证明等。

3. 科技发明制作类

科技发明制作类参赛作品需提交的资料：申报书和作品（含作品说明、研究报告、支撑材料）。作品说明 1000 字以内，可图文并茂；研究报告 8000 字以内，要写出作品制作的目的意义、制作过程、结果、创新点、实际应用情况等，报告中需包括图表、曲线、试验数据、原理结构图、外观图或照片；支撑材料可包括获得的专利、软件著作权、奖励证书、鉴定证书、应用证书、应用证明及其他资质材料等。

（二）参赛作品注意事项

1. 参赛作品涉及下列内容时，必须由申报者提供有关部门的证明材料，否则不予评审。

（1）动植物新品种的发现或培育，须有省级以上农科部门或科研院所开具证明。

（2）对国家保护动植物的研究，须有省级以上林业部门开具证明，证明该项研究的过程中未产生对所研究的动植物繁衍、生长不利的影响。

（3）新药物的研究须有卫生行政部门授权机构的鉴定证明。

（4）医疗卫生研究须通过专家鉴定，并最好附有在公开发行的专业性杂志上发表过的文章。

（5）涉及燃气用具等与人民生命财产安全有关用具的研究，须有国家相应行政部门授权机构的认定证明。

2. 毕业设计和课程设计（论文）、学年论文和学位论文、国际竞赛中获奖作品、已获国家级奖励的成果等均不在申报范围之列。

四、申报项目论文写作基本规范

题目：论文题目应准确、鲜明、简洁，字数不宜超过25个字，也可以添加副标题。

目录：目录按章、节、条序号和标题编写，分为二级或三级，应包括绪论、论文主体、结论、附录和参考文献。

摘要：摘要是论文内容的简单陈述，应体现论文的核心思想，包括研究目的、思路和方法、成果和结论，字数500左右。

论文主体：一般应包括绪论（或引言）、正文和结论等部分。

图表清单和主要符号表：图表应按规范进行绘制，一般应有标题和序号。也可视具体情况省略。

参考文献：凡有直接引用他人成果（文字、数字、事实及转述他人观点）之处，均应加标注说明列于参考文献中。

附录：可根据论文需要，选附与论文高度相关的辅助材料，字数不超过正文字数的30%。

五、赛制与奖项设置

（一）赛制

“挑战杯”全国大学生课外学术科技作品竞赛分成校级初赛、省级复赛和全国总决赛三级赛制。校级初赛由各院校负责组织；省级复赛由各地负责组织；全国总决赛由全国组委会组织。竞赛流程分为作品形式审查、初评、展览和现场答辩等环节。

（二）奖项设置

1. 学生奖项

（1）自然类学术论文、哲学社会科学类社会调查报告和学术论文、科技发明制作三类作品各设特等奖、一等奖、二等奖、三等奖。

（2）全国评审委员会对各省级组织协调委员会和发起高校报送的参赛作品进行预审，评出80%左右的参赛作品入围获奖作品，评出入围作品中的65%获得三等奖，其余35%进入终审决赛。在终审决赛中评出特等奖、一等奖、二等奖。

（3）入围获奖的作品，确认资格有效的，由全国组织委员会向作品颁发证书（证书必须体现作者和指导老师姓名）。参加各省（自治区、直辖市）预赛的作品，确认资格有效而又未进入全国竞赛的，由各省（自治区、直辖市）组织协调委员会向作品颁发证书（证书必须体现作者和指导老师姓名）。

（4）为鼓励各高校对参赛项目进行持续支持与跟踪培育，推动竞赛由短期开展向日常活动的转变，提升竞赛育人功能，竞赛设立累进创新专项奖，奖给在过去两届全国竞赛中入围获奖项目在后续有较大创新提升的作品。

2. 高校奖项

（1）竞赛以学校为单位计算参赛得分，团体总分按名次排列，按位次公布。团体总分由“现场作品得分”和“校级赛事组织得分”两部分组成。最高荣誉“挑战杯”为流动杯，授予竞赛团体成绩最佳的学校，若出现团体总分并列第一，以获特等奖的数量排序，以此类推至三等奖。设“优胜杯”若干，分别授予除“挑战杯”获得高校之外团体总分前三十一名的其余学校，及位列本省份第一名的高校中，除去团体总分前三十一名高校后排名前十名的其余学校。累计3次获得“挑战杯”的学校，可永久保存复制的“挑战杯”一座。

(2)竞赛设10个左右省级优秀组织奖和获得入围作品高校数30%左右的高校优秀组织奖，奖励在竞赛组织工作中表现突出的省份和高校。省级优秀组织奖由主办单位评定，报全国组织委员会确认，主要考察联合教育、科技等部门举办省级赛事，省级赛事高校参与率，省域内校级赛事举办情况，省域内赛事对学生的覆盖等情况。高校优秀组织奖由各省(自治区、直辖市)和新疆生产建设兵团组织协调委员会提名，主办单位评定后报全国组织委员会确认，评选综合考虑校级赛事、专项赛事、科技创新活动等的组织参与情况。

(3)竞赛设5个左右省级进步显著奖和10个左右高校进步显著奖，激励原本竞赛基础较为薄弱、取得显著进步的省份和高校。进步显著奖由主办单位根据相邻届次竞赛成绩，综合考虑团体总分、参赛高校数量、参赛作品数量等指标增幅情况进行评定，报全国组织委员会确认。

六、项目评审要点

评审过程中综合考虑作品的可行性、科学性、先进性、现实意义等方面因素。其中，自然科学类学术论文侧重考核基础学科学术探索的前沿性和学术性；哲学社会科学类社会调查报告和学术论文侧重考核与经济社会发展热点难点问题的结合程度和前瞻意义；科技发明制作侧重考核作品的应用价值和转化前景。

【思考与训练6－2】

1. 假设你是一名全日制在校研究生，以第一作者的身份发表了一篇高质量的自然科学类学术论文，请问你是否可以用这篇论文参加“挑战杯”全国大学生课外学术科技作品竞赛自然科学类论文组别的竞赛？

2. 如果你是一所农林院校的学生，跟随一个科研团队研发植物新品种，经过艰苦卓绝的努力，成功培育出一个植物新品种。准备以此植物品种报名参加“挑战杯”全国大学生课外学术科技作品竞赛，但根据大赛的有关规定，你在提交作品的过程中，还需提交哪些相关的支撑材料？

3.“挑战杯”全国大学生课外学术科技作品竞赛作品分成个人作品和集体作品两类，它们有什么区别？

4.“挑战杯”全国大学生课外学术科技作品竞赛科技发明类分成A、B两类，它们有什么区别？

5.“挑战杯”全国大学生课外学术科技作品竞赛参赛作品都需要填写作品申报书。在填写申报书时，需要注意哪些问题？

6. 在上一届“挑战杯”全国大学生课外学术科技作品竞赛中，一个参赛作品获得了全国一等奖，参赛团队认为再经过打磨和沉淀，有可能获金奖。于是，积极准备参加这一届“挑战杯”全国大学生课外学术科技作品竞赛，请问是否可以参赛？

7.“挑战杯”全国大学生课外学术科技作品竞赛中，最高荣誉为“挑战杯”奖杯。某一高校获得了三次“挑战杯”的荣誉，请问这所高校是否可以永久保留“挑战杯”奖杯。

8.“优胜杯”也是“挑战杯”全国大学生课外学术科技作品竞赛中含金量很高的荣誉，

很多高校都想荣获此项奖励。请问想要获得“优胜杯”，高校需要具备哪些条件？

9. 如果你正准备参加“挑战杯”全国大学生课外学术科技作品竞赛，那么你应该怎么准备？

10. 请问博士研究生是否可以参加“挑战杯”全国大学生课外学术科技作品竞赛？

第三节　全国大学生市场调查与分析大赛

一、大赛简介

全国大学生市场调查与分析大赛由中国商业统计学会创办于 2010 年，现已连续举办 12 届，累计有 4500 多校(次)，55 万多人参赛。2019－2022 年，连续四年入选《全国普通高校学科竞赛榜单》，是全国一流的公益性专业品牌赛事，也是学术引领、政府支持、企业认可、海峡两岸暨香港、澳门高度联动的多方协同育人平台。

经过 12 年的蓬勃发展，参赛群体 2012 年扩展到台湾，2019 年扩展到澳门，2021 年扩展到香港，实现了全国 31 个省、自治区和直辖市，台湾和香港、澳门的全覆盖，架起了海峡两岸暨香港、澳门青年同台竞技、交流融通的桥梁。对于弘扬中华文化，促进心灵契合，增进同胞利益福祉意义深远。大赛旨在：

(一)搭建交流平台

提升高校统计调查及相关专业课程的学、研、产及创新实践的发展水平，改善高校实践教学水平，促进校际之间的相互交流与学习。

(二)培养社会责任感

通过大赛的调查实践，引导学生感知社会，培养学生的社会责任感、服务意识、团队协作精神，增强爱国意识，弘扬爱国精神。

(三)提高实践能力

引导大学生创新和实践，提高学生的组织、策划、调查实施、数据处理与分析和报告撰写等专业实战能力。

二、参赛组别和对象

全日制在读专科生、本科生和硕士研究生均可报名参赛，专业不限。高校教师可以作为学生参赛团队的指导老师。

大赛设专科组、本科组和研究生组三个竞赛组别。其中，专科组是指团队选手都是专科生的参赛组；本科生组是指团队选手都是本科生的参赛组；研究生组是指团队选手都是硕士研究生的参赛组。参赛团队包括 3－5 名学生，其中一名为队长；1－3 名指导老师。每名学生只能参加一个团队的竞赛，指导老师可以同时指导若干个参赛团队。

三、赛事安排

(一)参赛报名

以学校为单位报名参赛。报名时间：每年 9 月下旬至 10 月底。学生凭本校参赛代码在大赛官网完成个人信息填报。系统发送的院校参赛代码是唯一参赛识别码，可用于学生报名、查询成绩、浏览下载学习资料使用。

（二）理论知识赛

个人理论知识赛于每年 11 月份进行，采取网考形式。正式考试前 1 周内开放在线模拟测试。每个考生有 1 次模拟测试和 2 次正式测试机会，取 2 次正式测试成绩中的高分为考试成绩。网考考点设在各个高校，网考通过的学生晋级实践赛。研究生不参加理论知识赛。

知识赛试题类型是客观题。其中，专科组为单选题 100 道；本科组为判断题 10 道、单选题 60 道、多选题 15 道（每届大赛略有变化，请以大赛组委会的通知为准）。知识赛试题内容主要是统计学中抽样调查相关的基本知识、数据的处理与分析的统计学方法等。

（三）实践赛

实践赛是团体赛形式。个人理论知识赛通过的专科生和本科生，或硕士研究生自由组队参加相对应组别的实践赛，每个团队由 3—5 名选手组成。

实践赛按报告评审和现场答辩相结合的方式进行，其中报告成绩占 60%，展示答辩成绩占 40%。实践赛分成校级初赛、省级复赛和全国总决赛三级赛制。

校级初赛由各院校负责组织；省级复赛由各地负责组织；全国总决赛由大赛组委会和承办高校负责组织。全国总决赛选拔出 6 支本科队，1 支高职高专队代表全国 31 个省、自治区和直辖市参赛队，参加海峡两岸大学生市场调查与分析大赛总决赛。

（四）奖项设置

1. 知识赛通过的选手可自愿申请中国商业统计学会颁发的相关专业能力证书。90 分及以上选手姓名及所在学校将上大赛官方网荣誉榜单，并可获“调查与分析技能证书”奖励。

2. 省级复赛、全国总决赛和海峡两岸总决赛各竞赛组别均设一、二、三等奖；获奖团队和个人均可获得大赛组委会颁发的荣誉证书。海峡两岸总决赛一等奖中产生两岸总决赛的冠军、亚军和季军，分别获得奖杯和奖金。

3. 竞赛活动设立最佳赛区组织奖、最佳院校组织奖、实践教学成果奖等奖项。

（五）调查报告评审要点

书面报告字数为 1—2 万字。评审标准主要包括研究选题、文献研究、方案设计、调查实施、分析与结论、报告文本共 6 个方面。

1. 研究选题

研究选题重点关注参赛选手对社会实际问题的关注与了解程度，以及从实际中发现问题的能力。研究选题从题目设计和题目来源两方面进行评审。

题目设计的原则是选题宜小不宜大，以便于组织调查和研究；选题应尽量切合实际，巧妙新颖。

题目来源：鼓励来自社会实际部门的研究课题，老师承接的科研课题，同时也可以自主选题或者选择企业的命题。

2. 文献研究

调查是一项综合性的调研活动，学生不仅需要从实际中采集数据，更应当学会研究、整理和吸收前人研究的经验和成果，这是一项完整的调研必不可少的阶段。因此，在报告中应当提交学生前期和调研工作过程中的文案研究结论和成果，并阐明这些研究与本次调查之间的关系，以及在本次调查中所发挥的作用。

3. 方案设计

方案设计是调查的起点，没有好的调查方案就很难进行科学的调查。同时，方案设计是考察参赛选手是否真正掌握了调查理论、能否正确和灵活运用调查理论的重要环节，更是考察参赛选手发现问题、组织调查能力的重要环节。在大赛中，评审组高度重视这个环节，着重从整体方案、设计水平和调查方法三个维度评价。

(1)整体方案：从完整性、科学性、合理性、可行性四个方面考察；

(2)设计水平：从问卷、访谈提纲、座谈会讨论三个维度评价；

(3)调查方法：方法选择、抽样设计、调查样本量的确定是否科学合理。

4. 调查实施

调查实施评审的重点是参赛选手的组织能力及控制能力。评审组关注调查组织的合理性、调查程序的完整性和调查过程中的质量控制水平。

需要注意的是，如果有其他人员(如课题委托单位其他人员)参与，应当在报告或附注中加以说明。

评审组还会根据调查方法及调查组织情况判断调查的难度和工作量，进而对参赛选手的调查实施水平做出评审。

5. 分析与结论

评审组特别关注结论与数据之间的关联性，所有结论应当有调查数据(包括第一手数据和第二手数据)的支撑，且应当以第一手数据为主。

(1)处理规范：数据的处理是否规范、必要信息的提供是否完整，如调查的信度、效度信息等。

(2)分析恰当：数据分析方法的应用是否正确和恰当。

(3)结论合理：根据数据分析得到的结论是否充分合理。

6. 报告文本

报告的最终文本，一方面可以承载此项调研的成果和收获，另一方面也可以反映出作者本身的逻辑思维、归纳概括和文字表达的能力。在前面五个部分重点是考察调查者的业务能力、科研能力和创新能力，在这个环节重点是考察学生的叙述逻辑、归纳概括和文字表达能力。

【思考与训练 6—3】

1. 全国大学生市场调查大赛分几个组别，每一个组别对参赛对象有哪些具体的要求？

2. 研究生是否需要参加理论知识赛？

第四节 全国大学生数学建模竞赛

一、大赛简介

全国大学生数学建模竞赛创办于 1992 年，每年举办一届，由中国工业与应用数学学会主办，是首批列入“高校学科竞赛排行榜”的 19 项竞赛之一。目前，已成为全国高校规模最大的基础性学科竞赛，也是世界上规模最大的数学建模竞赛。2022 年，来自全国及澳大利亚、马来西亚等国家的 1606 所院校（校区），54257 队（本科组 49424 队、专科组 4833 队），超过 16 万人报名参赛。

数学建模就是建立数学模型的全过程，从定量的角度分析和研究一个实际问题。在深入调查研究、了解对象信息、做出简化假设、分析内在规律等工作的基础上，用数学的符合和语言作表达，建立数学模型，然后用通过计算得到的结果来解决实际问题，并接受实际的检验。

数学模型是指对于一个现实对象，为了一个特定的目的，作出必要的简化假设，根据对象的内在规律，运用适当的数学、统计方法和计算机工具，得到一个数学结构。

大赛的宗旨是创新意识、团队精神、重在参与、公平竞争。大赛的目的是旨在激励学生学习数学的积极性，提高学生建立数学模型和运用计算机技术解决实际问题的综合能力，鼓励广大学生踊跃参加课外科技活动，开拓知识面，培养创造精神、合作意识，关心投身国家经济建设的意识和理论联系实际的学风。

二、参赛对象与组别

全日制在读专科生、本科生均可报名参赛，专业不限。硕士研究生不能参加，研究生可以参加全国研究生数学建模竞赛。

大赛分专科组、本科组共两个组别。大学生以队为单位参赛，每队 3 人（须属于同一所学校）。其中，专科组是指团队选手都是专科生的参赛组；本科组是指团队选手可以都是本科生或都是专科生的参赛组。每队最多可设一名指导教师或一个教师组，从事赛前辅导和参赛的组织工作，但在竞赛期间不得进行指导或参与讨论。

三、竞赛内容与形式

全国组委会统一命制竞赛题目。1992—1998 年，设置两个竞赛题目 A、B，本科组、专科组参赛团队均可自由选择；1999—2018 年，命制 4 个竞赛题目 A、B、C、D，本科组参赛团队从 A、B 题中选择一个题目作答，专科组参赛团队从 C、D 题中选择一个题目作答。2019 年开始，命制 5 个竞赛题目 A、B、C、D、E，本科组参赛团队从 A、B、C 题中选择一个题目作答，专科组参赛团队从 D、E 题中选择一个题目作答。

竞赛题目一般来源于科学与工程技术、人文与社会科学（含经济管理）等领域经过适当简化加工的实际问题，题目有较大的灵活性供参赛者发挥其创造能力。参赛团队应根据题目要求，完成一篇包括模型的假设、建立和求解、计算方法的设计和计算机实现、结果的分析和检验、模型的改进等方面的论文（即答卷）。

（一）竞赛形式

竞赛时间统一规定，一般情况下为 9 月中旬的某个周周四 18 时至周日 20 时。采取通讯方式比赛，比赛地点设在各个高校。竞赛开始后，赛题将公布在指定的网址供参赛队下载，参赛队在规定时间内完成答卷，并按要求准时交卷（含纸质版和电子版）。竞赛期间参赛队员不可以与老师交流，可以使用各种图书资料（包括互联网上的公开资料）、计算机和软件，但每个参赛队必须独立完成赛题解答。

（二）赛程安排

1. 注册报名

参赛者以3名大学生组成一队，通过学校教务部门向所在赛区组委会报名，再由赛区组委会向全国组委会报名。若所在地区尚未成立赛区，由学校直接向全国组委会报名。向全国组委会报名的截止日期为9月上旬。

报名采用网上报名方式。全国31个省、自治区和直辖市以及澳门特别行政区的高校请使用竞赛管理系统报名（https://cumcm.cnki.net）；香港特别行政区的高校请与HKSIAM（https://www.hksiam.org.hk）联系参赛事宜（邮箱：immc.committee@gmail.com）；其他地区高校请访问CUMCM（英文版）（http://en.mcm.edu.cn），按相应要求注册参赛。

2. 全国统一竞赛

竞赛时间统一为9月中旬的某个周周四18:00至周日20:00。

3. 赛区评阅

每年10月，各个赛区组织专家对本赛区的答卷进行集中评阅，并按全国组委会规定的数额将本赛区的优秀答卷选送至全国组委会。同时，确定本赛区一等奖、二等奖（本科组、专科组分别设立）拟获奖名单。

4. 全国评阅

每年11月，全国组委会聘请专家组成全国评阅专家组，按统一标准对各赛区送交的优秀答卷进行评阅，并结合各参赛队现场答辩表现评选出全国一等奖、二等奖。

四、奖项设置

大赛设全国一等奖、二等奖；各赛区一等奖、二等奖。同时，还设立各类单项奖：高教社杯、知网研习奖和赛区优秀组织工作奖、优秀指导教师奖。

五、竞赛论文的基本框架

论文是参加竞赛的凭证，被评定成绩的好坏直接决定了获奖级别的高低。因此，参赛同学必须高度重视竞赛论文的写作，全力写好竞赛论文。一般来说，论文的结构由表6.1中的10个部分组成，也可以根据自己的写作习惯适当增减。

表6.1　数学建模竞赛论文的框架

1. 题目	6. 符号说明
2. 摘要	7. 模型建立与求解
3. 问题重述	8. 模型评价与推广
4. 问题分析	9. 参考文献
5. 模型假设	10. 附录

（一）题目

题目应简洁、清晰、准确。竞赛原问题的题目一般不宜直接使用，需要进行适当的修改。如，2020年B题的题目是“穿越沙漠”。直接使用有些不妥，虽然简洁，但不够明确。通常情况下，题目应包含用什么具体方法针对题目中提出的问题给出怎样的解决方案等信息。下面列出几个2020年B题全国获奖论文的题目,供参考。

1. 基于动态规划、统计分析、静态博弈的穿越沙漠游戏策略设计。

2.“穿越沙漠”游戏下玩家的最优策略模型。

3.“穿越沙漠”游戏最佳策略模型的研究与构建。

(二)摘要

摘要是论文要点的摘录,是论文核心思想的浓缩。其主要内容包括:针对什么问题,采用了什么方法,建立了什么模型,获得了什么结论,主要创新点是什么。全国组委会命制的竞赛题目中需要参赛队解决3个左右的问题,所以在摘要中需逐一回答针对每一个问题,采用什么具体的方法,得出了怎样的结论。

关键词是研究问题使用到的模型名称、方法名称,特别是论文的亮点一定要在关键词里出现,关键词3—5个较为合适。

论文第三页为摘要专用页。摘要内容(含标题和关键词,无需翻译成英文)不能超过一页;论文从此页开始编写页码,页码位于页脚中部,用阿拉伯数字从“1”开始连续编号。

2020年,B题“穿越沙漠”的具体内容如下:

考虑如下的小游戏:玩家凭借一张地图,利用初始资金购买一定数量的水和食物(包括食品和其他日常用品),从起点出发,在沙漠中行走。途中会遇到不同的天气,也可在矿山、村庄补充资金或资源,目标是在规定时间内到达终点,并保留尽可能多的资金。

游戏的基本规则如下:

1. 以天为基本时间单位,游戏的开始时间为第0天,玩家位于起点。玩家必须在截止日期或之前到达终点,到达终点后该玩家的游戏结束。

2. 穿越沙漠需水和食物两种资源,它们的最小计量单位均为箱。每天玩家拥有的水和食物质量之和不能超过负重上限。若未到达终点而水或食物已耗尽,视为游戏失败。

3. 每天的天气为“晴朗”“高温”“沙暴”三种状况之一,沙漠中所有区域的天气相同。

4. 每天玩家可从地图中的某个区域到达与之相邻的另一个区域,也可在原地停留。沙暴日必须在原地停留。

5. 玩家在原地停留一天消耗的资源数量称为基础消耗量,行走一天消耗的资源数量为基础消耗量的2倍。

6. 玩家第0天可在起点处用初始资金以基准价格购买水和食物。玩家可在起点停留或回到起点,但不能多次在起点购买资源。玩家到达终点后可退回剩余的水和食物,每箱退回价格为基准价格的一半。

7. 玩家在矿山停留时,可通过挖矿获得资金,挖矿一天获得的资金量称为基础收益。如果挖矿,消耗的资源数量为基础消耗量的3倍;如果不挖矿,消耗的资源数量为基础消耗量。到达矿山当天不能挖矿。沙暴日也可挖矿。

8. 玩家经过或在村庄停留时可用剩余的初始资金或挖矿获得的资金随时购买水和食物,每箱价格为基准价格的2倍。

请根据游戏的不同设定,建立数学模型,解决以下问题。

1. 假设只有一名玩家,在整个游戏时段内每天天气状况事先全部已知,试给出一般情况下玩家的最优策略。求解附件中的“第一关”和“第二关”,并将相应结果分别填入Result. xlsx。

2. 假设只有一名玩家，玩家仅知道当天的天气状况，可据此决定当天的行动方案，试给出一般情况下玩家的最佳策略，并对附件中的“第三关”和“第四关”进行具体讨论。

3. 现有 n 名玩家，他们有相同的初始资金，且同时从起点出发。若某天其中的任意 k（k 大于或等于 2）名玩家均从区域 A 行走到区域 B，则他们中的任一位消耗的资源数量均为基础消耗量的 $2k$ 倍；若某天其中的任意 k 名玩家在同一矿山挖矿，则他们中的任一位消耗的资源数量均为基础消耗量的 3 倍，且每名玩家一天可通过挖矿获得的资金是基础收益的 $1/k$；若某天其中的任意 k 名玩家在同一村庄购买资源，每箱价格均为基准价格的 4 倍。其他情况下消耗资源数量与资源价格与单人游戏相同。

（1）假设在整个游戏时段内每天天气状况事先全部已知，每名玩家的行动方案需在第 0 天确定且此后不能更改。试给出一般情况下玩家应采取的策略，并对附件中的“第五关”进行具体讨论。

（2）假设所有玩家仅知道当天的天气状况，从第 1 天起，每名玩家在当天行动结束后均知道其余玩家当天的行动方案和剩余的资源数量，随后确定各自第二天的行动方案。试给出一般情况下玩家应采取的策略，并对附件中的“第六关”进行具体讨论。

下面给出一篇优秀论文的摘要。

案例 6.1　“穿越沙漠”游戏最佳策略模型的研究与构建

摘　要

“穿越沙漠”是一种小游戏，选择最佳的游戏策略，能使得参与者在到达终点时保留尽可能多的资金。为帮助参与者选择最佳策略，我们使用贪心法、回溯法以求解单目标最优化模型，同时利用基于收益的数学期望的决策函数帮助参与者动态选择后继节点；在多个玩家参与的情况下，我们在博弈论的有关理论的基础之上，仍然使用最优化模型或决策函数，成功地帮助每一关的参与者选择了最佳策略。

针对问题一，我们认为参与者不可能在任意节点停留，因此我们首先证明：除了沙暴天气必须停留以外，参与者只可能在矿山停留挖矿，其余地点不做停留；然后，我们再根据游戏规则，给出参与者向前行走、沙暴时原地停留、矿山挖矿、村庄补给等情况下生活必需品以及资金剩余量的递推关系式的基础之上，以剩余资金最多为目标，设置了参与者按时到达、生活必需品重量不超过负重上限的约束条件，建立了单目标最优化模型，并对参与者挖矿和不挖矿的情况分别使用贪心法和回溯法，使用 Matlab 和 C++编程求解，最终得到：在最佳策略下，第一关、第二关的剩余资金分别为 10470、12730 元，并将相应结果填入了 Result. xlsx 文件；随后，我们对该模型进行了灵敏度分析。

问题二中，考虑到参与者的决策关键为资金的数学期望，因此我们在给出晴朗、高温、沙暴这三种天气的概率的基础之上，得到了每天行走所耗资源对应的金额的期望、挖矿净收益的期望、挖矿所耗资源对应的金额的期望以及挖矿所耗水和食物箱数的期望的表达式；然后，借助这几种期望的比较，我们建立了决定参与者何时直奔终点、前往矿山或村庄、在矿山停留或离开矿山的决策模型，并给出了对应的决策函数，使用 Matlab 编程可以得到：第三关中、参与者应直奔终点，第四关中，参与者从起点前往村庄，再前往矿山，最终到达终点，且剩余资金为 10065 元；为验证该模型的正确性，我们使用蒙特卡洛方法对该模型进行了仿真。

对于问题三的第一部分，我们参考了博弈论的有关理论，对有 n 名玩家和两名玩家的情况，构造了相应的支付矩阵和效用期望，在此基础上，建立了基于博弈论的最佳策略模型；为使求解步骤更具有一般性，我们首先给出了 n 名玩家的一般情况下的求解过程，然后对于第五关中只有两名玩家的情况，先根据问题一中代码的运行结果，选择了 3 条较优路线，作为两名玩家选择路线的决策集，接着使用 Lingo 编程，计算出了这两名玩家选择各条路线的概率，由此得出了这种情况下两位玩家选择的路线。

针对问题三的第二部分，考虑到这一问具有问题三第一部分和问题二的共同点，因此我们在使用博弈论有关理论计算出各玩家前往各节点的概率基础之上，使用与问题二中类似的分析方法，给出了玩家行走、停留、挖矿、补给的情况下，某节点净收益的数学期望表达式，根据该数学期望的大小，即可得到选择下一节点的决策模型，并编写了相应的迭代算法，以求解得出 3 位参赛者选择的路线。

最后，我们分析了模型的优缺点，在对缺点提出相应的改进方式的基础之上，将该模型推广到其他领域。

关键词：最优化模型、贪心法、回溯法、决策模型、蒙特卡洛方法、博弈论

（三）问题重述与分析

问题重述要保持全文的完整性，要求用自己的语言将赛题重述一遍，可以根据自己的理解，清楚简明地阐述问题提出的背景、条件和要解决的问题，不是题目的完整拷贝。

问题分析的任务是对赛题作全面的分析，说明题目要求解决的是什么问题，解决问题的关键是什么，解决问题的思路，大致步骤，是建立模型之前的必要准备。分析要中肯、确切，术语要专业，表述要简明扼要，是展示闪光点的部分。

如，下面是 2020 年 B 题的优秀问题重述实例。有一种“穿越沙漠”小游戏，参与该游戏的玩家在获得沙漠地图，并在起点用初始资金以基准价格购买好水和食物等生活必需品后，从第 1 天开始在沙漠中行走，其目标是在游戏结束前到达终点，并剩余尽量多的资金；他可以选择在邻接的两个区域之间行走，也可以选择在原地停留；行进的过程中，他可能经过村庄或矿山，在前者可以补给装备，价格为基准价格的两倍，在后者可以挖矿赚取资金；游戏过程中，整个沙漠可能出现晴朗、高温、沙暴这三种天气，它们对游戏参与者是否在某地停留以及参与者的基础消耗量有一定影响。此外，参与者还需要遵守以下游戏规则：

1. 参与者携带的生活必需品的重量不能超过他的负重上限，但在到达终点前不能耗尽所有的生活必需品；若他选择行走，则生活必需品的消耗量为原地停留时的两倍。

2. 参与者也可在起点停留，或返回起点，但是不能多次在起点补给资源，若在到达终点时生活必需品有剩余，可以将其退回，价格为基准价格的一半。

3. 参与者可在矿山挖矿以获得一定的基础收益，但其对生活必需品的消耗量将达到原地停留时的三倍，同时，他在到达矿山的当天不能挖矿，但在出现沙暴天气时可挖矿。

为帮助游戏参与者选择最佳的游戏策略，我们需要建立数学模型完成以下任务：

1. 在只有一名玩家，且他知道游戏过程中每天的天气状况的情形下，给出最优策略。

并利用第一关、第二关的数据进行求解，并生成相应的 Excel 文件。

2. 在只有一名玩家。但他只知道当天的天气状况的情形下，给出最优策略，并利用第三关、第四关的数据进行求解。

3. 在有 n 名玩家，且其中的 k 名玩家可能同时行动的情形下，若游戏过程中每天天气状况已知，且行动方案在第 1 天前确定不可更改，给出最优策略并对第五关进行讨论。

4. 在前一题的条件下，若玩家只知道当天的天气状况以及其他玩家当天的行动方案和剩余资源量，给出最优策略并对第六关进行讨论。

（四）模型假设和符号说明

模型假设是为了简化问题的求解，是数学建模论文评阅的一个重要指标，从题目所给条件和要求中作必要的、合理的关键性假设，不要罗列一大堆无用的假设。一般 3－5 个假设为宜。如，2020 年 B 题的模型假设可以是以下 3 条：

1. 假设沙漠中各天的天气相互独立；

2. 假设游戏参与者是完全理性的；

3. 假设沙漠中天气不存在突变。

论文中用到每一个数学变量和符号，都必须在此说明它们各自的含义，以便在建模的步骤中直接使用它们。符号使用要简洁、通用、符合习惯。切忌一个字母代表多种含义。

（五）模型建立与求解

模型结构可以是一个数学公式，要求正确、完整、简洁，但是不能用程序或算法代替模型。

常用模型有初等模型、优化模型、微分方程模型、差分方程模型、概率模型、统计模型、层次分析模型、图论模型等。在选择模型时，应根据实际问题的需要，同时要遵守简单原则，能用简单模型求解问题，就不要选择复杂的模型；能用初等方法，就不用高级方法。

模型求解中，需要说明计算方法或算法的原理、依据、步骤。若采用现有软件，需要说明软件名称。

（六）模型评价与推广

要对建立的模型给予客观的评价，指出模型存在的优点和缺陷，并针对不足之处提出可行的改进方法。模型推广时，需阐述它在实际生活中的应用前景和模型的使用范围。

（七）参考文献和附录

所有引用他人或公开资料（包括网上资料）的成果必须按照科技论文的规范列出参考文献，并在正文引用处予以标注。附录包括：程序清单，详细数值结果，详细公式推导、定理证明等。

六、论文评阅标准

竞赛将会偏重社会热点问题分析、商业解决方案制定、工程技术和管理科学等方面的实际问题，不要求参赛者预先掌握深入的专门知识，题目有较大的灵活性供参赛者发挥其创造能力。参赛者应根据题目要求，完成一篇包括问题分析，模型的假设、建立和求解,计算方法的设计和计算机实现,结果的分析和检验,模型的改进等方面的论文(即答卷)。论文评阅以问题分析的清晰性、假设的合理性、建模的创造性、结果的正确性和文字表述的清晰程度为主要标准。

(一)假设的合理性:给出关键假设,不要罗列大量无关紧要的假设。

(二)建模的创造性:能独树一帜、标新立异,建立合理的模型。

(三)结果的正确性:不强调与参考答案的一致性和结果的精度。

(四)表述的清晰性:表达严谨、思路清晰、格式规范。

需要特别注意的是,论文有扣分项,扣分原则:其中一段内容与已有文献相似率达30%以上,算作抄袭,取消评奖。

【思考与训练 6-4】

1. 全国大学生数学建模竞赛有别于中国国际"互联网+"大学生创新创业大赛、"挑战杯"全国大学生课外学术科技作品竞赛、全国大学生市场调查与分析大赛,是在72小时内,根据大赛组委会的命题,选择一个题目作答,只需提交一份完整的论文即可。请问,参赛论文的结构框架是什么?

2. 某一参赛论文经过赛区组委会评阅专家委员会认真审阅后,推荐至全国大赛组委会,参加全国一等奖、二等奖评选。请问,该参赛团队需要参加答辩吗?

3. 在参加全国大学生数学建模竞赛过程中,参赛团队是否可以查阅资料,是否可以同选择同一参赛题目的其他团队讨论交流,是否可以与指导教师讨论?

4. 摘要是参赛论文的精髓。请问,在撰写参赛论文的过程中,如何写一份高质量的论文摘要。

5. 全国大学生数学建模竞赛中,模型的建立是十分关键的,建立模型的好坏直接影响到论文质量的高低,最终决定了参赛论文是否可以获奖。为了提高参赛论文成功获奖的几率,在模型假设时,应注意哪些事项?

6. 全国大学生数学建模竞赛,需要根据具体问题选择合适的模型,请问是否是选择的模型越复杂越好吗?

7. 通常情况下,大赛组委会给定的竞赛题目是不能直接作为参赛论文的题目。参赛团队需要根据具体内容拟定合适的论文题目,请问给出合理新颖的论文题目,平常需要进行哪些方面的训练?

8. 在全国大学生数学建模竞赛的论文撰写中,"问题重述"是必不可少的部分,在这一部分的写作需要注意哪些事项?

9. 在参赛论文的写作过程中,在建立模型之前,需要进行科学合理的假设,即假设条件不能太少,这样会增加模型求解的复杂性,也不能太多,这样建立的模型会理想化,失去了现实意义。请问,在建模过程中,如何做到假设条件是科学合理的?

10. 参赛论文中"模型改进与推广"部分是否可以省略?

11. 请自拟题目,模拟全国大学生数学建模竞赛,撰写一篇论文。

第五节 全国大学生统计建模竞赛

一、大赛简介

全国大学生统计建模竞赛由中国统计教育学会联合教育部高等学校统计学类专业教学指导委员会、全国应用统计专业学位研究生教育指导委员会主办，旨在在大学生中倡导学习统计、应用统计的良好氛围，促进关注经济社会热点难点问题，适应大数据时代高校及统计部门对统计人才的培养要求，提高大学生数据挖掘、数据分析、运用统计方法及计算机技术处理数据的能力，加强创新思维意识，助力推进统计现代化改革。自 2009 年开始，每两年举办一届；2021 年，从第七届大赛开始改为每年举办一届全国大学生统计建模大赛。大赛成功入选《2023 全国普通高校大学生竞赛分析报告》竞赛目录，已成为全国规模最大、评奖最严谨的统计学学科大赛。第八届大赛，全国 28 个赛区共 5760 支队伍提交论文参赛。

(一)大赛目的

大赛目的在于激励广大学生学习统计、应用统计的积极性，提高运用统计方法、建立统计模型、运用计算机技术解决实际问题的能力，提高市场调查设计方案、收集数据、整理数据、分析数据的能力，激励学生利用各种统计分析方法对批量数据建立统计模型和探索处理的过程，用于揭示批量数据背后的信息。

二、参赛组别与对象

各有关高等院校全日制在读本科生、研究生均可报名，专业不限。大赛设本科生组和研究生组共两个组别，本科生和研究生单独组队，不可混合组队。报名以院校为单位，不接受参赛队直接报名。每队 3 人，原则上不可跨校组队。每名参赛者限报一支队，每队指导老师不超过 2 人。

三、赛程安排

(一)参赛报名

各参赛队需委托 1 人为队长，登录全国大学生统计建模大赛官网(具体网址为 tjjmds. ai—learning. net)负责填报本队队员基本信息。

(二)论文撰写

论文撰写时间约 2 个月，须在指定日期按照指定论文格式以指定方式提交参赛论文、承诺书等参赛材料。各省赛区对参赛材料进行审核。

(三)省赛初赛

各赛区参照全国赛统一评审标准举办选拔赛，按照相应比例确定入围全国决赛的参赛队。

(四)全国决赛

全国决赛分为论文评审和现场答辩两个阶段。现场评审阶段，将对入围全国赛的论文进行评审，确定三等奖、部分二等奖及进入答辩赛的论文。全国赛论文答辩阶段，将确定一等奖论文。入选参赛队须按照规定的时间和要求对参赛论文进行自述，并回答专家的提问，以考核参赛论文的原创性、合理性和正确性。

四、奖项设置

1. 省赛评选出优秀论文入围全国赛，其余参赛论文设省赛一、二、三等奖。入围全国赛的论文，同时获省赛一等奖，不占省赛获奖名额。

2. 在入围全国赛的论文中选拔出一、二、三等奖。获得全国赛一、二等奖的团队，指导教师还将荣获"全国大学生统计建模大赛优秀指导教师奖"证书。

五、竞赛选题类别

前六届大赛设置竞赛选题类别：统计建模类、大数据应用类、市场调查分析类、生物医学类共四个类别。

(一)统计建模类

"统计建模类"大赛旨在揭示批量数据背后的因素，诠释社会经济现象，对经济和社会发展作出预测或判断。

"统计建模类"选题可以是与社会发展息息相关，或与政府统计部门及统计热点工作相关的经济、贸易、金融、生态、人口、交通、能源、城市化、农业、生物、医药、卫生等诸多方面的问题，同时要结合时代背景，以"高质量发展""大数据"和"数字经济"作为关键词考虑选题。由参赛者自行搜集数据，提出问题和假设条件，建立模型，运用统计分析方法和统计分析软件进行模型求解，阐明主要结论及现实意义，并对结果进行分析与检验，讨论模型的优缺点和改进方向。

(二)大数据应用类

"大数据应用类"选题是根据公司、企业和政府统计部门、科研院所等方面在生产和研究过程中遇到的实际问题，围绕"数据""算法"和"应用"，经过适当简化加工提炼出所需解决的问题，要求参赛者能够利用相关的软件从网页中爬取所需的数据，通过统计模型运用进行数据分析(特别是文本数据)的处理，从批量的数据中挖掘有效信息建立统计模型解决实际问题，要求参赛者对相关领域背景问题能有足够的理解、能够做到模型评价的客观性、创新性和准确性。

(三)市场调查分析类

"市场调查分析类"大赛在于分析市场情况，了解市场现状及其发展趋势，为市场预测和营销决策提供客观的、正确的资料。

"市场调查分析类"选题是为了结合社会的热点、企业的需求和个人的关注方向，围绕"市场调查""数据分析"和"模型预测"，由参赛者提出需要解决的问题，制定调查方案，通过调查问卷收集所需数据，针对所提出的问题分析数据，给出解决问题的对策和建议。

(四)生物医学类

"生物医学类"大赛旨在通过生物标本、动物实验、人类个体和群体的数据分析，回应对公众和社会关注的生命科学和人类健康问题。

"生物医学类"选题主要围绕生物科学、生物技术、基础医学、老年医学、预防医学、医学影像等领域的理论和实际需要，提出需要解决的问题，并采用观察性或试验性研究方法获取研究数据，建立模型。要求参赛者有明确的数据来源，对模型的优缺点和局限性的评价要准确、客观，并提出改进意见。

从第七届大赛开始，竞赛选题不再明确区分为上述四类，但是会给出一个主题。如，第八届大赛主题为“构建新发展格局的统计测度”，第九届大赛主题为“中国式现代化的统计测度”。各参赛队根据主题自行拟定题目撰写参赛论文。

（五）参赛论文写作规范

参赛论文要求包括封面页、摘要与关键词、章节目录、表格和插图清单、论文正文、参考文献、附录、致谢共八个部分。

1. 封面页

封面页包括：参赛院校、论文题目、参赛队员和指导教师等基本信息。

2. 摘要与关键词

摘要是论文要点的摘录，是论文要点不加注释和评论的一篇完整的陈述性短文，具有自含性和独立性，能独立于论文使用和被引用，应含有论文全文的主要信息，突出新见解或创新性或者突出创造性成果。摘要的内容应包含以下基本要素：

（1）目的：研究、调查的前提、目的和任务以及所涉及的主题范围。

（2）方法：论文所用到的原理、理论、条件、对象、手段、程序等。

（3）结果：研究、调查、实验和观察的结果、数据，被确定的关系，得到的效果、性能等。

（4）结论：结果的分析、研究、比较、评价、应用，建议，展望等。

（5）其他：不属于研究、研制、调查的主要目的，但就其结论和价值而言也很重要的信息。

3. 目录

目录应由论文的篇、章、节、条、款以及附录题录等的序号、题名和页码组成。正文页码单独编列，其页码从正文第一页开始编写。

4. 表格和插图清单

列出论文中表格和插图清单目录。将调查结果用图表之类可视化形式来表示，同时也便于与其他来源的数据资料进行比较，给出清单方便读者查询。

5. 论文正文

论文正文需分成若干章节。正文应包括问题描述、指标选择、数据描述、模型建立、求解和检验、模型结果分析解释、结论建议等。

论文正文中应包括的内容主要有：与本次统计建模（或调查）有关的概念及重要定义、统计建模（或调查）使用的方法的说明、统计建模（或调查）对象基本情况数据汇总、统计建模（或调查）数据质量的说明、调查结果等。各章节主题要突出，标题应大致对称，内容之间有严密的逻辑论证关系，各部分篇幅长短不宜悬殊太大，章节标题也不宜太长，语言尽可能简洁明了。

结论和建议要来自本队的统计建模（或调查）数据及对数据的分析，而不是从其他文献或资料中参考得出。经过对研究对象（调查分析）的综合分析研究，归纳出若干结论，并对本研究成果的意义、推广应用的现实性或可能性和进一步的发展等加以探讨和论述。结论应该准确、完整、明确、精练。论文正文字符数在 13000 字左右。

6. 参考文献

对引文作者、出处、版本等详细情况的注明，符合学术论文的写作规范。

7. 附录

附录是正文主体的补充说明，要对论文主体所没有涉及的调查专题以及所用的调查方法、统计软件、数据处理方法等一些在正文中没有涉及的进行补充说明尤其是本次调研的方案、问卷设计等信息，以免正文过于冗长。

8. 致谢

对在完成本次大赛过程中给予指导和帮助的导师、专家、实验技术人员、同学、课题资助者等表示感谢，尊重他人的劳动。内容应简洁明了、实事求是。

【思考与训练 6—5】

1. 全国大学生统计建模竞赛对参赛论文有具体的格式规范，请问参赛论文的框架包括哪些部分？

2. 党的二十大报告中指出："中国式现代化为人类实现现代化提供了新的选择，中国共产党和中国人民为解决人类面临的共同问题提供更多更好的中国智慧、中国方案、中国力量"。中国式现代化的成功实践，深刻改变着中国，也深刻影响着世界。

中国式现代化具有五个方面的中国特色。第一，中国式现代化是人口规模巨大的现代化；第二，中国式现代化是全体人民共同富裕的现代化；第三，中国式现代化是物质文明和精神文明相协调的现代化；第四，中国式现代化是人与自然和谐共生的现代化；第五，中国式现代化是走和平发展道路的现代化。

请你综合利用统计学及相关学科知识，选择一个维度，对中国式现代化进行统计测度，按照统计建模参赛论文格式，撰写一篇论文。

第六节　创业计划书

一、创业计划书的概念

创业计划书也称商业计划书，是创业者就某一项具有市场前景的新产品或新服务，向潜在投资者、风险投资公司、合作伙伴等游说以取得合作支持或风险投资的可行性商业报告。它是全面介绍项目发展前景，阐述产品、市场、竞争、风险及投资收益和融资要求的书面材料。

(一)为什么要撰写创业计划书

心理学家曾经做过这样的一个实验：组织三组人，让他们分别向着 10 公里以外的三个村庄进发。

第一组：不知道村庄的名字，也不知道路程有多远，只告诉他们跟着向导走就是了。刚走出两三公里就有人叫苦；走到一半时有人愤怒了，抱怨何时是尽头；越往后走，他们的情绪也就越低落。

第二组：知道村庄的名字和里程，但路边没有里程碑，只能凭经验来估计行程的时间和距离。走到一半的时候，大多数人想知道已经走了多远，比较有经验的人说："大概走了一半的路程。"于是，大家又簇拥着继续向前走。当走到全程的四分之三处，大家情绪开始低落,觉得疲惫不堪,觉得路程还很长。当有人说:“快到了!”大家又振作起来,加快了行进的步伐。

第三组:知道村庄的名字和里程,而且每走一公里就有一块里程碑。人们边走边看里程碑,每缩短一公里大家便有一阵小快乐,情绪一直高涨,很快就到达了目的地。

上述实验表明:要想共同完成一项工作,首先要有明确的目标(村庄);其次要有清晰可行的行动路线,即行动计划实施方案,也就是“凡事豫(预)则立,不豫(预)则废”。

计划不是创新创业的全部,却是创新创业的第一步。需要明确的是,撰写商业计划书不是一件一劳永逸的事情,而是需要根据创业环境的变化以及创业企业的实际情况,不断地、实事求是地对创业计划书进行修正、完善,这样的创业计划书才是真正有用的“行动纲领”。

(二)创业计划书的作用

优秀的创业计划书不仅能有效激发投资者的投资兴趣,还可以帮助创业者理清项目未来的发展思路,在具体创业实践中,具有以下作用:

1. 指导作用

创业计划书是创业全过程的纲领性的文件,是创业实践的战略设计和现实指导,提供项目的现状和未来发展的方向,使创业者在创业实践中有章可循。

2. 聚才作用

创业计划书描绘项目的发展前景和成长潜力,使员工对未来充满信心。创业计划书对于创业者吸引所需要的人力资源,凝聚人心具有重要作用。

3. 整合作用

整合作用是创业计划书最根本、最重要的作用。在创业的过程中,要素分散、信息凌乱、工作孤立。通过编写创业计划书,理清思路,调研情况,完善信息,最终把各种资源有序整合和调动起来,实现要素的最优组合。

4. 融资作用

资金是企业的血液、创业的要素,也是创业项目能够获得快速发展和崛起的基本前提。高质量的创业计划书,将会使投资者更快、更有效地了解项目,对项目充满信心并投入资金,最终达到为项目筹集资金的作用。

二、撰写创业计划书的基本原则

撰写创业计划书时,要把握以下三个原则:

(一)内容翔实,重点突出

所有内容必须实事求是,要经过调查和科学分析,列出客观、可供参考的数据和资料,切勿主观臆断。

市场前景光明。创业计划书要以市场为导向的观点来写,要充分显示对市场现状的把握和对未来发展的预测,同时提供市场分析所依据的调查方法与事实依据等。

竞争优势明显。创业计划书要呈现出具体的竞争优势,体现出创造利润的强烈愿望,明确指出投资者预期的报酬。强调优势和机遇的同时,也应该说明存在的不足和可能面临的风险。

可操作性强。创业计划书是创业者拟定的创业行动蓝图,要具有很强的可操作性,以便实施。特别是商业模式、营销策略、风险管理和发展规划，必须具有可行性与可操作性。

(二)脉络清楚，条理分明

创业计划书要针对将要开展的项目，围绕为什么要做，怎么做，做的如何，未来发展规划，如何规避风险等问题展开论述，要遵守一致性原则。

整个创业计划书前后的基本假设和预估要相互呼应，保持一致。如果出现前后不一致或自相矛盾的现象，让人很难明白，甚至对计划书产生怀疑，后果可想而知。

(三)语言精练，通俗易懂

文字精练，观点明确。创业计划书应避免那些与主题无关的内容，要开门见山、直切主题并清晰地把自己的观点表达出来，使得投资人和合作伙伴第一时间了解项目的核心内容，引起他们的注意和兴趣，提高融资成功的概率。

语言通俗易懂。尽量避免使用技术性很强的专业术语，过多的专业术语会影响读者的阅读兴趣，让他们觉得晦涩难懂。如果必须使用的专业术语，也应该在附录中加以解释和说明。

三、创业计划书的基本结构

在不同的行业或者不同的创新创业大赛中，创业计划书的结构与写法不尽相同，没有绝对统一的格式，但是大体上都有一个相对通用的写作模式。一般来说，一份完整的创业计划书由封面、目录、执行摘要、正文和附录五个部分组成。

(一)封面

封面也称为标题页，可以放一张项目或产品的彩图，也可以放一张企业的商标。同时，还可以包括公司名称、项目名称、联系人姓名和联系方式、日期等基本信息。

(二)目录

目录是正文的索引，需要按章节顺序逐一排版每章大标题，每节小标题以及各章节对应的页码。页码连续编号，封面不标注页码。注意目录页码与内容的一致性。

(三)执行摘要

执行摘要是整个计划书的精华和亮点，也是整个计划书的灵魂。创业者应以最精炼的语言来展现整个计划书的要点，以便投资者和相关人员能在最短的时间内完成评阅并作出判断。在某种意义上，投资者和相关人员能否看中创业项目，执行摘要起着关键性作用。执行摘要的篇幅控制在1—2页。

一般来说，执行摘要的内容包括：公司介绍、产品和服务、市场概况、营销策略、销售计划、生产管理计划、管理者及其组织、财务计划、资金需求状况等。摘要是项目的基本情况、竞争优势、营销策略、融资计划和风险管理等方面的综合概述。摘要一定要简洁生动、精炼贴切，不用面面俱到。主要讲清楚：

1. 为什么做。直击市场痛点，即做这个项目的原因。
2. 怎么做。如何解决市场痛点。
3. 做的如何。有想法、有落实、能落地，获得认可。
4. 竞争优势。核心竞争优势，内保护、外对比。
5. 团队介绍。团队成员构成、分工和胜任力。

(四)正文

创业计划书的主体内容一般应包括以下几个部分,但也不拘泥于以下形式:公司简介、产品或服务介绍、市场分析、营销策略、生产计划、财务融资计划、风险分析、管理团队等。

1. 公司简介

全面介绍公司的情况,包括公司创立的由来、主要产品和服务、注册情况、股份构成、经营业绩、未来愿景等。对投资人来说,已经开办的公司比未开办的公司更有成功的可能性,因此更容易获得投资。

2. 产品(服务)介绍

产品(服务)介绍是创业计划书中必不可少的一项内容。产品介绍包括产品的概念、性能、用途及特征;产品的研发过程;产品所处生命周期的阶段;产品市场前景和竞争力状况;产品技术改进和更新换代的计划及成本。值得一提的是,附上产品的样本或样品对获得投资有很大的帮助。产品的特性和功能是消费者和投资者比较关心的一个问题。在简要介绍产品的基本情况后,应重点描述产品特色,也可以从以下五个层次介绍产品的整体概念。如,生产一款饮料,

(1)核心产品层:解渴。

(2)形式产品层:精美的外观、醒目的商标。

(3)期望产品层:品牌感强、易购买。

(4)延伸产品层:物流快捷、资金结算方便。

(5)潜在产品层:引领潮流。

3. 市场分析

市场分析主要包括宏观环境分析、行业分析、目标市场分析和竞争对手分析。

(1)宏观环境分析

将新创办的公司放在一个适当的背景下分析,以确定可能会对新创立的公司产生影响的国内、国际市场的趋势和变化是非常有意义的。环境因素包含政治因素、经济因素、社会因素、技术因素。上述因素对创业者来说都具有不可控性,根据 PEST 分析法认识和分析这些因素,对创业者发现市场机会、拟订与环境相适应的营销战略、风险规避策略有着重要意义。

(2)行业分析

行业是指企业要进入的市场。创业者需要分析所进入行业的市场全貌和关键性影响因素。在分析时,应对所选行业的基本特点、竞争状况和未来趋势有准确的把握,了解行业发展规律,认清行业发展方向,找准最合适自己的市场定位,确立项目发展目标。行业分析需从以下几个方面进行:

①行业发展现状:发展到何种程度?存在什么问题(市场痛点)?

②行业发展趋势:未来走向何方?并对市场进行预测。

③经济主体概况:竞争者、消费者、销售渠道的现状等。

(3)目标市场分析

目标市场分析就是对市场进行细分,对目标客户群进行精准画像。目标市场分析需从以下几个方面进行:

①市场规模：目标用户每年花在你提供的产品或服务上的金额是多少？

②市场份额：你的业务份额占整体目标市场的比例是多少？你的目标客户群是哪些人？

③市场预期增长率：根据目标市场历史数据推断未来发展趋势。

④目标市场盈利能力：目标市场的竞争态势可根据波特五力模型对目标市场的盈利能力进行分析。

总之，创业者需要阐明的观点是，你的企业处在一个足够大、发展前景非常广阔的市场中，并且有足够的能力应对各方的竞争。

（4）竞争对手分析

竞争对手是指在市场上和你的企业提供相同或相似的产品和服务，并且在配置和使用市场资源的过程中与你具有一定竞争力的企业或个人。竞品包含两类：直接竞品和间接竞品。直接竞品又分为两种，第一种：核心服务、目标用户都基本相同的产品；第二种：目标用户群高度相同，核心服务暂不相同，但有迅速突破服务界限能力的产品。间接竞品是指目标用户有部分共性，核心服务不同，但在特定场景和时间下可互相替代的产品。可以利用 SWOT 竞争分析，从以下几个方面入手分析：

①竞争对手：你的竞争对手有哪些？你的主要竞争对手有哪些？你的最大竞争对手是谁？

②优势和劣势：竞争中你有哪些优势和劣势？如何发扬优势，消除劣势？通过外比较、内保护的方式阐明你的核心竞争力。

③竞争策略：你通过什么策略战胜竞争对手？

在做竞争对手分析之前，需要做好以下准备。

第 1，通过调研，收集相关数据信息，深入调研市场，撰写竞争对手调研分析报告。

第 2，掌握竞争分析工具：SWOT 竞争分析法、波特五力分析法、PEST 分析法等。

第 3，多用图表、数据进行分析，通过对比充分展示你的优势。在描述竞争对手时，应尽可能地对全部竞争产品及竞争者作出描述与分析，尤其要分析竞争对手占有的市场份额、年销售量与销售金额以及他们的财务实力。此外，需要分析本企业产品相对于竞争产品所具有的优势。

有些企业可能暂时没有竞争对手，那么就要说明原因（如，拥有专利权）。如果未来会出现竞争对手，则必须指明存在哪些可能的竞争者及其进入市场的预计时间。

4. 营销策略

营销策略是以顾客需要为出发点，根据经验获得顾客需求量以及购买力的信息、业界的期望值，有计划地组织各项经营活动，是针对一定的目标市场所采用的一系列可测量、可控制的旨在提高销售量及产品声誉为目的的活动。

任何一个风险投资者都十分关心新产品或服务未来的市场营销策略。因为市场营销极富挑战性，其策略设计可以充分展示创业者的能力。新创办企业必须尽快把它的产品投放到市场，获取利润以支持企业进一步的发展。可是，怎样才能让顾客“知道”“了解”并“喜欢”新产品呢？这就需要制定营销策略，进行促销活动。一个完善、有效且符合公司产品实际情况的营销计划，可以大大增强风险投资者的投资决心。因此创业者必须认真对待，必要时也可以寻求市场营销专家和管理咨询顾问的帮助。

营销策略主要包括产品、价格、渠道、促销、传播、服务、数字营销等销售策略。

(1)产品策略

根据目标市场和消费者需求设计产品生产线、产品组合和新产品，持续改进产品来应对市场变化。影响因素包括产品的特性、质量、外观、品牌、商标、包装、服务等。

(2)渠道策略

渠道策略是指商品到达顾客手中的途径和方式，创业者需要选择最适合的销售渠道来覆盖目标市场。影响因素包括销售渠道、存货控制、运输设备、零售商、批发商。主要策略有直销、代理和互联网营销等。

(3)价格策略

根据产品定位和消费者评价制定产品价格或价格体系，选择满足性定价、差异化定价、竞争性定价等策略。影响因素包括成本核算、基本定价、促销折扣、批发折扣等。

(4)促销策略

制定价格优惠、赠品、奖品等短期促销活动来刺激销量或引入新产品。影响因素包括宣传、直销、促销、人员推销、公共关系等。

(5)传播策略

通过广告、公关等方式进行品牌传播，选择效果最佳的媒介覆盖目标消费群体。其中，付费媒体包括电视、杂志和展示广告；自有媒体包括公司以及企业内部的传播渠道，比如公司手册、网站、博客等；免费媒体有消费者、新闻界自愿以口口相传的方式传播品牌的信息流。

(6)数字营销

利用搜索引擎营销、社交媒体营销、电子邮件营销等方式来实现品牌传播、消费者互动与销售转化。

(7)服务策略

提供与产品相关的各项服务来丰富消费者体验，建立忠诚度。所以，一个成功的营销策略需要对目标市场与消费者有深入洞察，选择切合品牌与产品的传播手段与营销工具，通过创新达成营销与销售的双赢。同时要有效实施、监控与调整。

5. 生产计划

创业者应尽可能地把新产品制造及经营的过程展示给投资者。主要内容包括：新产品的生产经营计划；公司现有的生产技术能力以及品质控制和质量改进能力；

已有的生产设备或将要购置的生产设备；改进或购置生产设备的成本；现有的生产工艺流程等，具体如表 6.2 所示。

表 6.2　生产计划的主要内容

1. 厂房选择和布局	5. 物资需求计划
2. 生产设备和生产流程	6. 质量控制和改进能力
3. 生产技术能力	7. 新产品的生产经营计划
4. 生产流程和关键环节	8. 劳动力和雇员情况

另外，风险投资者还希望了解新产品原料的采购、供应商的有关情况、劳动力和雇员、生产资金的安排计划、相应的厂房土地的规划安排等问题。以上内容在这一部分都

应当有所交代，并且内容要尽量详细，细节要明确。因为除了可以给投资者提供更多的信息外，在今后的投资谈判中，还可以为创业者所占股权的估值预测提供重要的依据。生产计划旨在使投资者了解产品的生产经营状况。尽可能把新产品的制造和经营过程展示给投资者。

6. 财务计划

财务计划包括财务预测前提、财务报表、财务分析共三个方面。

(1)投资估算

准确、全面估算创业项目的投资金额，是创业计划可行性研究的重要内容，对投资决策具有重大影响。建设项目总投资指保障投资项目建设和生产经营活动正常进行所必需的资金，简称为“投资总额”，有时也简称为“投资”。

(2)预算利润表

利润表主要反映项目计算期内各年度的利润总额、净利润及税后利润分配情况。利润表中营业收入、税金及附加、总成本费用的各年度数据分别取自相应的辅助报表。利润表中部分项目计算公式如下：

$$利润总额 = 营业收入 - 税金及附加 - 总成本费用$$

$$所得税费用 = 应纳税所得额 \times 所得税税率$$

应纳税所得额为利润总额根据国家有关规定进行调整后的数额。

$$净利润 = 利润总额 - 所得税费用$$

$$可供分配利润 = 净利润 - 特种基金$$

按提取法定盈余公积、提取任意盈余公积、向投资者分配利润的顺序进行利润分配。

(3)预计现金流量表

项目的现金流量系统将项目计算期内各年度的现金流入与现金流出按照各自发生的时点顺序排列，表达为具有确定时间概念的现金流量。现金流量表即对建设项目现金流量系统的表格式反映。需要注意的是，现金流量并不等同于利润，出现负现金流，需借入现金或保持银行账户中有足够的现金；出现正现金流，可以进行短期投资或将其存入银行账户。

可能出现的现金流入包括：营业现金流入、经营期末的残值收入、收回的流动资金。

可能产生的现金流出包括：购买固定资产的价款、固定资产的运输费和安装调试费、生产试制费用、专有技术使用费、流动资金的投入。

(4)预计资产负债表

资产负债表综合反映项目计算期内各年末资产、负债和所有者权益的增减变化及对应关系，用以考察项目资产、负债、所有者权益的结构是否合理，以进行清偿能力分析。

资产由流动资产和非流动资产两个部分组成。

负债包括流动负债和长期负债，流动负债中的应付账款数据可由流动资金估算表直接取得。流动资金借款和其他短期借款两项流动负债及长期借款均指借款余额，须根据资金来源运用表中的对应项及相应的本金偿还项进行计算。

所有者权益包括实收资本、资本公积、盈余公积及未分配利润。其中，实收资本为项目投资中累计自有资金(扣除资本溢价)，当存在由资本公积或盈余公积转增资本的情况时，应进行相应调整。资本公积为累计资本溢价及赠款，转增资本时，应调整资产负债表

以满足等式

$$资产 = 负债 + 所有者权益$$

未分配利润可直接由利润表得到。盈余公积也可由利润表中盈余公积项计算各年度的累计值。

(5)盈亏平衡分析

盈亏平衡分析是通过计算项目盈亏平衡点分析项目成本与收益的平衡关系的一种方法。盈亏平衡点是项目盈利与亏损的转折点,在这一点上,项目刚好不亏不盈。盈亏平衡分析原理如下。

假设条件:

①产量等于销售量(无库存);

②平均变动成本、产品销售价格不随产量的变动而变动;

③产量在一定范围内变动时,固定成本保持不变;

④产品及产品组合保持不变。

$$销售收入:销售收入 = 价格 \times 销售量$$

$$成本分解:总成本 = 总固定成本 + 总变动成本$$

(6)预计投资回收期

投资回收期是指项目投产后用所获得的年净收益抵偿全部投资(包括固定资产投资和流动资金)所需要的时间,亦称投资返本期。投资回收期的计算分为静态和动态两种。

静态投资回收期是指项目从建设开始之日起,到项目每年所获得的净收益之和可补偿全部投资所需的时间,通常以年来表示。

动态投资回收期实质上就是项目在某一特定折现率下,各年净现金流量现值累计和为零的年。

7. 融资计划

融资计划主要是根据企业经营计划提出的资金需求数量、融资方式、融资工具,投资者的权益及其资金安全保障,投资提出方式等,它是资金供求双方共同合作前景的计划分析,是对投资人的要约和承诺,因此应合理分析,清晰描述。

(1)融资需求:明确资金需求数量,融资来源、方式、时间和融资条件。

(2)融资工具:贷款、出售债券、出售普通股或优先股。

(3)资本结构:合理的股权结构。

(4)退出机制:股票上市、股权回购、利润分红、股权转让。

8. 风险分析

这一部分主要是向投资人描述项目可能面临的各种风险隐患。在对市场、技术、资金、管理、政策等方面的风险进行分析之后,将这些风险及应对措施用清晰的文字在创业计划书中反映出来,减轻投资者的疑虑,增强投资信心。

风险主要包括市场风险、技术风险、资金风险、管理风险、其他风险等。

创业者要采取实事求是的态度,不能为了增加获得投资的机会故意缩小或隐瞒风险因素,而应该对各种风险认真分析,提出切实可行的防范措施。

(1)市场风险

主要包括产品或服务的价格及供需变化、竞争对手的竞争态势变化、产品更新换代或替代品的出现带来的风险。

(2)技术风险

技术风险是指技术研发中的不确定性,包括技术创新性、员工熟练程度、技术更新速度等方面可能存在的风险。

(3)投资风险

创业者需阐述可能出现的资金周转不畅、资金流断裂或债务危机。如果万一公司破产,遭到清算有无偿还能力。

(4)管理风险

创业者要实事求是,不能刻意隐瞒管理方面的缺陷和漏洞,而要如实反映情况,如人员不足、经验欠缺等。

(5)其他风险

创业面临的其他风险也很多,如政策风险,经营中的突发状况,财务上的不确定因素等都可以归入此类。

9. 管理团队

这一部分主要是向投资人展示管理团队的结构、管理水平和管理能力,职业道德和素质。重点展示管理团队的战斗力和凝聚力,主要包括组织管理机构、管理团队介绍、激励与约束机制。

(1)组织管理机构

组织结构的关键是分工明确,各司其职,设置力求简明直观。组织结构表明组织各部分排列顺序、空间位置、聚散状态、联系方式以及各要素之间相互关系的一种模式,是整个管理系统的"框架"。组织架构一般有四种:职能结构、层次结构、部门结构、职权结构。

(2)管理团队介绍

详细介绍管理团队成员的经历和背景,职责和能力,表明团队是一个能胜任工作、具有团结合作精神且富有创造力的团队,主要包括:基本信息、工作履历、受教育程度、主要经历、专业特长等。

在大多数情况下,初创者还需要依靠一些专家顾问,通过他们的互动交流获取重要的建议和意见。这些专家顾问通常会成为创业团队的重要组成部分,在外围发挥重要的作用。专业顾问委员会通过凝聚各个顾问的智慧,更好地指导初创企业。专业顾问既可以是贷款方和投资方,也可以是咨询师,还可以是某个特殊领域的技术专家。

(3)激励与约束机制

股权激励对于创业团队长期发展起着重要作用。股权激励有利于凝聚创业团队的人心,有利于团队吸引和保留稀缺人才。股权授予的附加限制有利于约束员工、避免人才流失、降低人力成本。同时,适当降低创业团队的现金奖励也可以缓解创业团队的经济压力。

创业企业可以根据自身实际情况,选择股权激励方式:虚拟股权、股权增值权、股权直接授予、股权期权。

(五)附录

附录是对主体部分的补充。由于篇幅限制,不宜在主体部分过多描述的、不宜详细展开的或需要提供的参考资料和数据等内容，一般放在附录部分，以供参考。附录重点放以下内容：

1. 市场方面：调查问卷和分析、行业资料和市场资料、有分量的合同。

2. 技术方面：专利证书、软件著作权等。

3. 管理方面：资质证书、认证证书等。

4. 前期成果：获奖证书、合作协议等。

（六）可行性分析工具

商业计划书要进行可行性分析。常用的可行性分析工具有 SWOT 分析法、PEST 分析法和波特五力模型。其中，SWOT 分析法是对公司内部与外部因素进行综合分析，PEST 分析法与波特五力模型是针对公司外部宏观环境进行分析。创业者利用以上分析工具，检验创业想法是否切实可行，辅助创业决策。

1. SWOT 分析

SWOT 模型也称数态势分析模型，是将与目标对象密切相关的各种内外部因素包括优势（strengths，S）、劣势（weaknesses，W）、机会（opportunities，O）和威胁（threat，T）四项，通过调查列举与矩阵分析，将目标对象的内部资源和外部环境有机地结合起来，以分析竞争环境和制定战略决策。

SWOT 模型最早是由哈佛大学商学院安德鲁斯提出框架，后由旧金山大学韦里克完善而成，目前已经被广泛应用于对目标对象的内外部环境进行综合性分析以及制定竞争战略。

具体来说，SWOT 分析法主要有分析因素、构造矩阵、制订计划三个步骤。

（1）分析因素

① 机会与威胁分析。环境发展趋势分为两大类：一类表示环境威胁，另一类表示环境机会。环境威胁是指环境中不利的发展趋势所形成的挑战，如果不采取果断的战略行为，这种不利趋势将削弱公司的竞争地位。环境机会指在某一特定领域中，该公司将拥有竞争优势。创业者在创建公司的过程中，要尽量抓住环境机会，避开环境威胁。

② 优势与劣势分析。因为企业是一个整体，并且竞争性优势来源十分广泛，所以在做优劣势分析时，必须从整个价值链的每个环节上将企业与竞争对手做详细的对比。比如产品是否新颖、制造工艺是否复杂、销售渠道是否畅通以及价格是否具有竞争力等。如果一个企业在某一方面或几个方面的优势正是该行业应具备的关键成功要素，那么该企业的综合竞争优势也许就强一些。

（2）构造矩阵

构造矩阵是 SWOT 分析法的第二步，构造矩阵的过程是将各种内部和外部因素根据影响程度排序。该过程中，重要的、直接的会优先排列，次要的、间接的暂时排在后面。在 SWOT 模型的适应性分析中，一般对杠杆效应、抑制性、脆弱性和问题性四个基本概念进行分析。

① 杠杆效应，即优势—机会。这是一种研究对象内部优势与利用外部机会的战略，是一种理想的战略模式。当内部的优势和外部机会相一致时会产生杠杆效应，若外部环境又为发挥这种优势提供了有利机会，便可以采用该战略。此时，初创企业可以用自身内部优势撬动外部机会，将机会和优势充分结合。但机会往往是稍纵即逝的，因此，初创

企业必须敏锐捕捉机会，把握时机，以寻求更大的发展。

② 抑制性，即劣势－机会。这是利用外部机会来弥补内部弱点，使初创企业改变劣势而获取优势的战略。抑制性意味着当外部环境中的机会与内部资源优势不适应时，内部优势再大也难以得到发挥。此时初创企业需要提供或追加某种资源以促进内部资源由劣势向优势的转化，适应外部机会。

③ 脆弱性，即优势－威胁。这是指初创企业利用自身优势，回避或减少外部威胁所造成的影响。脆弱性意味着优势的程度或强度在降低或减弱，环境状况对初创企业的优势构成威胁，优势得不到充分发挥，并出现了“优势不优”的脆弱局面。这时初创企业必须克服威胁以发挥优势。比如，竞争对手利用新技术、新生产方式等其他手段取得领先时，初创企业可以开发新渠道、拓展新思路。新渠道、新思路一旦实施并产生积极效果，将能使初创企业有效地回避外部威胁和影响。

④ 问题性，即劣势－威胁。这是一种旨在减少内部弱势，回避外部威胁的防御性技术。当初创企业内部劣势与外部威胁同时存在时，其面临着严峻的挑战，如果处理不当，很可能会直接威胁到初创企业的存续。此时，初创企业往往采降低成本和消耗以实现自保的方式。

(3)制订计划

当分析因素和构造矩阵完成后，就要开始制订计划。制订计划的基本思路是发挥优势因素、克服弱势因素、利用机会因素、化解威胁因素。在决策时做到考虑过去、立足当前、着眼未来，运用系统分析的方法，将排列与考虑的各种因素相互联系并加以组合，得出初创企业未来发展的一系列可选择对策。

2. PEST 分析

PEST 分析是战略咨询顾问用来帮助企业检阅其外部宏观环境的一种方法，即从众多宏观环境影响因素中选择政治环境、经济环境、社会文化环境、技术环境四个关键性因素，通过对这四方面的分析，从总体上把握研究对象所处的宏观环境，并评估这些因素对研究对象未来发展战略的影响。其中，P 指政治环境，E 指经济环境，S 指社会文化环境，T 指技术环境。

(1)政治环境

政治环境是指对研究对象具有实际与潜在影响的社会制度，如执政党性质，或政府的方针、政策、法令等。政治因素的存在对研究对象的发展战略具有重要的影响。法律制度更是制定发展战略的刚性约束条件。不同的国家有不同的社会性质，对组织活动有不同的限制和要求。即使在社会制度不变的同一国家，在不同时期，由于执政党的不同，其政府的方针特点、政策领向对组织活动的态度和影响也在不断变化。

(2)经济环境

经济环境可以分为宏观经济环境和微观经济环境。宏观经济环境主要指一个国家的人口数量及其增长趋势，国民收入、国民生产总值及其变化情况，以及通过这些指标能够反映的国民经济发展水平和发展速度。微观经济环境主要指企业所在地区或所服务地区的消费者的收入水平、消费偏好、储蓄情况、就业程度等，这些因素直接决定着企业目前和未来所处的市场规模的大小。

(3)社会文化环境

社会文化环境对研究对象的影响持久而深远，包括文化水平、宗教信仰和风俗习惯、价值观念、审美观点等因素。具体来说，文化水平会影响居民的需求层次；宗教信仰和风俗习惯会影响某些活动的进行；价值观念会影响居民对组织目标、组织活动以及组织本身的认可与否；审美观点会影响人们对组织的活动内容、活动方式和活动成果的态度。

(4)技术环境

技术环境是指研究对象所在国家的技术水平、新产品开发能力以及技术发展的动态等。技术力量是推动社会发展的核心动力，以技术发明和创新为原动力的工业革命不仅创造了大量的物质文明，也深刻地改变了社会发展的形态和人们生活的方式。进入信息化时代后，互联网的飞速发展使中国创业场景发生了翻天覆地的变化。博客、网络论坛、微博、微信等新兴媒体的出现，使网络成为当前创意机会迸发的重要阵地，也成为我国实现“大众创业、万众创新”的重要渠道。

3. 波特五力模型

波特五力模型由迈克尔·波特于20世纪80年代初提出，对企业有着深远的影响。它主要用于竞争战略的分析，可以有效地分析客户的竞争环境。模型中的“五力”分别是供应商的议价能力、购买者的议价能力、新进入者的威胁(潜在竞争者进入的能力)、替代品的威胁(替代品的替代能力)、同行竞争程度(行业内现有竞争者的竞争能力)。五种力量的不同组合化，最终影响行业利润潜力变化。

(1)供应商的议价能力

供应商主要通过提高投入要素价格与降低单位价值质量来影响行业中现有企业的盈利能力与产品竞争力。供应商力量的强弱取决于他们所提供的投入要素对购买者的重要性，当供应商所提供的投入要素价值构成了购买者产品总成本的较大比例、对购买者的产品生产过程非常重要，或者严重影响购买者的产品质量时，供应商对于购买者的潜在议价能力就会增强。

(2)购买者的议价能力

购买者主要通过压价与要求提供较高的产品或服务质量，来影响行业中现有企业的盈利能力。一般来说，购买者在下列情况下具有较强的议价能力：购买者的人数较少，而购买量较大；卖方行业由大量规模较小的企业组成；购买者所购买的基本上是一种标准化产品，可以同时向多个卖主购买；购买者有能力实现后向一体化，而卖主不可能实现前向一体化。

(3)新进入者的威胁

新进入者在给行业带来了新生产能力、新资源的同时，必然会与现有企业在生产原材料与占据市场份额上产生竞争，最终导致行业中现有企业盈利水平降低，甚至危及现有企业的生存。新进入者的威胁程度取决于两方面的因素：进入障碍与预期现有企业的反应。进入障碍主要包括规模经济、产品差异、资本需要、转换成本、销售渠道开拓、政府行为与政策、不受规模支配的成本劣势、自然资源、地理环境等。预期现有企业的反应主要指现有企业对进入者采取报复行动的可能性大小。

(4)替代品的威胁

两个处于同行业或不同行业中的企业，可能会由于所生产的产品是互为替代品，从而在他们之间产生相互竞争行为。替代品价格越低、质量越好、用户转换成本越低，其所能产生的竞争压力越大。这种来自替代品生产者的竞争压力的强度，可以通过考察替代品销售增长率、替代品厂家生产能力与盈利扩张情况来描述。

(5)同行竞争程度

处于某一特定行业中的企业，其战略目标都是获得相对于竞争对手的优势，因此在战略实施中必然会产生冲突与对抗现象，这些冲突与对抗构成了现有企业之间的竞争，常常表现在价格、广告、产品介绍、售后服务等方面。

根据上面对五种竞争力量的讨论，初创企业需要尽可能地采取将自身的经营与竞争力量隔绝开来、努力从自身利益需要出发影响行业竞争规则、先占领有利的市场地位再发起进攻性竞争行动等手段来应对这五种竞争力量，以增强自己的市场地位与竞争实力。

【思考与训练 6－6】

1. 创业计划书的作用是什么？

2. 撰写创业计划书应该遵循什么逻辑？

3. 优秀的执行摘要是商业计划书的重要组成部分。优秀的摘要能得到那些通常依据摘要做决策的潜在投资者的注意和兴趣，并据此决定是否继续将商业计划书阅读下去。因此，撰写优秀的摘要对创业者来说是一项非常有用的技能，假如你是一名创业者，下述措施将有利于你提高这项技能。

(1)撰写创业项目执行摘要。确保它的篇幅只有 1—2 页。

(2)邀请一些人阅读这份摘要，并对其进行评论，尤其是要请他们就下述方面对摘要评分(评级采用 5 分制：1＝很差、2＝差、3＝中等、4＝好、5＝很好)。

① 摘要提供了新产品或服务的清晰描述。

② 摘要说明了新产品或服务为什么在特定市场是有吸引力的。

③ 摘要辨明了市场并计划了如何在这些市场中促销产品。

④ 摘要说清了产品处于生产的什么阶段。

⑤ 摘要阐明了创业团队的背景和经验。

⑥ 摘要明确了创业者寻求多少资金以及资金用途。

(3)得出每个方面的平均分。那些得分低(3 分或更低)的部分，就是你应该致力改进的环节。准备一份改进后的摘要，再让其他人给它评分。

(4)持续进行这个过程，直到所有方面的评分都达到 4 分或 5 分。

4. 什么是商业可行性分析，如何进行商业可行性分析？

5. 如果你想创业，开发一种新产品或一项新服务，请问怎样进行目标客户群精准画像？

6. 你想创业，有一个较好的创业项目，请问怎样组建创业团队？

7. 如果你现在处在创业初期，项目需要融资，请问如何融资，列出融资规划？

8. 如果你现在需要扩大产品的销售额，试想一下，营销策略应该如何选择？

9. 企业如何应对风险？

10. 在可行性分析时，如何选择科学合理的分析工具？

11. 在财务分析时，如何正确编制现金流量表，利润表，资产负债表？

12. 创业计划书中，如何撰写融资计划，才能引起投资人的兴趣并有意向为你的创业项目投入资金？

13. 发展规划部分，需要重点突出的内容有哪些？

14. 一份完整的创业计划书，主要包括哪些内容？

15. 如果你准备参加中国国际“互联网＋”大学生创新创业大赛，请选择合适的创新创业项目，撰写一份创业计划书。

第七节　市场调查报告

一、市场调查报告的概念

“挑战杯”全国大学生课外学术科技作品竞赛、全国大学生市场调查与分析大赛、全国大学生统计建模竞赛中，可能会涉及到调查报告的撰写。

市场调查成果报告是指针对某一现实问题，经过在实践中对其客观实际情况调查后，将收集的资料进行“去粗取精、去伪存真、由此及彼、由表及里”的分析研究，揭示本质，寻找规律，总结经验，最后以书面形式陈述的报告。市场调查报告具有以下的特点：

第1，真实性。调查报告是以事实为基础的文体，它以真实的材料为依据来透析客观存在的本质。如果收集的材料不准确、不可靠，就难以得出正确的、有价值的结论。从而调查报告的真实性特点就要求作者深入实地展开细致调查，实事求是地反映客观对象，决不弄虚作假，不以偏概全，不凭主观推测想象来编撰与处理信息。调查报告完全是调查研究结果的反映，它的结论以系统的客观事实为依据，注重用事实说话。

第2，客观性。调查报告不能以主观好恶来判别是非，不以个人的感情色彩来改变客观事实，尊重事实，由事实本身出发来认识规律，这是调查报告的力量所在。调查者在调查研究过程中，当然有一定的主观认识或者有事先准备的调查设计与预定意愿，但客观事实往往会突破调查者的预想范围，甚至与预定意愿大相径庭，这时不能以主观倾向来改变事实。调查报告要充分体现实践是第一性的原则，只有这样调查报告反映出的规律性结论才具有普遍性的指导意义，有利于工作决策。

第3，针对性。调查报告一般具有比较明确的意向，相关的调查取证都是针对和围绕某一综合性或者专题性问题展开的。所以，调查报告反映的问题集中且深度。坚持从实际出发，有的放矢地调查研究各种社会情况，推广典型经验，为及时解决人民群众普遍关心和迫切需要解决的问题提供第一手资料，这是调查报告直接针对性的表现。此外，针对性还体现在阅读对象上，面对不同的读者群体，有针对性地选择报告类型和写作手法。

第4，新颖性。及时、准确地发现和反映市场新情况、新问题，提出新颖的观点。

第5，系统性。将调查获取的资料整理、分析和汇总后，需要完整系统地将调查结果表述出来。

第6，科学性。这是指提供的信息具有科学价值，结论具有科学性，符合实践的规律，揭示事物内在本质规律，调查者有必要对获取的各种信息，进行优化选择。

(一)优秀市场调查报告的基础

1. 高质量的设计方案

一份高水平的设计方案在市场调查过程中起着至关重要的作用。设计方案是指根据调查研究的目的和调查对象的性质,在进行实际调查之前,对调查工作总任务的各个方面和各个阶段进行的通盘考虑和安排,提出相应的调查实施方案,制定出合理的工作程序。

2. 合理的调查方案

一份完整、科学合理的调查方案应包含表 6.3 中的内容。

表 6.3　调查方案的主要内容

(1)调查的目的与内容	(6)调查的时间和工作期限
(2)调查的对象与调查单位	(7)调查地点的选择
(3)调查的项目	(8)调查经费预算
(4)调查的方式和方法	(9)调查报告的撰写
(5)调查资料的整理和分析方法	(10)调查的组织计划

3. 科学的分析方法

数据分析是市场调查报告的重要组成部分,在分析过程中我们可以利用许多统计分析方法。如,频数分析是最常用的方法,也是最基础、使用最广泛的方法。一般可用来统计分析样本基本信息,统计比例。比如消费者的基本信息,对产品的基本态度,是否愿意购买产品等。

描述分析适用于分析对比定量数据。例如,对比各维度均值,了解在哪些方面得分较高,哪些方面得分较低,找出优势,查找短板和不足,从而制定出有针对性的改进方案。此方法可用于分析产品满意度、用户需求等。

重要性表现程度分析法是通过绘制散点图,对比不同项目或维度的重要程度和服务表现,从而直观地识别出优势项、劣势项。适用于服务质量、满意度分析、产品竞争力分析等。

想要更深入地探究分析项之间的差异性则要进行差异分析。例如探究不同背景的消费者在“认知”“态度”“行为”“原因”上的差异;是大学生还是工薪族更加喜欢某一产品?不同学历的消费者对于产品的需求有没有差异等。方差分析、T 检验和卡方检验是最为常见的几类差异分析方法。如果是寻找定类和定类数据之间的差异,应该使用卡方检验分析;如果针对定类和定量数据,应该使用方差分析或者 T 检验。

通过聚类分析,我们可以找到一类事物的综合特征,并按照其特征细分成不同类别。相比用单一分类标准,聚类分析可以综合多个指标结果,得到更加合理的类别。当变量较多时,可先做主成分分析或因子分析,得到每个维度(因子)的数据,再进行聚类。

回归分析是确定两种或两种以上变量之间影响关系的方法。在市场调研中,回归分析可以用来探究销售量、顾客满意度的影响因素,预测销售量等。

4. 新颖的数据解读

通常,数据呈现的主要途径有两种,即数据的可视化和数据的故事化,二者的区别在于,数据可视化主要解决的是数据感知问题,而数据故事化更加关注的是如何将数据感知转换为数据认知。

数据故事化是指为了提升数据的可理解性、可记忆性及可体验性，将“数据”还原或关联至特定情景，并以叙述方式呈现的过程。数据故事化也是数据转换的表现形式之一，其本质是以“故事叙述”的方式呈现“从数据中发现的洞察”。数据故事化中的情景，可以是还原情景、移植情景和虚构情景。

数据故事化涉及三个基本要素：数据、视觉效果和叙述。从数据故事的创作者和受众之间的信息交流模式看，可将数据故事化分为创作者驱动和受众驱动两种不同模式。数据故事化的主要活动包括理解数据、明确目的、了解受众、确定关键数据、选择故事模型以及故事叙述。

数据故事化的基本流程：

(1)理解数据

理解数据是数据故事化的第一步。理解数据也是数据故事化与通常意义上的故事的区别之一。在数据故事化中，可以通过探索型数据分析等统计学或机器学习的方法以及与数据所属领域专家沟通等方法达到理解数据目的。在传统数据工作中，很多数据工作者习惯于采用统计学方法和机器学习方法来理解数据，而忽略数据可视化在理解数据中的重要意义。

(2)明确目的

数据故事化要有明确的目的，而目的往往由数据故事的创作者或数据故事化项目的委托方决定。数据故事化的目的可以分为两个层面，一个是业务层面，另一个是科学层面。从业务层面看，数据故事化需要满足具体业务需求，而业务需求由数据故事化项目的委托方决定，具体可以分为描述性数据故事化、诊断性数据故事化、预测性数据故事化和规范性数据故事化。从科学层面看，数据故事化的目的是弥补其他数据呈现方法，尤其是数据可视化方法的局限性，提升数据在受众中的可记忆性，需要突显数据故事的记忆难度和记忆留存时间。

当然，在确定数据故事化的目的时需要遵循 smart 原则，注意目的的具体、可测量、可实现、其他目标具有相关性以及具有明确的截止期限。此外，数据故事化应聚焦于有限目标，有限目标是数据故事化中必须重视的问题。

(3)了解受众

数据故事化实际上也是数据价值的传递及再增值过程，数据分析的结果最终都要传达给特定的受众，再由受众与自己的业务整合后采取进一步的行动。因此数据故事化的创作者需要根据受众的业务范围、知识背景、能力以及目的设定相应的故事背景，定制不同的数据故事，以方便受众理解数据。

(4)识别关键数据

当前我们可接触到的数据是海量的，从这些海量数据中可以分析得到大量不同的结果，但过于冗余的数据往往会分散受众的注意力，无法从中提取出最有效的信息。为避免繁杂无序的信息给受众带来困扰，数据故事化要突出显示最重要的内容，这些关键数据需要满足以下原则：

① 数据客观、有效；

② 与受众的业务主题直接相关；

③ 与创作者想要传达的意图直接相关；

④ 不流于表面，挖掘数据背后蕴含的更深层意义的价值。

(5)选择合适的图表

可以把数据分析结果呈现出来的图表形式有很多，例如词云、表格、点图、线图、条形图、饼图等。如果采用不恰当的图表则会给受众的认知增加负担。每种图表都有其最佳的使用场景，在利用图表可视化数据时，应考虑到它们各自的优势与使用条件，具体见表 6.4。

表 6.4　常见的统计图表类型

图表类型	使用场景	适用数据
词云图	突出词的使用频率，了解文本的中心内容	文本数据
表格	显示精确值、显示不同度量单位的数值、在整体数据中比较个别数据	数字数据
点图	显示不同变量数据之间的关系	混合数据
线图	反映数据变化的趋势	随时间变化的数据
条形图	比较不同数据之间的差别	混合数据
饼图	显示数据之间各自所占的比例情况	混合数据
雷达图	比较同类别的不同属性或不同类别的相同属性	多维数据
地图	在地图上显示特定位置和区域	与特定位置和区域相关的数据

5. 简明流畅的文笔

撰写市场调查报告时，语言要力求简单准确、通俗易懂，避免使用生硬、晦涩的措辞和术语，以客观、简洁和有效的表述吸引读者的注意力。切勿陷入“报告越长，质量越高”的误区。

(二)市场调查报告的分类

市场调查报告可以分成书面报告和口头报告两类，具体如表 6.5 所示。其中，书面报告详细而具体，主要用于市场调查最终成果的汇报交流。口头报告简明扼要，主要用于口头交流。书面报告又可以分成一般性报告和技术性报告，两者之间存在一定的差别。在实际应用中，根据需要合理选择一般性报告或者技术性报告。

表 6.5　两种书面报告的比较

	一般性报告	技术性报告
读者	决策者和其他不懂研究技术的非专业人员	懂得调查研究方法的专家技术人员
特点	说明调查的重点和结论，技术细节和方法尽量简略。多用标题、图片和统计图，少用表格	重点是资料收集和分析方法、抽样技术等，详细描述研究的发现。附录中列出有关表格以及其他补充性资料

二、书面报告

(一)书面调查报告的功能

书面调查报告的功能主要体现在证明调查过程的真实性与科学性、阐述调查结果并提出合理建议和具有文献的基本功能上。

1. 证明调查过程的科学性与真实性

书面报告通过对调查背景、目的、内容、方法、过程控制、结果及结论各部分的详细描述,阐释一个围绕特定目的的调查活动的科学性与真实性。其科学性和真实性主要体现在目录与正文中。

真实性是指对市场调查项目从方案设计、调查实施到数据分析全过程中严格的操作、有效的管理与执行以及最终的有据可依的可操作性结果。

科学性包括研究问题恰当界定、数据收集方法合理选择、概念的可操作化、统计分析方法正确运用、推理论证过程有依有据等。

2. 阐述调查结果并提出合理建议

对已经完成的市场调查项目进行完整而准确地描述。阐述调查结果,分析得出调查结论,从而在发现问题的基础上,提出解决问题的建设性意见,这是市场调查报告的核心部分。市场调查报告的内容必须详细,涵盖调查的全部主要细节。

3. 文献功能

调查报告具有正式文献的作用,可作为信息资料文件以备查阅和参考,既是本次市场调查项目结束阶段所需查阅的正式文本,又是以后相似调查项目的重要二手资料来源,并可能成为市场调查行业的重要案例资料。

(二)书面报告撰写的技巧

在撰写书面报告时,需要掌握一定的技巧:报告内容新颖、撰写态度实事求是、表达方式简明易读。

1. 报告内容新颖

调查报告的内容新颖性主要体现在立意新、数据来源新和数据分析方法新三个方面:立意新是指针对新形势,发现新问题,提出新观念;数据来源新主要体现在通过新途径和新工具挖掘数据,数据的类别包括数字、文本数据、视频数据等新型多源异构数据;分析方法新是指利用新方法、新技术对收集的数据进行科学合理全面分析。

2. 撰写态度实事求是

(1)数据资料来源真实可靠:引用的资料、数据真实可靠,不能弄虚作假,不能先入为主或迎合他人进行选择性地编写。

(2)数据分析科学合理:数据分析应包括说明、推理和结论三个层次。通过交互分析,发现规律,提炼观点,切忌资料和观点相分离。

(3)结论建议客观公正:用中性的语气撰写报告,客观地表达调查的结果和发现,而不是个人的主观看法。

3. 表达方式简明易读

撰写市场调查书面报告时,语言要力求简单准确、通俗易懂,避免使用生硬、晦涩的措辞和术语,以客观、简洁和有效的表述吸引读者的注意力。切勿陷入“报告越长,质量越高”的误区。为增强调查报告的可读性，可以适当地使用图表，做到图文并茂。

（三）书面报告的组织框架

书面报告应包括封面、目录、摘要、调查概况、调查结果、结论和建议、参考文献、附录等部分。

1. 封面与目录

封面应含有以下信息：标题、调查项目负责人、提交报告的日期等。如有保密要求也应该在封面上标明。通常单独占一页，也称为扉页。一般而言，标题的形式有两种：单标题和双标题。

单标题是指调查报告只有一个标题。一般是通过标题把被调查单位、调查内容等明确而具体地表示出来。例如，第十届全国大学生市场调查与分析大赛全国总决赛获得本科组一等奖的作品共 108 项，采用单标题仅有 11 项。“长沙市垃圾分类处理现状及其发展趋势调查”就是单标题的形式。

双标题是指调查报告有两行标题，采用正副标题形式。一般正标题表达调查的主题，副标题用于补充说明调查对象或主要内容。如，“培养模式、就业压力、突破口径——广西高校统计学专业学生扶能赋能调查研究”就是双标题的形式。

标题的表达方式又分成三类：直叙式、表明观点式和提出问题式。

“直叙式”标题是反映调查意向以及说明调查范围、调查对象、调查时间的一种标题，这种标题简明、客观，使人一目了然。如，市民对新能源汽车的购买意向的调查报告。

“表明观点式”标题是直接阐明作者的观点、看法，或对事物的判断、评价的标题。如，时光易逝，何不存储——基于东北三省“时间银行”互助养老模式潜在市场调查。

“提出问题式”标题是以设问、反问等形式，突出问题的焦点吸引读者阅读，促使读者思考。如，芳林新叶催陈叶，“直播带货”能否引今朝？——直播带货的优劣势分析与市场探索。

当调查报告的内容、页数较多时，为了方便读者阅读，应当使用目录或索引形式列出报告所分的主要章节和附录，并注明页码。整个目录的篇幅不宜过长，以一页为宜。通常只编写两个层次的目录。较短的报告只编写第一层次的目录即可。

2. 摘要

摘要是调查报告中最重要的内容，是整个报告的精华。因此摘要一定要精炼，篇幅不宜过多，1—2 页为好。摘要的内容应包含以下基本要素：

(1)调查背景与目标

(2)调查方法与过程

(3)主要的调查结果

(4)主要结论和建议

(5)市场调查局限性

摘要一般书写模式：为了……，针对……开展调研活动，本次调研采取……调查方法，运用什么软件和统计方法，对……调查内容进行分析，最后得出……结论，并提出……建议。

案例 6.2 市场调查报告摘要示例

最近十五年，随着我国快递业的飞速发展，企业规模不断扩大，快递数量不断增加，且服务质量逐渐提升，对于电子商务行业的发展起到重要的积极作用，但是在实际运行过程中，快递业存在了许多问题，诸如快递包装成本上升，快递包装的过度造成了环境污染等问题。同时快递业的进一步发展也产生了海量的快递垃圾，其难以回收与处理的问题对社会和环境效益产生巨大影响。本文以陕西省西安市为例，对城市居民和企业的快递垃圾处理现状进行调研。首先在问卷设计和发放调研基础上，采用SPSS软件进行描述统计分析、Fisher精准检验及综合统计评价，分析得出以下结论：一是大多数城市居民对快递垃圾的污染问题、快递过度包装严重的浪费问题有明确的认识；二是城市居民快递垃圾处理现状水平整体较差；三是不同年龄、不同性别群体的快递垃圾回收处理水平具有显著差异性。其次，采用环境指数评价法对快递纸箱进入再生环节的环境效益进行了评估与计算，发现企业快递垃圾处理环境效益为负，对环境的危害较大。最后，根据循环经济理论，从国家、企业、居民的角度分析给出对策建议，探讨快递垃圾回收和处理的解决方法。

3. 调查概况

(1)调查背景与目的

调查概况包括调查的背景与目的和调查研究方法两个部分。在调查背景与目的撰写中，研究者要对调查的由来进行说明。说明时，尽可能以有关背景资料为依据，在分析的基础上，指出存在的问题，提出调查的目的。通常有以下几种撰写形式：

① 开门见山，揭示主题

报告开始就交代调查的目的或者动机，揭示主题。例如，为了全面了解甲市住宅消费的市场总体情况，推动居民住宅储蓄和城镇住房抵押贷款业务的进一步开展，受乙单位的委托，我们于某年某月某日开始，对该市居民住宅消费需要进行为期丙天的抽样调查。

② 结论先行，逐步论证

先将调查的结论写出来，然后逐步论证。许多大型的调查报告均采用这种形式，其特点是观点明确，使人一目了然。比如对于中药保健可乐饮料的购买意向调查项目也可以这样开头："通过我们对某某保健饮料在某市消费者购买意向的调查，认为它不具备开发价值，原因主要从以下几方面阐述"。

③ 交代情况，逐步分析

先交代背景情况、调查数据，然后逐步分析，得出结论。如，"本次关于某品牌运动装的消费情况调查主要集中在北京、上海、天津、重庆，调查对象集中于中青年人群"。

④ 提出问题，引入正题

用这种方式提出人们所关注的问题，引导读者进入正题。例如，"从去年下半年开始，随着某品牌方便面的上市，各种合资的、国产的方便面如统一、白象、今麦郎、南街村等如雨后春笋般地涌现，面对种类繁多的方便面，作为上帝的顾客是如何选择的？厂家该如何在激烈的竞争中立于不败之地？带着这些问题，我们对西安市部分消费者和销售单位进行了有关调查"。

(2)调查研究方法

对调查的过程、时间、地点、对象,资料收集方法和抽样设计等做比较详细的说明。如,在抽样设计环节中,需要清晰表述抽样方法、样本量确定与分配、调查精度、质量控制、实施方法和实施过程等内容。主要包括:

①调查对象与范围

②调查方法

③调查内容

④调查问卷

⑤样本的结构

⑥数据处理方法

⑦数据处理工具的选择

4. 调查结果

调查结果是调查报告的主体部分,主要是将调查的结果报告出来,包括数据图表资料相关的文字说明。要对调查研究发现的基本事实资料进行有组织、有重点、层次分明地陈述。为便于读者更好地理解调查报告,可选择重要且简洁明了的数据分析图表插入相应的叙述内容中。调查结果可分成基本情况部分和分析部分。

基本情况部分要真实地反映客观事实,但不等于对事实的简单罗列,而应该是有所提炼。首先对调查数据资料及背景资料作客观的介绍说明,然后肯定事物的一面,由肯定的一面引申出分析部分。

分析部分包括原因分析、利弊分析和预测分析。原因分析对出现问题的基本成因进行分析;利弊分析对事物在社会经济活动中所处的地位、起到的作用进行分析;预测分析对事物的发展趋势和发展规律进行分析。

(1)统计图表编制的基本要求

统计图是用点、线、面等各种几何图形来表达统计数据和分析结果,从而更加直观生动地反映出事物间的数量关系。

① 统计图表编制原则

第 1,重点突出。一张表或一幅图一般只包括一个中心内容,内容较多时可以用多个表格、图表达不同指标和内容。

第 2,层次清楚。标目的安排及分组符合逻辑,便于分析比较。主谓分明,通常主语放在表的左边,作为横标目;谓语放在右边,作为纵标目。由左向右读,构成完整的一句话。若统计图表的主语项目少而谓语项目多或主语项目多而谓语只有一项,亦可将纵标目作主语、横标目作谓语,阅读时从上至下。

第 3,简单明了。一切文字、数字和线条都应尽量从简。

② 统计图的基本结构

标题,也就是图的名称。字体为黑体;字号比正文字体小 1 号;写在图的下方。

图号,若需要,可在图的标题的前面编写图的编号。

标目,注明横标目和纵标目的变量名称和数据单位;字体与正文段落字体一致;字号与图标题一致。

图形,不同颜色或图案的点、线、面等。

图例，如果需要，可以加图例，说明各种图形代表的数据类型。

图注，如果需要对图进行解释，可以在图标题下方加以说明。

③ 统计表的基本结构

标题，也就是图的名称。字体为黑体；字号比正文字体小 1 号；写在表的上方。

表号，若需要，可在表的标题的前面编写表的编号。

标目，用于说明表中数据的主体和属性名称；横标目，也称为行标目，在表的左侧一栏或两栏；纵标目，也叫做列标目，在表的上面一行或两行；字体与正文段落字体一致；字号与标题字号大小一致。

线条，尽可能少，不宜太多；顶线、底线需要加粗，两侧边线一般不要；内线要用细线。

数字，必须准确，一律用阿拉伯数字；每栏数字的个位要上下对齐，如果有小数位，同一指标小数点位数一致，位次对齐；表内不留空项，无数字用"—"表示，暂未记录或缺失数字用"…"表示，数值为 0 者记为"0"。

表注，如果需要表的有关事项补充说明，可以写在表的下方。

(2)常用统计图的编制

① 条形图(直方图)

条形图用于直观描述名称数据、类别数据、等级数据的次数分布情况。用等宽直条的长短表上相互独立的各项指标数量的大小。条形图可以分为简单条形图和复式条形图。

简单条形图用于描述一个样组的类别(等级)数据变量次数分布。复式条形图用于描述和比较两组或两组以上样组的类别(等级)数据的次数分布。各样组数量不等时，条形的长度或高度要根据数据的相对频率(百分比)来确定。

条形图的绘制要点如下：

第 1，一般以横轴为基线，表示各种被研究的事物或特征，纵轴表示各种被研究事物的相应指标。

第 2，表示指标数值大小的坐标尺度必须从 0 点开始，一般为等间距，中间不能折断，否则会改变各直条长短的比例，使人产生错觉。

第 3，各直条间宽度应相等，间隙宽度也应一致。间隙宽度一般与直条的宽度相同或为直条宽度的一半。

第 4，复式条形图以组为单位，每组内包括两个或两个以上直条，同一组内的直条之间不留空隙。直条表示的类别应有图例说明。

② 圆图(饼图)

圆图用圆的面积表示事物的全部，用扇形的面积表示各个组成部分所占的比例。圆图的绘制要点如下：

第 1，圆内各部分按事物自然顺序或百分比的大小顺序排列，一般以时钟 9 点或 12 点位置作始点，顺时针方向排列。

第 2，圆中各部分用线分开，各部分可注明简要文字和百分比，也可用不同颜色或线条表示，必要时用图例加以说明。

③ 线形图

线形图主要用于直观描述两个变量之间的函数关系，或某种现象在时间上的变化趋势，或一种变量随另一种变量的变化情况，适用于连续型变量。线形图中只有一条折线为单式线形图，有两条及以上折线，称为复式线形图。线形图的绘制要点如下：

第1，纵、横轴都是算术尺度。横轴表示动态的事物，如时间、年龄、浓度等，纵轴表示频数或频率等。

第2，纵、横轴尺度一般从0开始，也可不从0开始。纵、横轴长度的比例要适宜，避免给人以夸大或缩小的印象。一般纵横比例为5∶7左右。坐标内点的位置要适当，并用线段依次将相邻的点连接。一般情况下，不应将折线绘制成平滑的曲线。

第3，图中的线条不宜过多，以免影响观察分析。若有两条以上的折线条，要用不同颜色或线型（如实线、虚线、点线等）加以区别，必要时用图例加以说明。

④ 散点图

散点图用点的密集程度、趋势表示两个变量之间的关联关系。其绘制方法与线形图类似，只是点与点之间不用线段连接。

⑤ 统计地图

统计地图主要用于表示某种现象在地域空间上的分布根据不同地方某种现象的数值大小，采用不同密度的线条或不同颜色绘在地图上有助于分析该现象的地理分布特征，为进一步研究提供线索。

5. 结论与建议

(1)概括全文。经过层层剖析后，综合说明调查报告的主要观点，深化报告的主题。

(2)形成结论。在对真实资料进行深入细致的科学分析的基础上，得出报告的结论。

(3)提出建议。通过分析，形成对事物的看法，在此基础上，提出建议和可行性方案。

(4)预测未来。说明报告的意义所在。

6. 附件

附录是指调查报告中正文包含不了或没有提及，但与正文有关且具有科学价值的重要原始资料，有利于说明和理解调查报告，又可提供有用的科学信息。附录一般包括：调查问卷、访谈提纲、计算程序、复杂公式推导过程、计划进度安排等。

【思考与训练 6—7】

1. 市场调查问卷的设计是一件非常重要的工作，请问调查问卷设计的步骤有哪些？

2. 调查问卷质量的好坏直接影响到调查内容质量的高低，请问如何评估调查问卷的质量？

3. 电话调查有什么优缺点？

4. 调查通常需要抽样，如何科学合理地抽样？

5. 通过实地调查取得的原始资料，应当从哪几个方面进行审核？

6. 在市场报告的撰写过程中，需要查阅相关的文献资料。请问文献资料的来源主要有哪些途径？

7. 在众多的文献资料中，要有目的的进行选择，请问在选择文献资料时，需要遵循哪些原则？

8. 市场调查过程中，需要实地调查。请问实地调查有哪些方法？

9. 现在需要做一个过去从未接触过的电子产品的调查项目，请问选择何种方式进行？

10. 在市场调查过程中可能需要进行深度访谈，在访谈过程中，记录员需要记录访谈内容。请问记录的方法有哪些？

11. 市场调查主要有哪几个阶段？

12. 统计图的结构包括哪几个部分？

13. 统计图表的编制原则是什么？

14. 常见的统计图有哪些类型？

15. 如何正确选择统计图表？

16. 数据的故事化需要注意哪些事项？

17. 或许你想参加全国大学生市场调查与分析大赛，请选择一个新颖的调查项目进行调查，并撰写一份调查报告。

第八节 路演 PPT

一、路演 PPT 制作标准

路演 PPT 是商业计划书精髓的概括，是让评委能快速感知你的项目，并且对你的项目产生兴趣的必备要素。因此，路演 PPT 一定要有理有据、条理清楚、内容完整、逻辑通顺。在制作项目路演 PPT 的时候需要遵守以下标准：

第一，主题：重点突出、内容可靠、数据说话。

第二，结构：逻辑清晰、结构合理、层次分明。

第三，形式：文字精炼、图文并茂、界面简洁。

优秀路演 PPT 具备的特质是讲述一个令人信服且逻辑通顺的故事、通过实验和研究数据有力验证的商业模式、经过充分研究推导出的明确融资金额。

古时候人们用十六两来作为计重单位，起源于一个故事。我们的先人观察到北斗七星、南斗六星，再加上旁边的福、禄、寿三星，正好是十六星。其中，福、禄、寿三星分别主一个人一生的福、禄、寿。据说，做买卖的人在称东西时如果短斤少两，都要受到惩罚。卖东西少给人一两，福星就减少这个人的福；少给二两，禄星就给这个人减禄；要少给三两，寿星就给这个人减寿。

十六两看上去是没什么科学依据，但是故事编的好，感觉很有道理。看完之后，大家的注意力都不在意这个十六两的科学依据，而只在乎如果缺斤少两会受到惩罚，大家就愿意接受这个东西。

创新创业项目路演的故事也要尽量达到这个效果。有情怀、有社会责任感且逻辑通顺，能够解决问题的故事就是好故事。

二、路演 PPT 制作过程

路演 PTP 的制作过程应遵循的流程：首先，确定主题、确定内容；其次，确定讲述顺序、填充具体内容；最后，排版设计美化。

（一）确定 PPT 主题和内容

根据路演对象设计 PPT 的风格和内容；根据路演时长设计框架和页数；根据路演思路确定逻辑关系。

（二）确定讲述顺序和填充内容

路演的目标是讲清楚、说服力，形式可以多样化，不必局限。一份完整的 PPT 至少应包括：封面页、结束页、市场分析、产品服务、竞争分析、风险分析、发展规划、财务状况、商业模式、创业团队等。一般而言，逻辑顺序为，背景（市场痛点）→技术（竞争优势）→竞品分析（优劣对比）→成果（产品）→营销（商业模式）→财务（预测、报告）→团队（成员、顾问、专家）→愿景（使命）。

以制作一份时长 5 分钟的中国国际“互联网＋”大学生创新创业大赛路演 PPT 为例，来讲其基本结构和内容。现实中，需要根据比赛所规定的演讲时间适当调整页数和内容。

第 1，what—你要做什么

第 2，why—行业与市场现状

第 3，how—如何做，做的如何

第 4，how much—财务与融资

第 5，who—你的团队

1. 封面——开门见山

封面的目的是用一句话把项目说清楚，用最大的亮点引人入胜。

元素：项目 logo 和名称；一句话描述。不需要写路演者姓名、联系方式、所在学校，因为评委手上都有项目清单，这些信息都是多余的。

2. 要做什么——项目概况

用一两句通俗、简洁的话讲清楚项目准备做什么事情。要发挥专业特长，专注聚焦，专注解决某件事情的某个方面，不要追求大而全。注意：

（1）页数一般 1—2 页；

（2）最好能配上简单的产业链上、下游图，让评委和观众对要做的事情一目了然；

（3）不要整页 PPT 用大段的文字。

案例 6.3 “星网测通”项目概况

第六届中国国际“互联网＋”大学生创新创业大赛全国总决赛冠军项目星网测通的项目概况：卫星互联网是重要的太空基础设施，由成千上万颗通信卫星组成的新型互联网。2014 年，埃隆·马斯克和他的星链项目带领全人类大踏步地进入了太空 WIFI 时代。我所从事的测量是卫星的“体检”，是卫星互联网建设和运用中至关重要的一个环节。在卫星制造中、发射前、在轨运营后都要测。没有测量，卫星出不了厂，上不了天，也发挥不了作用。

3. 为什么——行业与市场现状（痛点需求）

讲清楚项目相关的行业背景、市场发展趋势和市场空间。行业市场分析要具体，避免空泛论述，具有针对性，与项目密切相关。描述在目前市场背景下，发现了一个急需解决的市场痛点，表明本项目是在正确的时间做正确的事情。项目痛点需求要有理有据有力度。可以从政策、市场、行业、用户等方面着手分析，用数据清晰地展示出项目痛点。

如，第六届中国国际“互联网+”大学生创新创业大赛全国总决赛冠军项目星网测通分析了行业背景。首先，卫星互联网，为全球用户提供随时随地的宽带网络服务、导航增强服务。其次，2020年，国家发改委将卫星互联网纳入“新基建”范围。再者，卫星互联网元年，计划发射的商业卫星超过4000颗。最后，卫星在制造中、发射前、在轨运营后都需要测量。

同时，指出了市场痛点。一是通信场景多，通用设备功能弱。如，中星1A需要15台不同的测量设备，即便这样也会出现测不了的现象。二是测量流程长，通用设备效率低。如，天通1号需要180天的测量期，错过了发射的窗口期，导致测不快。三是产线规模大，通用设备价格高。如，中星2A测量成本超6千万，导致测不起。

4. 怎么做——产品服务、商业模式

针对痛点需求，项目提供的解决方案——产品服务是什么，以及推广策略等都可以在这部分介绍。商业模式介绍上，能用图示表达的一定要用图示，简单清晰，一目了然。不要用大段文字描述，也不要为了凸显“高级”而将商业模式复杂化。

如，“星网测通”团队花了12年时间，主持研制了三大设备，包括研制了宽带链路测量仪，可实现9种测量模式的柔性测量，用一台设备就能测数百个场景；发明了参数矩阵测量仪，实现了109个收发通道的全并行测量，确保精度的同时，将效率提升了100倍；还推出12分量模拟源，实现了20余种波形的低复杂度测量，将成本降低至了90%。团队成果已支持包括北斗、天通、中星等多颗卫星的研制工作。“星网测通”项目打破了国外对我国航天领域测量技术的严格封锁，解决了制约我国通信卫星发展的“卡脖子”问题。

用B2B模式为商业航天用户提供一体化解决方案。一是设备定制化服务，二是提供测量服务，包括卫星状态监测、软件许可更新。

5. 谁来做——团队介绍

项目是靠人来执行。要讲清楚项目团队的规模和构成，让评委知道是团队，而不是你一个人执行项目。同时，让评委相信你的团队能够实现项目的目标。

(1)页数一般2页左右；

(2)团队主要成员的分工、背景和特长。重点介绍项目负责人，突出亮点；

(3)强调个人能力适合该岗位，团队的组合适合该项目；

(4)科技成果转化项目，必须说明成果的专利权人、发明人与团队的关系。

6. 做的如何——项目现状

项目现状要有图、有数据、有进度。使用图片或具体数据等对项目现阶段取得的成果等进行展示，能让评委直观地了解截止到目前项目的开展效果，以及现阶段项目的情况。如，第六届中国国际“互联网+”大学生创新创业大赛总决赛冠军项目星网测通的PPT充分展示了项目的现状：服务了神舟载人航天飞船、天通卫星移动通信、北斗卫星导航系统等重大工程项目，为宇航员和地面间天地通话，提供热真空下唯一可行的链路测量手段；将天通一号的测量时间从180天缩短至7天，保证了卫星按时上天；填补时延差测量手段空白，确保时间精度达皮秒级，并且与航天科技集团、航天科工集团达成合作意向，金额高达2.7亿。

7. 发展规划

用文字和图表描述项目未来3—5年的规划，证明项目未来发展思路清晰、切实可行。

8. 财务与融资

目前项目的财务状况，适当展示当前的财务数据、现金流量图。融资计划：未来1年的财务预估，资金用途；如果项目非常成熟，可以写3—5年的融资计划。应说明资金的用途是研发、市场开拓、生产设备或其他投资，计划募集多少资金。同时说明你愿意提供多少股份。财务分析、股权架构、财务分析、项目风险、退出机制等可以不讲。

9. 附件

用专利证书、检测报告、合同、合作协议等，说明你的项目获得了权威机构认可、专家认可、合作伙伴认可、投资人认可，证明所说的内容的真实性。

（三）PPT排版、设计、美化

一般而言，PPT排版的最基本原则：字不如表、表不如图，能用图，不用字。对PPT的尺寸要求是：宽屏显示器4∶3，投影仪16∶9。

1. 排版原则

重复、对齐、对比、亲密这四个原则将复杂的PPT设计原理高度凝练，非常适合初学者使用。

（1）重复原则

PPT中一些元素，如文字、图案、颜色、空间关系可以在整个设计中重复出现，让视觉要素在所有页面中重复，以实现风格统一。

①一致的模板。根据主题选择、设计合适的模板，切忌随意套用他人模板。

②一致的版面。避免使用复杂或延时较长的动画效果。

③一致的字体。PPT没有严格的字体、字号和行间距的要求，首先要确保“看得见”，即字号不宜太小，也不宜过大。通常选用无衬线字体，1—2种字体就足够了。不要使用标新立异的字体，常用推荐字体有黑体、微软雅黑。其中，黑体庄重，适合标题，容易识别；微软雅黑圆润，适合正文，视觉舒服。同时，PPT中的字数不宜过多。可以通过以下方式精炼字数：

第一，寻找关键字词，把它们提炼出来。项目展示时，仅仅展示关键字词，剩余部分讲出来。

第二，把握好字不如表，表不如图的基本原则，多用数据、图表与文字结合，甚至直接用图片。

第三，在同一页PPT中，尽量不要出现2个句子在一起，多用字词。

④一致的配色。色系包括暖色系和冷色系两种。暖色系的特点是，热烈、活泼、容易刺眼。整部PPT使用暖色系需要非常慎重，因为暖色系容易引起视觉疲劳。但是，暖色系善于营造受众的视觉冲击。冷色系：冷静、严肃、低调奢华。整部PPT使用冷色系让人舒服，但容易让人感到乏味，所以需要搭配一些冷暖之间的过渡色进行调剂。

PPT用颜色的基本原则：

1）重视视觉感受（舒服，浑然天成；不突兀、不刺眼）；

2）符合逻辑（不同章节不同颜色，同级标题同颜色）；

3）符合颜色的象征意义（红喜庆、绿健康、蓝科技）；

4）每页颜色不宜超过 3 种(图表色可以稍稍灵活)；

5）整体风格一致。

(2)对齐原则

对齐决定了一个页面整体的统一视觉效果，当页面有多个元素时，可以通过对齐的处理方式，来使页面中的内容产生逻辑联系，这样才能建立一种清晰、精巧而且清爽的外观。

①对齐方式

在 PPT 中，页面布局中最常用的三种基本对齐方式为：左对齐，居中对齐和右对齐。其中，左对齐是最常见的对齐方式。版面中的元素以左为基准对齐，简洁大方，利于阅读，PPT 中常用于正文过渡页。居中对齐则是将版面中的元素以页面中线为基准对齐，给人一种大气与正式感，PPT 中常用于封面和结束页。右对齐是将版面中的元素以右为基准对齐，阅读较慢。右对齐常见到的是在一些小的细节中。

那么，在 PPT 中对齐命令在哪里呢？我们只需点击【开始】—【绘图】—【排列】按钮，在弹出的快捷菜单中选择“对齐”命令，在子菜单中选择需要的对齐方式即可。

②需要对齐的内容

在 PPT 中需要进行对齐的内容主要有哪些呢？通常有文字对齐、图片对齐、元素对齐三种类型。

1）文字对齐

对齐在文字排版设计中是一 adm 必须掌握的技能。想让一个设计看着舒服，得先做好文字对齐，如图 6.1 所示，对页面中的文字统一运用了左对齐方式。这种左对齐的方式比较符合人们的阅读习惯，可读性较强。

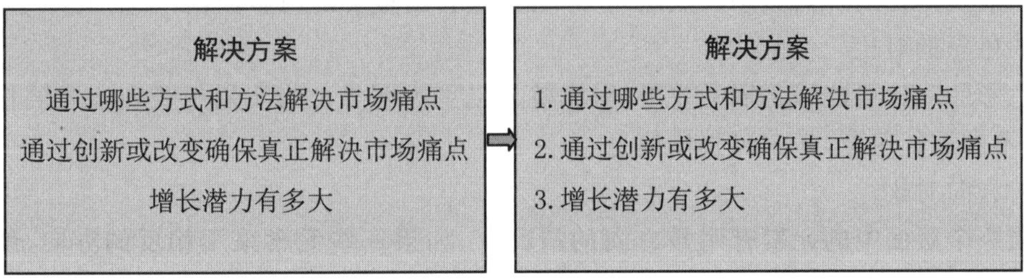

图 6.1　文字对齐示例

2）图片对齐

在制作 PPT 时，离不开图片的应用和排版。当页面上存在多张图片时，如何使其达到最佳的视觉展示效果？最简单的方法即是对齐图片，使页面整洁明了。值得注意的是，在不同的情况下，我们可以采用不同的对齐方式。

3）元素对齐

一个页面中，会有很多小元素，如图标、形状、标点符号等，元素过于随意摆放，没有规律，会让页面杂乱无章，而元素对齐可以让整个页面井然有序。

此外在排版时，要注意以下事项：

第 1，在 PPT 中，文本是不能脱离文本框存在的。

第 2，PPT 中的文本框就是形状，只不过默认的设置不同而已。任何文本和形状在进行格式设置的时候，设置窗格包含的选项都是一致的，既可以设置文本选项，也可以设置形状选项。

第 3,文本框是透明无边框的矩形,我们可以通过设置形状格式来设置文本框矩形的形状属性;相反,我们也可以通过插入形状来当做文本框编辑文字。

3. 对比原则

对比是增加视觉效果的最有效的途径之一,很容易吸引观众的眼球,同时也能清晰地起到区分的作用。对比包括:

①同等关系对比

同等关系对比就是将两个相同的元素依照居左居右,居上居下排版,主要是通过角度位置来产生不同的对比效果。

②平移对比

将版面中相同的元素进行平移排版,这种对比方式一般使用在同类信息的归纳中,可以让人直截了当地看出信息内容,还可以通过颜色或其他元素来加深对比效果。

③对称关系对比

这种对比类似于对称、旋转之类的对齐方式,确立版面中的某个点,其他元素围绕这个点进行排版布局,可以对整个版面起到一种调节作用。

④形状比例对比

不同的形状给人的感觉也不相同。在一个版面中使用不同形状得到元素,不仅可以让整个画面看起来更有动感,而且能避免版面的单调。

⑤大小关系对比

一大一小两个元素,我们的视觉焦点会先落在大的元素上,其次才是小的元素,大小对比一般使用在图片与文字的层次划分中,首先突出重要的内容,然后才是次要内容。

⑥色彩的对比

色彩的对比更能强化视觉效果,对比效果也更为明显。当我们想要表达主要信息的时候,不妨添加色彩,来突出整体信息。

⑦方向对比

当一个版面中的元素有明显方向的情况下,如果一些元素采用相反的方向,就会产生方向上的对比,这种对比一般常用在竞争双方,或者产品对比中。

如,文字对比方式:加粗字体、加大字号、改变颜色、加下划线、更改背景等方式。PPT 中尽量避免出现单一色块的图表或图示,可以通过适当运用色彩区别不同的版块内容,或突出强调某个版块的内容。

(4)亲密原则

亲密原则是指相关内容是否汇聚、段落层次是否区隔,文字内容是否精炼、图片文字是否协调。如果页面太过拥挤,那就适当缩小字号后再将段落拉开,然后通过添加编号或者通过首字的字号增大将其明显区分开来;当条目较多时,将内容分栏或者列表;通过设置相同的颜色,观众可以自然而然地从首字读到后面的句子。

PPT 的页面要做到尽量少用文字,这就需要我们精炼文字。文字精炼可以按照以下步骤进行。

第 1,修饰:根据页面内容,通过添加序号、小标题、变换色块等“修饰元素”,增强页面的层次感。下面举一个例子(见图 6.2)。

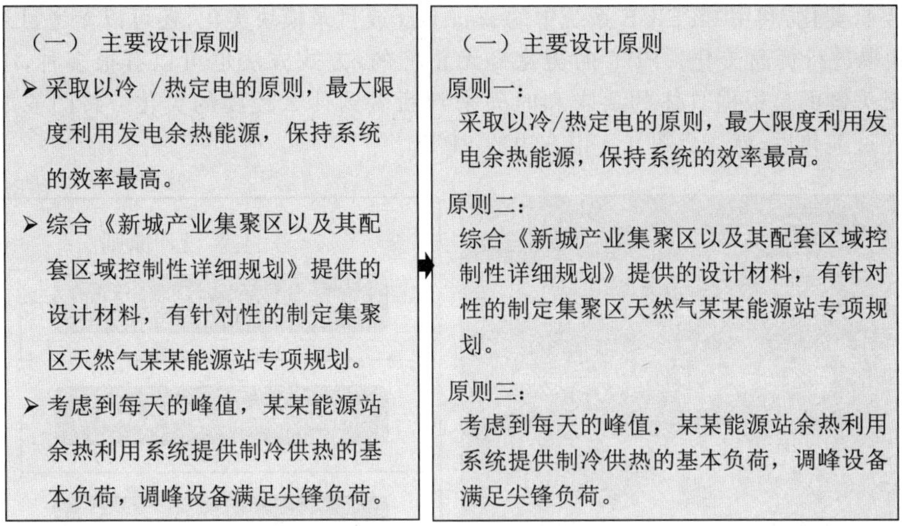

图 6.2　修饰方法示例

第 2，删减：删去不必要的文字，精简内容，尽量一句一行，增强可读性。PPT 不是 word 文档，不能把所有的文字内容都放上去。删减文字时遵循两个基本原则，一是删减不必要的形容词，多使用动词或名词；二是指代名词只留一个，只留必要的内容。请看一个例子(见图 6.3)。

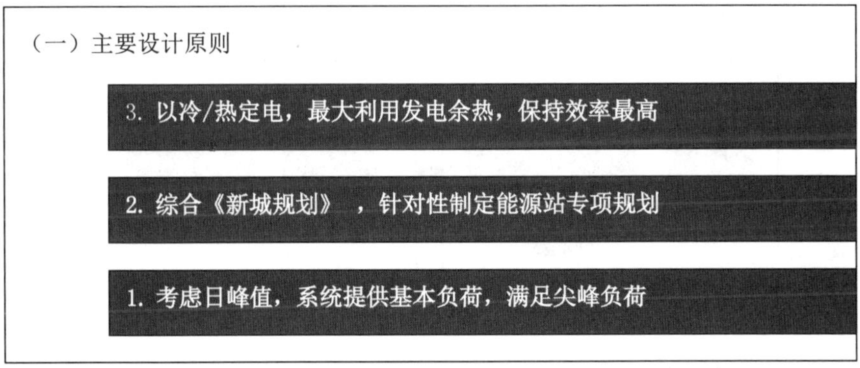

图 6.3　删减方法示例

第 3，提炼：提炼短句表达观点，调整文字长度，尽量文字长短一致。下面给一个示例(见图 6.4)。

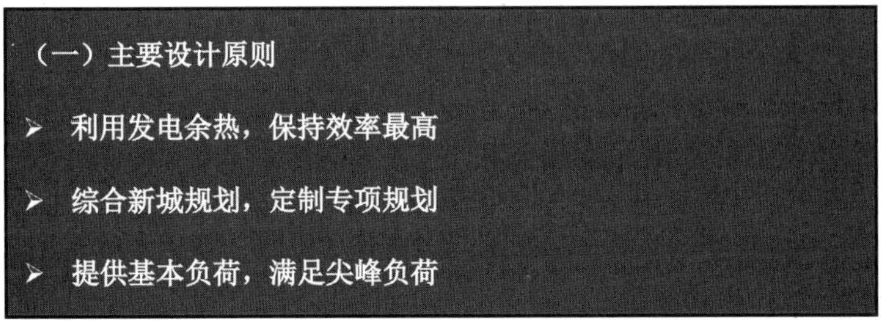

图 6.4　提炼方法示例

第 4,美化:利用 OFFICE 系统中的 smartart 或目录模块美化,还可以参考目录美化的方式来进行页面美化。PPT 的美化是无止境的,方式方法也可以有很多种,工作型 PPT 最关键的是根据具体的要求和时间来判断做到什么程度的美化。将图 6.3 中的 PPT 经过美化后,就变成图 6.5 中右边的 PPT。

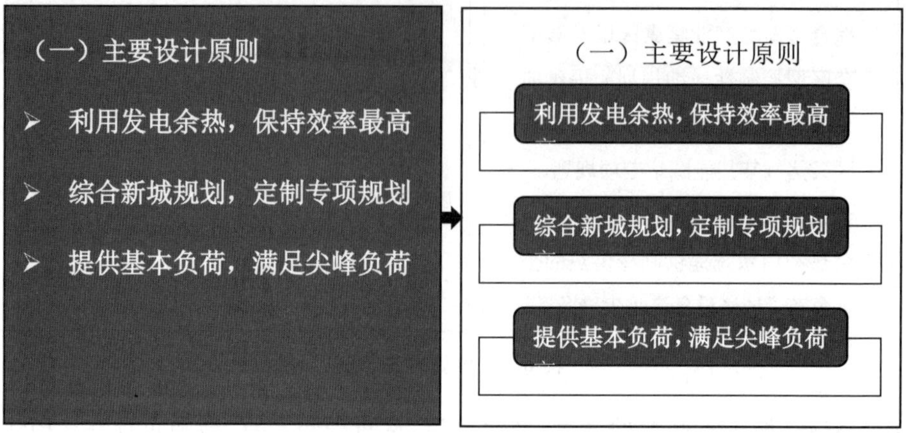

图 6.5　美化方法示例

第 5,图文和谐:使用图表的常见误区有饼图分割无序、折线图线条不连贯、数据扭曲、条状图太胖或太瘦,这些都是需要注意的问题。图 6.6 中,左边的数据对比就不和谐,应该调整为形如右边方框中的图形。

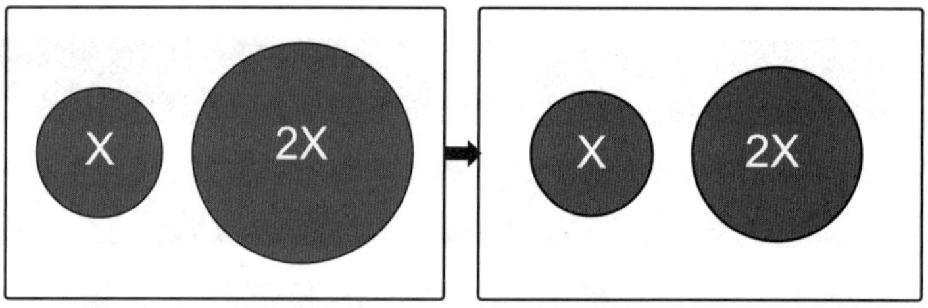

图 6.6　数据图正常化示例

【思考与训练 6－8】

1. 设计、排版和美化项目路演 PPT 的原则是什么,方法有哪些?
2. 请制作一份创新创业大赛项目路演 PPT。
3. 怎样精简 PPT 页面中的文字?
4. 项目航空航天演 PPT 是否是文字越少越好?
5. PPT 的模板怎么设计?
6. PPT 中,颜色的使用应注意哪些事项?
7. PPT 中文字的字体选择时应注意什么事项?
8. 为什么在 PPT 中尽量少使用动画?

第九节　项目路演

一、路演的概念

路演是指在公共场所进行演说、演示产品、推介理念以及向他人推广自己的公司、团体、产品、想法的一种方式。通过现场演示的方法，引起目标人群的关注，让他们产生兴趣，最终达成路演者的预期目标。

项目路演要在规定的时间内，项目负责人在公众场合运用路演的方式向观众讲解自己的项目，包括产品或服务、商业模式、营销策略、生产计划、发展规划、融资计划、财务状况、项目团队等，把自己和项目或公司推销出去，是创新创业大赛、项目融资、展示的重要手段。

项目路演一般现场公开打分，具有观赏性，有助于营造创新创业氛围。因此，项目路演和答辩已经成为中国国际“互联网＋”大学生创新创业大赛、“挑战杯”全国大学生课外学术科技作品竞赛、全国大学生市场调查与分析大赛等大赛必不可少的竞赛环节。

二、路演的环节

现场路演主要包括入场、展示、答辩、退场共四个环节。

(一)入场

场地的结构决定了所要采用的展示手法和路演同学在台上的走位和站位。因此，路演之前一定要事先了解场地。如果在大型场地，如广场、大型报告厅进行路演，要充分运用丰富的肢体语言和相对大声地激情演讲。相反，如果在小型场地内进行路演，则需要运用幅度较小肢体语言和对话式地娓娓道来。同时，入场之前还应注意以下事项：

1. 调试设备

检查设备能否工作，性能是否良好；熟悉设备的使用方法，确保路演时一切正常。如，电脑能否读取数据、能否播放视频、能否打开 PPT；投影仪是否存在色差；麦克风的音效是否正常、音质是否良好；翻页笔的翻页功能是否正常、速度是否正常、激光是否正常；优盘读取数据是否正常等等。

2. 注重着装

得体的着装是对自己、评委和观众最基本的尊重，并直接关系到整个路演过程的气氛。着装的基本要求：得体大方、干净整洁、风格符合项目特征，不随意也不要太过正式。

男生着装西服搭配皮鞋、衬衫或西裤，切忌穿短裤或拖鞋。女生可以选择穿职业套装，如果穿裙子，最好裙子过膝，切忌浓妆艳抹。

3. 预设突发事情的处置方案

在路演过程中，可能会遇到一些突发的小问题。如，PPT 卡顿、视频无法播放、麦克风没有声音、翻页笔无法翻页。这时，应及时与工作人员取得联系，快速处理，切忌慌张。

即便在中国国际“互联网＋”大学生创新创业大赛全国总决赛冠军争夺赛中，也会出现类似的突发情况。如，第五届中国“互联网＋”大学生创新创业大赛总决赛冠军项目“清航装备”路演中，出现了视频无法播放的情况；第六届中国国际“互联网＋”大学生创新创业大赛全国总决赛冠军项目“星网测通”路演过程中，出现了 PPT 卡顿现象。

4. 入场后注意事项

入场后，不要马上开始项目展示。在正式计时开始之前，给评委和观众要预留一定的时间，目的是引起评委和观众的注意。先观察评委是否仍在讨论上一个项目或低头看材料，通过静候或提问唤醒评委进入到自己的项目路演中。然后，向主持人确认开始计时时间。一切准备就绪后，告知主持人可以开始展示了，得到主持人确认后，计时正式开始，进入项目展示。

(二)项目展示

项目展示是路演的核心环节，直接影响到项目的最后得分。展示环节的准备工作包括时间分配、内容精炼、展示手段、精神面貌等四个方面。

1. 展示时间

一般来说，路演展示时间为 5 分钟或者 10 分钟，不包括答辩时间。如，中国国际“互联网＋”大学生创新创业大赛总决赛、“挑战杯”全国大学生课外学术科技作品竞赛终审决赛项目展示时间都是 5 分钟。也有展示时间为 10 分钟的大赛，如全国大学生市场调查与分析大赛全国总决赛。项目讲解人数以 1 个人的最为常见。展示用时与规定时间一致或提前几秒结束为最佳。如果超时，会被主持人当即叫停。例如，第五届中国“互联网＋”大学生创新创业大赛全国总决赛冠军项目“清航装备”路演展示超时，被主持人当即叫停。因此，在项目展示之前，一定要合理规划时间分配方案，做到胸有成竹。

2. 展示内容

路演之前一定要准备讲稿，熟读背诵文稿是路演的基本要求。路演者根据讲稿内容，才能选择合理的表达方式和节奏进行路演，向评委展示项目的精华。准备讲稿可以按以下流程进行：

首先，明确展示时间的时长是 5 分钟还是 10 分钟；其次，确定好讲稿大纲，主要包括开场、主要内容、结尾共三个部分；再者，分配模块时间，根据项目实际情况，合理分配各模块时间；最后，撰写演讲词，要与 PPT 呼应，突出亮点。

展示过程中，要把控好节奏，特别是以下环节尤为重要。

开场时，开门见山，放出去，言简意赅，直奔主题。值得注意的是，开场不要平铺直叙，也不要说“感谢您在百忙之中，抽出时间参加我们项目的路演”等多余的话。

过渡时，自然进行，顺下去，不要刻意强调各模块标题。

重点内容讲解时，亮点突出，抑扬顿挫，把控全场，赢得关注。

结尾时，表达愿景，收回来，引起共鸣。结尾不要过于简单。如，“我的演讲到此结束，恳请各位专家批评指正”。下面举两个实例。

案例 6.4 “中云智车”项目展示的结尾部分

第四届中国“互联网＋”大学生创新创业大赛全国总决赛冠军项目“中云智车”的展示结尾部分是这样的：我们的愿景是在民用领域定义未来无人车的主机场，在军用领域做中国未来的洛克·希德马丁。我们这个团队过去曾多次为国征战。我们队服的袖标上曾经十几次印上五星红旗。战必用我，用我必胜，也是我们北京理工大学刻在骨子里的军工基因。但是，汽车，堂堂的工业之王，在过去的 100 年时间里，它的理论、技术和产业链格局没有一样是我们中国人所定义的。我们总讲弯道超车，实际上，无人车给了我们国家的汽车工业实现弯道超车的最好机会，因为它的理论、技术和产业链格局和传统汽车完全不一样，这是一个完全新的历史机遇。那么，在未来让这一切，都是由我们中国人所定义的。这是我的梦想，也是我们团队的梦想，更是我们这一代中国汽车人的梦想。谢谢，谢谢大家！

再如，第六届中国国际“互联网＋”大学生创新创业大赛全国总决赛冠军项目“星网测通”的展示结尾部分是这样的：今天我非常荣幸能站在这里代表中国的航天人，代表所有工学的女博士，也代表所有走在创业路上的巾帼们，说出我的梦想：让我们不让须眉，让世界见证卫星互联网测量的中国力量，谢谢大家！

3. 展示手段

展示手段主要有PPT、视频、实物、宣传品等。如果在展示过程中，需要放视频，要根据项目需要和时间节点，合理安排视频播放时间。一般而言，开头播放视频可以吸引评委的注意力，引起共鸣；中间环节播放视频可以对讲解的内容起直观补充作用，加深印象；结尾部分播放权威专家对项目的评价，可以提升项目的说服力。

实物展示的作用是增加真实性，提高可信度。但是，实物外观不美，功能与宣传不符，会适得其反。宣传品主要包括海报、宣传册等。

4. 精神面貌

路演中，良好的精神面貌会带动现场气氛，给项目增添色彩。可以从眼神、表情、手势、语言、站姿等方面进行强化训练。

眼睛是心灵的窗户，它能表达出人们最细微、最精妙的内心情思，传达最真切的内心感受。路演时，将目光定位在评委的眉宇之间，不时与评委进行足够的眼神交流。

表情自然，发自内心、自然的感情流露；与演讲的内容相配合，勿表情呆滞；切忌故作笑颜，弄巧成拙。

多用手掌少用手指，运用手势时请勿挡住与他人进行眼神接触。

语音方面，发音清晰、流畅；避免口头禅；不要含糊吞音、拖腔。语速适中，必要时可以变化语速。阐述内容用正常语速，阐述主要信息时可以适当降低语速。演讲时，语调抑扬顿挫、停顿恰到好处、音量高低变化，将评委的注意力牢牢的吸引到项目的路演中。

记住始终面向观众，避免出现死亡角度；不要遮住PPT、挡住观众的视线；挺直地站立，两脚的间距请勿过大。

（三）路演答辩

一般路演过程都包含答辩环节，即评委提问、路演者回答，有时候也包括评委针对项目提出的意见和建议。为了在答辩环节中表现出色，给项目加分，路演同学需要做以下准备：了解评委、挖掘问题、理解问题、回答问题、掌握答辩技巧、保持积极心态等。

1. 了解大赛评委

创新创业大赛的评委一般由不同领域的专家学者如投资人、企业人员、高校教师组成。不同类型的评委关注的焦点各不相同。熟悉评委的背景和经验，做到“知己知彼，百战不殆”。

投资人主要关注团队经验、应用场景、市场容量、盈利模式、股权结构等方面的内容，主要针对这些内容提问。企业家侧重针对竞争分析、营销策略、发展规划等内容提出问题。高校教师主要关心创业计划书的完整性、逻辑性、科学性和创新性。

2. 深度挖掘问题

路演之前，充分挖掘项目可能存在的问题，掌握回答常见问题的基本策略。同时，从不同视角、不同维度发现问题，尽可能做到有备而来。路演答辩环节，评委通过提问主要是想了解两点：一是路演里项目没说明白，但是和评审要点相关的重要内容；二是验证项目及团队的真实实力。

创新创业大赛评委提问的主要是依据评审要点，大家备赛时一定不要脱离自己赛道的评审要点备赛。如，中国国际“互联网＋”大学生创新创业大赛通常情况下，评委主要从项目的创新维度、商业维度、公益维度、团队维度、可持续性维度、实效性维度、教育维度、带动就业维度考察项目质量的好坏。

(1)考察创新性

①项目在商业模式、运营模式、营销策略等方面进行哪些创新，创新成果如何？

②项目产品是团队自主研发的吗？做它的动机是什么？

③与市场上已有的竞争产品相比，你们的产品有何竞争优势？

④项目产品是否存在替代品，技术壁垒又是什么？

⑤项目解决了什么市场痛点，客户的哪个需求是别人没满足，但是被你们满足了的？

⑥取得了哪些专利？核心专利是什么？专利获得授权了吗？

(2)考察商业性

①为什么项目能做成？有多大的把握？有哪些资源支持？

②项目的核心优势是什么？核心竞争力是什么？

③项目的收入来自哪里？财务报表制作依据是什么？

④营销策略是什么？价格、销售、推广、渠道、文化、故事等目前哪个渠道取得了哪些成效？

⑤销售额最高的是哪个产品？利润额最高的是哪个产品？

⑥哪个产品和服务的收益可复制？高增长？

⑦之后几年如何保障持续增长和稳定收益？

⑧覆盖了多少客户？客户是否有复购？是否愿意为你们推广产品？转化率多少？

⑨产品成本构成？收益是否覆盖成本？

⑩市场规模多大？如何估算的？

⑪融资及出让股份怎么算的？

⑫项目目前处在什么阶段？做到什么程度了？项目何时盈利？何时收支平衡？

⑬是否成立公司？是否交税？是否发工资？

(3)考察项目团队

①项目团队有多少人，具体分工如何？

②团队的决策机制是怎样？

③举例说明团队成员在项目中的贡献度。

④在这个项目中你负责什么？参与项目多长时间了？

⑤你的项目团队有哪些优势？在项目中怎么体现的？

⑥团队具备的资源和能力是否能支撑项目后续发展？

⑦项目的权益结构和股权结构是怎样的？
⑧外部专家等对项目的支持情况如何？
⑨毕业后你们还会做这个项目吗？
(4)考察公益性
①这个项目的公益性具体体现在哪里？
②项目服务了多少人？有多少人从中受益？
③如何让更多人从项目中受益？
④项目的服务模式是怎样的？有何优势？
⑤项目落地过程中有风险、阻力吗？如何克服？
(5)考察可持续性
①如何解决项目持续发展中的资金和人员问题？
②项目是否复制到其他地方？是否具有示范效应？
③项目是否形成了成熟的运营模式？是怎样的？
④项目可持续性具体体现在哪里？
(6)考察实效性
①项目对地方经济社会发展的贡献是什么？
②项目进行前后，当地最大的改变是什么？有无数据证明？
③当地人是如何评价你们的？
④引入了哪些社会资源？
(7)考察引领教育
①请谈一谈在校期间，你是如何想到要做这个项目的？
②做这个项目，你最大的收获和成长是什么？
③做项目的过程中，你应用了哪些所学知识技能？解决了什么问题？
④团队成员都是哪些专业？有何特长？
(8)考察带动就业
①项目中直接就业和带动就业的数字是怎么算出来的？
②目前有多少员工？
③项目间接能带动多少人就业？带动的是哪些人？

同时，请教投资人评估项目、请教专家学者提供答辩思路、请教创业者分享创业经验、团队成员提供答辩问题，发掘项目可能存在的问题，回避项目劣势。

3. 正确理解评委提出的问题

答辩过程中，正确理解评委的提问是回答问题的前提，在此过程中，可以从以下三个方面入手。

第一，仔细聆听。听清评委的问题是前提，领会评委的用意是核心。

第二，主动确认。如果评委提出多个问题，在回答之前最好跟评委确认问题的个数，以免漏答。

第三，善于请教。如果问题的确没有听清楚，请评委重复一遍；如果问题难以理解，先按自己的理解把问题复述一遍，请评委确认。

4. 诚恳回答评委的提问

用谦虚的态度、简洁的语言，如实回答评委的提问，确保回答的内容真实可信，切忌任意编造或答非所问。对于有准备的问题：简单精炼，干净利落地回答；无准备但会回答的问题：快速整理思路，有逻辑地回答；无准备且不会回答的问题：放平心态，虚心请教。

针对会回答的问题：充满自信，以已发生的事实为依据，以运营数据为支撑，有理有据、条理清晰、言简意赅地作答。问啥答啥，请勿拐弯抹角，浪费时间，以致评委反感。

针对不会回答的问题：如果这个问题正在考虑，暂时还没有想清楚、没有明确的思路，可以简单谈一下自己的想法；如果这个问题从未考虑，或者考虑过但是对自己是一个挑战。首先感谢评委；其次，虚心地向评委请教，给一些建议或希望台下能向评委学习，化解危机，获得好感；最后，表示今后要深入研究，切忌编造、答非所问。也不要不回答，避免冷场。

5. 积累答辩技巧

如果在日常学习中，积累一些路演答辩技巧，或许会使一些问题迎刃而解，增强信心，提高路演答辩成绩。

(1)对待评委要尊重

首先，路演同学要以一种学习者的身份和定位，虚心听取现场评委的意见和建议。

其次，如果评委的问题比较刁钻或其意见与你相左时，不要直接反驳，甚至狡辩。先要肯定、感谢评委的宝贵意见。若时机成熟，可以提出自己的看法，增强评委对项目的了解和认可。

(2)预设问题要巧妙

有时候在展示环节，抛出 1—2 个精心设计又看似漏洞明显的问题，引导评委提问，会起到“出奇制胜”的效果。如果评委提出的问题就是你早已设计好的问题，不仅对答如流，而且能答到点子上，这样成功的机会就会大大增加。

案例 6.5 “星网测通”项目巧妙预设问题

第六届中国国际“互联网+”大学生创新创业大赛全国总决赛冠军项目“星网测通”答辩中，评委问道：“你刚才说你这个团队研发已经超过十二年了。我好奇地问一下，十二年前你在哪里?”

路演同学回答道：十二年前，我刚刚完成本科毕业设计。其实，这个十二年是有故事的。因为起点是 2008 年，我的毕业设计题目选择了卫星，因为那一年发生了汶川大地震。当时地面通信设备全部毁坏，重灾区与外界的联系只能靠我们的解放军战士背着的卫星电话。这个事情深深地震撼了我，我跟到导师说，我一定要做与卫星通信相关的题目。因为，我希望将来我们的国家在应急的时候，有通信的链路建立起来。这是我作为一个通信人的梦想和骄傲，所以我就干这一行了。

路演同学在展示环节巧妙的设计，正好评委问了这个问题。路演同学讲述一个极具感染力的故事，获得了评委的高度认可和赞许。这个故事也充分体现了路演同学的家国情怀和使命担当。

(3)互动距离要安全

在答辩互动环节，根据现场空间格局，与评委之间保持合理的互动距离是十分必要的，不宜太近或太远。一般情况下，路演者站立，评委是坐着的。如果距离太近，很容易让评委感到压抑。距离太远，不利于沟通交流，沟通双方无法清晰地获得信息，影响互动效果。同时，让人觉得你不够重视评委。

(4)赛前训练要刻苦

科学规划练习方案，包括练习时间、次数、步骤和方法。通过赛前的刻苦训练，最终实现时间符合标准，内容重点突出，语言简洁明了。

练习步骤分为“三段三度”，即根据准备期的前中后三个阶段，分别侧重训练内容熟悉度、内容流畅度、内容理解度。

赛前模拟答辩，团队成员扮演路演同学和评委老师的角色，互相提问和点评。问题越多、越全面、越尖锐越好。

前段：内容熟悉度，就是对基本内容非常熟悉。中段：内容流畅度，就是能够将所有内容串成一条线，有了这条线，即使出现忘词，也知道后续要大概讲的内容是什么，可以做到随机应变。后段：内容理解度，就是想办法做到把难的东西简单化、简单的东西有趣化。

6. 保持积极的心态

俗话说：“苦练七十二变，笑对八十一难；面朝大海，春暖花开”，这表明积极的心态是决定事情成败的重要因素之一。无论是赛前准备，还是路演答辩，一定会遇到很多困难和问题。面对困难，需要保持乐观、积极向上的心态，坚定信念，持续奋斗。心态不仅影响参赛团队的赛前准备，也影响路演同学的现场发挥。只有自己相信自己，才能让别人相信自己、相信自己的项目。无论如何，都应该保持良好心态。

(四)退场

退场是展现团队优秀品质和素养的重要一环，有礼貌的退场也能给评委留下好的印象。退场时，要做到以下几点：

第一，致谢评委，行鞠躬礼、语言致谢。如，评委，您辛苦了；好的，谢谢。第二，带走随身携带的展示物品，包括产品实物、产品模型、相关证书等。

第三，保持安静，行走速度不要过快、脚步落地不要过重，轻轻地开门、关门。路演退场也是需要练习的，事先观察主持人进场和退场的方向位置，安排好团队成员退场方向和秩序，快速有序退场，不要耽误大家的时间。

【思考与训练 6—9】

1. 如果你准备参加项目路演，请问应该从哪几个方面着手准备？

2. 当你在项目路演过程中，遇到如视频无法播放、PPT 卡顿、翻页笔无法翻页等现象时，应该如何应对？

3. 试想你是一位项目路演评委，你会针对路演项目的哪些内容进行提问？

4. 如果你正准备参加中国国际“互联网＋”大学生创新创业大赛，请模拟项目路演进行赛前训练。

5. 路演答辩环节是将前期所有的准备进行全面展示，直接影响路演结果的好坏，一定要精心准备。请问在答辩环节中，如果评委的提问你不会回答，这时你应该如何巧妙的应对？

6. 在路演答辩过程中，如果某位评委的提问表明他没有完全了解项目，这个问题与项目事实是不相符的。请问你如何回答这个问题？

7. 在项目路演过程中，怎样才能牢牢地吸引评委和观众的注意力，激发他们对你的项目感兴趣？

8. 小李同学的项目是从事轮船污水净化处理的一种新技术。他在准备路演时，最初想这么讲的："大家好，我介绍下我们项目。我们是一家为轮船污水净化提供……的……的技术的公司"。后来经过修改，改成了：我从小在江边长大，喜欢看远航的轮船百舸争流。这样一幅场景其实很像轮船污水净化行业的现状。当前，行业蓬勃发展，基本上形成了几种处理技术。跟他们不同，我们公司新研发的技术，让船舶污水的处理……。我们相信，这一技术将使我们赢得更大的市场，助力公司的发展乘风破浪。这段雅致的开场白，为小李同学赢得很多听众，引起了评委的兴趣。充分说明好的开始是成功的一半，项目路演也是如此，好的开场，简洁明快，让人振奋精神，神清气爽，甚至让人为之一振。如果你准备参加项目路演，请精心设计开场部分。

参考文献

[1]博言．发明简史[M]．北京:中央编译出版社,2006.
[2]蔡常．创新三重奏:从入门、飞跃到颠覆[M]．北京:电子工业出版社,2017.
[3]陈劲．科技创新:中国未来30年强国之路[M]．北京:中国大百科全书出版社,2020.
[4]陈卓国．创新思维与方法[M]．武汉:华中科技大学出版社,2019.
[5]戴吾三．技术创新简史[M]．北京:清华大学出版社,2016.
[6]德鲁克．创新与企业家精神[M]．蔡文燕,译．北京:机械工业出版社,2007.
[7]丁斌．创新创业实战教程[M]．北京:机械工业出版社,2020.
[8]樊华．创新思维与方法导论[M]．南京:南京大学出版社,2019.
[9]冯林．大学生创新基础[M]．2版．北京:高等教育出版社,2021.
[10]韩燕霞．创新基础[M]．北京:高等教育出版社,2021.
[11]蒋志华,丛日玉．市场调查与预测[M]．2版．北京:中国统计出版社,2022.
[12]金涌．科技创新启示录:创新与发明大师轶事[M]．北京:清华大学出版社,2020.
[13]李剑利．大学生创新创业基础[M]．北京:高等教育出版社,2021.
[14]刘昌明,赵传栋．创新学教程[M]．上海:复旦大学出版社,2016.
[15]刘志阳,林嵩,路江涌．创新创业基础[M]．北京:机械工业出版社,2020.
[16]鲁百年．创新设计思维:设计思维方法论以及实践手册[M]．北京:清华大学出版社,2015.
[17]罗玲玲,武青艳,代岩岩．创新思维与创新方法[M]．北京:机械工业出版社,2022.
[18]罗玲玲．创意思维训练[M]．北京:首都经济贸易大学出版社,2008.
[19]马立修．创新思维与创新方法[M]．北京:科学出版社,2021.
[20]马彦彬,池灵达,赖靖靖．创意与创新[M]．北京:科学出版社,2019.
[21]麦克唐纳．像创新者一样思考[M]．张秀珍,译．北京:中国人民大学出版社,2018.
[22]师英杰．人的创新能力的哲学研究[D]．北京:中共中央党校,2009.
[23]王军．大学生创新创业案例教程[M]．北京:高等教育出版社,2022.
[24]吴喜之,吕晓玲．统计学:从数据到结论[M]．北京:中国统计出版社,2021.
[25]吴晓义．创新思维训练[M]．北京:国家行政学院出版社,2019.
[26]薛艺,乔宝刚．创行:大学生创新创业实务[M]．青岛:中国海洋大学出版社,2016.
[27]赵锋．创新思维与发明问题解决方法简明教程[M]．西安:西北工业大学出版社,2018.
[28]赵焱．创新简史——打开人类进步的黑匣子[M]．北京:清华大学出版社,2019.
[29]朱锐．批判性思维与创新思维的关系研究[D]．北京:中央民族大学,2017.